教育部高等学校软件工程专业教学指导委员会软件工程专业系列教材

信息技术人才培养系列规划教材

慕课版

Python

程序设计

肖朝晖 李春忠 李海强 ◎ 主编　　张保龙 马健 刘睿 ◎ 副主编
明日科技 ◎ 策划

U0277798

人民邮电出版社
北京

图书在版编目（CIP）数据

Python程序设计：慕课版 / 肖朝晖，李春忠，李海强主编. —— 北京：人民邮电出版社，2021.2（2023.8 重印）
信息技术人才培养系列规划教材
ISBN 978-7-115-53021-9

Ⅰ. ①P… Ⅱ. ①肖… ②李… ③李… Ⅲ. ①软件工具－程序设计－教材 Ⅳ. ①TP311.561

中国版本图书馆CIP数据核字(2019)第300253号

内 容 提 要

本书作为 Python 程序设计的教程，系统全面地介绍了 Python 程序开发所涉及的各类知识。全书共 15 章，内容包括 Python 简介、Python 程序基础语法、程序的控制结构、列表和元组、字典和集合、字符串及正则表达式、函数、模块、面向对象程序设计、文件与文件夹操作、异常处理与程序调试、Pygame 游戏编程、网络爬虫、综合开发实例——学生信息管理系统、课程设计——玛丽冒险游戏。全书每章内容都与实例紧密结合，有助于学生理解知识、应用知识，达到学以致用的目的。

本书各章配备了教学视频，并且在人邮学院（www.rymooc.com）平台上提供了慕课。此外，本书还提供所有实例和案例项目的源代码、制作精良的电子课件 PPT、自测题库等（读者可登录人邮教育社区 www.ryjiaoyu.com 进行下载）。其中，源代码经过精心测试，能够在 Windows 7、Windows 10 操作系统中编译和运行。

本书可作为高等院校计算机专业、软件工程专业及相关专业的教材，同时也可作为 Python 爱好者及初、中级 Python 程序开发人员的参考书。

◆ 主　　编　肖朝晖　李春忠　李海强
　　副主编　张保龙　马　健　刘　睿
　　责任编辑　李　召
　　责任印制　王　郁　马振武

◆ 人民邮电出版社出版发行　　北京市丰台区成寿寺路 11 号
　　邮编　100164　　电子邮件　315@ptpress.com.cn
　　网址　https://www.ptpress.com.cn
　　北京联兴盛业印刷股份有限公司印刷

◆ 开本：787×1092　1/16
　　印张：17　　　　　　　　　　2021 年 2 月第 1 版
　　字数：469 千字　　　　　　　2023 年 8 月北京第 8 次印刷

定价：59.80 元

读者服务热线：(010)81055256　印装质量热线：(010)81055316
反盗版热线：(010)81055315
广告经营许可证：京东市监广登字 20170147 号

前言
Foreword

为了让读者能够快速且牢固地掌握 Python 开发技术，人民邮电出版社充分发挥在线教育方面的技术优势、内容优势、人才优势，经过潜心研究，为读者提供一种"纸质图书+在线课程"相配套、全方位学习 Python 开发的解决方案。读者可根据个人需求，利用图书和"人邮学院"平台上的在线课程进行系统化、移动化的学习，以便快速全面地掌握 Python 开发技术。

一、如何学习慕课版课程

本课程依托人民邮电出版社自主开发的在线教育慕课平台——人邮学院（www.rymooc.com），该平台为学习者提供优质、海量的课程，课程结构严谨。用户可以根据自身的学习程度，自主安排学习进度，充分利用平台完备的在线"学习、笔记、讨论、测验"功能。人邮学院为每一位学习者提供完善的一站式学习服务（见图 1）。

图 1　人邮学院首页

为了使读者更好地完成慕课的学习，现将本课程的使用方法介绍如下。

1. 用户购买本书后，找到粘贴在书封底上的刮刮卡，刮开，获得激活码（见图 2）。
2. 登录人邮学院网站（www.rymooc.com），或扫描封面上的二维码，使用手机号码完成网站注册（见图 3）。

图 2　激活码

图 3　注册人邮学院网站

3. 注册完成后，返回网站首页，单击页面右上角的"学习卡"选项（见图 4），进入"学习卡"页面（见图 5），输入激活码，即可获得该慕课课程的学习权限。

图 4　单击"学习卡"选项　　　　　　　　　　图 5　在"学习卡"页面输入激活码

4. 获得该课程的学习权限后，用户可随时随地使用计算机、平板电脑、手机等学习本课程的任意章节，根据自身情况自主安排学习进度（见图 6）。

5. 在学习慕课课程的同时，阅读本书中相关章节的内容，可巩固所学知识。本书既可与慕课课程配合使用，也可单独使用。书中主要章节均放置了二维码，用户扫描二维码即可在手机上观看相应章节的讲解视频。

6. 学完一章内容后，可通过精心设计的在线测试题，查看知识掌握程度（见图 7）。

图 6　课时列表　　　　　　　　　　　　　　图 7　在线测试题

7. 如果对所学内容有疑问，还可到讨论区提问，除了有"大牛"导师答疑解惑以外，学员之间也可互相交流学习心得（见图 8）。

8. 书中配套的 PPT、源代码等教学资源，用户也可在各课程的首页找到相应的下载链接（见图 9）。

关于人邮学院平台使用的任何疑问，可登录人邮学院咨询在线客服。

最新问答		资料区			

<table>
<tr><td>文件名</td><td>描述</td><td>课时</td><td>时间</td></tr>
<tr><td>素材.rar</td><td></td><td>课时1</td><td>2015/1/26 0:00:00</td></tr>
<tr><td>效果.rar</td><td></td><td>课时1</td><td>2015/1/26 0:00:00</td></tr>
<tr><td>讲义.ppt</td><td></td><td>课时1</td><td>2015/1/26 0:00:00</td></tr>
</table>

Ainy：
界面简洁

图8 讨论区　　　　　　　　　　　　　　图9 配套资源

二、本书特点

Python 是由荷兰人吉多·范罗苏姆（Guido van Rossum）发明的一种面向对象的解释型高级编程语言，可以把用其他语言（如 C、C++）制作的各种模块很轻松地联结在一起，所以 Python 又被称为"胶水"语言。Python 语法简洁、清晰，代码可读性强，编程模式符合人类的思维方式和习惯。目前，大多数高校的计算机专业和 IT 培训学校都将 Python 作为教学内容之一，这对于培养学生的计算机应用能力具有非常重要的意义。

党的二十大报告中提到："全面提高人才自主培养质量，着力造就拔尖创新人才，聚天下英才而用之。"在当前的教育体系下，实例教学是计算机语言教学的有效方法之一。本书将 Python 的知识点和实例结合起来，跟随 Python 的发展趋势，适应市场需求，精心选择内容，突出重点，强调实用，使知识讲解全面、系统。大多数章后面还提供了上机指导和习题，方便读者及时验证自己的学习效果（包括动手实践能力和理论知识掌握程度）。

本书作为教材使用时，课堂教学建议 36～38 学时，实验教学建议 18～20 学时。各章主要内容和学时分配建议如下，教师可以根据实际教学情况进行调整。

章	主 要 内 容	课堂学时	实验学时
第1章	Python 简介，包括 Python 概述、搭建 Python 开发环境、第一个 Python 程序、Python 代码编写规范	1	0
第2章	Python 程序基础语法，包括输出与输入、保留字与标识符、变量、基本数据类型、运算符	3	1
第3章	程序的控制结构，包括程序结构、选择语句、条件表达式、循环语句、跳转语句、pass 空语句	3	1
第4章	列表和元组，包括序列、列表、元组、元组与列表的区别	3	1
第5章	字典和集合，包括字典、集合	3	1
第6章	字符串及正则表达式，包括字符串常用操作、正则表达式基础、使用 re 模块实现正则表达式操作	4	1
第7章	函数，包括函数的创建和调用、参数传递、返回值、变量的作用域、匿名函数、常用 Python 内置函数	2	1
第8章	模块，包括模块概述、自定义模块、以主程序的形式执行、Python 中的包、引用其他模块	2	1
第9章	面向对象程序设计，包括面向对象概述、类的定义和使用、属性、继承	3	1
第10章	文件与文件夹操作，包括基本文件操作、目录操作、高级文件操作	3	1
第11章	异常处理与程序调试，包括异常概述、异常处理语句、程序调试	2	1

章	主 要 内 容	课堂学时	实验学时
第 12 章	Pygame 游戏编程，包括初识 Pygame、Pygame 基本使用	1	2
第 13 章	网络爬虫，包括初识网络爬虫、网络爬虫的常用技术、网络爬虫的常用开发框架、Scrapy 爬虫框架的使用	2	2
第 14 章	综合开发实例——学生信息管理系统，包括需求分析、系统设计、系统开发必备、主函数设计、学生信息维护模块设计、查询/统计模块设计、排序模块设计、打包为.exe 可执行文件	2～3	
第 15 章	课程设计——玛丽冒险游戏，包括课程设计的目的、功能概述、设计思路、设计过程	2～3	

编　者

2023 年 5 月

目录
Contents

第1章

Python简介

本章要点

- Python的发展及应用领域
- 搭建Python开发环境
- 编写并运行第一个Python程序
- Python代码编写规范

Python 是一种跨平台的、开源的、免费的、解释型的高级编程语言。近几年 Python 发展势头迅猛，在 2018 年 3 月的 TIOBE 编程语言排行榜中已经晋升到第 4 名。另外，Python 的应用领域非常广泛，如 Web 编程、图形处理、大数据处理、网络爬虫和科学计算等。本章将先介绍 Python 的基础知识，然后重点介绍如何搭建 Python 开发环境，最后介绍如何创建第一个 Python 程序，以及 Python 的基本代码规范。

Python 概述

1.1 Python 概述

Python 英文本义是"蟒蛇"。1989 年，由荷兰人吉多·范罗苏姆（Guido van Rossum）发明的一种面向对象的解释型高级编程语言被命名为 Python，标志如图 1-1 所示。Python 的设计理念为优雅、明确、简单。可见 Python 有着简单、开发速度快、容易学习等特点。

图 1-1 Python 的标志

Python 是一种扩充性强大的编程语言。它具有丰富和强大的库，能够把用其他语言（尤其是 C/C++）制作的各种模块很轻松地联结在一起。因此 Python 常被称为"胶水"语言。

1991 年 Python 的第一个公开发行版问世。2004 年，Python 的使用率开始呈线性增长。2010 年，Python 赢得 TIOBE 2010 年度语言大奖；2018 年，IEEE Spectrum 发布的 2017 年度编程语言排行榜中，Python 位居第 1 名，如图 1-2 所示。

语言	类型	使用率排名
1. Python	🌐 🖥	100.0
2. C	📱 🖥 ▣	99.7
3. Java	🌐 📱 🖥	99.5
4. C++	📱 🖥 ▣	97.1
5. C#	🌐 📱 🖥	87.7
6. R	🖥	87.7
7. JavaScript	🌐 📱	85.6
8. PHP	🌐	81.2
9. Go	🌐 🖥	75.1
10. Swift	📱 🖥	73.7

图 1-2 IEEE Spectrum 发布的 2017 年度编程语言排行榜前 10 名

1.1.1 Python 的版本

Python 自发布以来，主要经历了三个版本的变化，分别是 1994 年发布的 Python 1.0（已过时）、2000 年发布的 Python 2.0 和 2008 年发布的 Python 3.0。

学习 Python 前，初学者应该确定选择哪个版本。笔者建议初学者选择 Python 3.x。主要有以下几点理由。

（1）使用 Python 3.x 是大势所趋。

虽然目前使用 Python 2.x 的开发者居多，但是使用 Python 3.x 的开发者更愿意进行版本更新，并且使用 Python 3.x 的开发者的数量正在迅速扩大。另外，Python 的作者已经宣布 Python 2.7 的支持时间只到 2020 年。

（2）Python 3.x 较 Python 2.x 有很大改进。

Python 3.x 对 Python 2.x 的标准库进行了一定程度的重新拆分和整合，使得它比 Python 2.x 更容易理解，特别是在字符编码方面。Python 2.x 对中文字符串的支持不够好，需要编写单独的代码对中文进行处理，否则不能正确显示中文。Python 3.x 已经成功地解决了这一问题。

（3）Python 3.x 和 Python 2.x 的思想基本是共通的。

Python 3.x 和 Python 2.x 思想基本是共通的，只有少量的语法差别。学会了 Python 3.x，只要稍微花一点时间学习 Python 2.x 的语法，就两种版本都学会了。

当然，Python 3.x 也会有缺点，那就是很多扩展库的发行总是滞后于 Python 的发行版本，甚至目前还有很多库不支持 Python 3.x。因此，在选择 Python 时，一定要先考虑清楚自己的学习目的，例如，打算做哪方面的开发、需要用到哪些扩展库，以及扩展库支持的最高 Python 版本等。明确这些问题后，再做出选择。

1.1.2　Python 的应用领域

Python 作为一种功能强大并且简单易学的编程语言广受好评，那么 Python 的应用领域有哪些呢？概括起来主要有以下几个方面。

- Web 开发。
- 大数据处理。
- 人工智能。
- 自动化运维开发。
- 云计算。
- 网络爬虫。
- 游戏开发。

1.2　搭建 Python 开发环境

所谓"工欲善其事，必先利其器"。在正式学习 Python 开发前，需要先搭建 Python 开发环境。Python 是跨平台的，所以可以在多个操作系统上进行编程，并且编写好的程序可以在不同系统上运行。常用的操作系统及说明如表 1-1 所示。

表 1-1　进行 Python 开发常用的操作系统

操作系统	说明
Windows	推荐使用 Windows 7 或以上版本。另外，Python 3.5 及以上版本不能在 Windows XP 操作系统上使用
macOS	从 Mac OS X 10.3(Panther) 开始已经包含 Python
Linux	推荐 Ubuntu 版本

在个人开发学习阶段推荐使用 Windows 操作系统。本书采用的就是 Windows 操作系统。

1.2.1 安装 Python

要进行 Python 开发，需要先安装 Python 解释器。由于 Python 是解释型编程语言，所以需要一个解释器，这样才能运行我们写的代码。这里说的安装 Python 实际上就是安装 Python 解释器。下面将以 Windows 操作系统为例介绍如何安装 Python。

（1）下载 Python 的安装包。可以到 Python 的官方网站下载安装包。本书使用的版本是 3.7.0。

安装 Python

 如果您的 Windows 操作系统是 32 位的，那么下载的安装文件为 python-3.7.0.exe；如果是 64 位的，那么下载的安装文件为 python-3.7.0-amd64.exe。

（2）由于笔者使用的是 64 位 Windows 操作系统，所以下载的是名称为 python-3.7.0-amd64.exe 的文件。双击该文件，在弹出的安装向导对话框中，选中 "Add Python 3.7 to PATH" 复选框，让安装程序自动配置环境变量，如图 1-3 所示。

图 1-3 Python 安装向导

（3）单击 "Customize installation" 按钮，进行自定义安装（自定义安装可以修改安装路径），在弹出的安装选项对话框中采用默认设置，然后单击 "Next" 按钮，将打开高级选项对话框，在该对话框中，设置安装路径为 "G:\Python\Python37"（建议 Python 的安装路径不要放在安装操作系统的分区，否则一旦操作系统崩溃，在 Python 安装路径下编写的程序将非常危险），其他采用默认选项，如图 1-4 所示。

（4）单击 "Install" 按钮，如果是 Windows 10 操作系统将显示 "用户帐户控制" 窗体，在该窗体中确认是否允许此应用对你的设备进行更改，此处单击 "OK" 按钮即可开始安装 Python。安装完成后将显示 "Setup was successful" 对话框。单击 "Close" 按钮即可。

（5）Python 安装过程完成后，需要检测 Python 是否成功安装。例如，在 Windows 10 操作系统中检测 Python 是否成功安装，可以单击开始菜单，在桌面左下角 "在这里输入你要搜索的内容" 文本框中输入 cmd 命令，然后按〈Enter〉键，启动命令提示符窗口，在当前的命令提示符后面输入 "python"，并且按〈Enter〉键，如果出现图 1-5 所示的信息，则说明 Python 安装成功，同时也进入交互式 Python 解释器中。

图1-4 高级选项对话框

图1-5 在命令提示符窗口中运行的 Python 解释器

图 1-5 中的信息是笔者计算机中安装的 Python 的相关信息，其中包括 Python 的版本、该版本发行的时间、安装包的类型等。因为选择的版本不同，这些信息可能会有所差异，只要命令提示符变为>>>就说明 Python 已经安装成功，正在等待用户输入 Python 命令。

如果输入 "python" 后，没有出现图 1-5 所示的信息，而是显示 " 'python' 不是内部或外部命令，也不是可运行的程序或批处理文件。"，这时，需要在环境变量中配置 Python，具体方法参见 1.2.2 小节。

1.2.2 解决提示 " 'python' 不是内部或外部命令……" 问题

解决提示 " 'python' 不是内部或外部命令……" 问题

在命令提示符窗口中输入 python 命令后，显示 " 'python' 不是内部或外部命令，也不是可运行的程序或批处理文件。"，如图 1-6 所示。

问题是时代的声音，回答并指导解决问题是理论的根本任务。出现该问题是因为在当前的路径下，找不到可执行程序 python.exe，解决的方法是配置环境变量，具体方法如下。

（1）在 "此电脑" 图标上单击鼠标右键，然后在弹出的快捷菜单中执行 "属性" 命令，并在弹出的 "系统" 窗口左侧单击 "高级系统设置" 超链接，将出现 "系统属性" 对话框。

（2）在 "系统属性" 对话框中，单击 "环境变量" 按钮，将弹出 "环境变量" 对话框，如图 1-7 所示，在 "Administrator 的用户变量" 中，单击 "新建" 按钮。

图 1-6　输入 python 命令后出错

图 1-7　"环境变量"对话框

（3）单击"新建"按钮以后，将弹出"新建用户变量"对话框，如图 1-8 所示。在"变量名"所对应的文本框中输入"Path"，然后在"变量值"所对应的文本框中输入"G:\Python\Python37;G:\ Python\ Python37\Scripts;"变量值（注意：最后的";"不要丢掉，它用于分割不同的变量值；另外，G 盘为笔者安装 Python 的路径所在分区，读者可以根据自身实际情况进行修改）。

图 1-8　"新建用户变量"对话框

（4）在"新建用户变量"对话框中，单击"确定"按钮，将返回"环境变量"对话框，继续单击"确定"

按钮，完成环境变量的设置。

（5）在命令提示符窗口中，输入 python 命令，如果 Python 解释器可以成功运行了，说明配置成功。如果已经正确配置了注册信息，仍无法启动 Python 解释器，建议重新安装 Python。

1.3 第一个 Python 程序

第一个 Python 程序

作为程序开发人员，学习新语言的第一步通常就是编写"Hello World"程序。学习 Python 开发也不例外，我们也是从"Hello World"开始。

1.3.1 在 IDLE 中编写"Hello World"程序

在 Python 中，可以通过它自带的集成开发环境 IDLE 编写"Hello World"程序。这里的"Hello World"程序是输出文字"人生苦短，我用 Python"。具体步骤如下。

（1）打开 IDLE 时，可以在 Windows 10 操作系统的任务栏"在这里输入你要搜索的内容"中，输入"python"，如图 1-9 所示。

图 1-9 搜索 Python 开发工具

（2）在列表中选择"IDLE (Python 3.7 64-bit)"即可打开 IDLE 窗口。如图 1-10 所示。

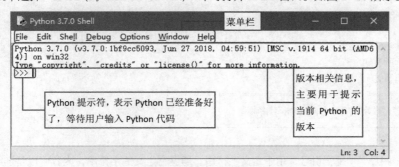

图 1-10 IDLE 主窗口

（3）在当前的 Python 提示符>>>的右侧输入以下代码，并且按〈Enter〉键。

```
print("人生苦短，我用Python")
```

如果在中文半角状态输入代码中的圆括号( )或者双引号""，那么将出现"SyntaxError: invalid character in identifier"错误提示信息。

运行结果如图 1-11 所示。

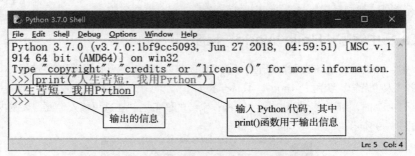

图 1-11　在 IDLE 中输出"人生苦短，我用 Python"

在 Python 提示符>>>右侧输入代码时，每写完一条语句并且按〈Enter〉键，就会执行一条。而在实际开发时，通常不会只写一行代码，如果需要编写多行代码，可以单独创建一个文件保存这些代码，全部编写完毕后一起执行。具体方法如【例 1-1】所示。

【例 1-1】在 IDLE 中创建 Python 文件，名称为 studentsystem.py，实现输出学生信息管理系统的功能菜单。（实例位置：资源包\MR\源码\第 1 章\1-1）

（1）在 IDLE 主窗口的菜单栏上，选择 File/New File 命令，将打开一个新窗口，在该窗口中，可以直接编写 Python 代码，并且输入一行代码后按〈Enter〉键将自动换到下一行，等待继续输入。

（2）在代码编辑区中，编写以下显示功能菜单的代码，这里使用 Python 的内置函数 print()实现。

```
print('''
                        ┌────────学生信息管理系统────────┐
                        │                                │
                        │   ══════════════ 功能菜单 ══════════════   │
                        │                                │
                        │   1 录入学生信息               │
                        │   2 查找学生信息               │
                        │   3 删除学生信息               │
                        │   4 修改学生信息               │
                        │   5 排序                       │
                        │   6 统计学生总人数             │
                        │   7 显示所有学生信息           │
                        │   0 退出系统                   │
                        │   ════════════════════════════════   │
                        │   说明：通过数字或↑↓方向键选择菜单   │
                        └────────────────────────────────┘

''')
```

在上面的代码中，''' '''是三引号，用于定义字符串。通过它定义的字符串，内容可以是连续的多行。

（3）按快捷键〈Ctrl+S〉保存文件，这里将其保存为 studentsystem.py。其中的.py 是 Python 文件的扩展名。编写完成的效果如图 1-12 所示。

图 1-12　编辑代码后的 Python 文件窗口

1.3.2　运行 Python 程序

要运行已经编写好的 Python 程序，可以在菜单栏中选择 Run/Run Module 命令（或按〈F5〉键）实现。例如，要运行【例 1-1】中编写的 Python 程序，可以直接按〈F5〉键，运行结果如图 1-13 所示。

图 1-13　运行结果

1.4　Python 代码编写规范

学习 Python 需要了解它的代码编写规范。例如，注释规则、代码如何缩进、命名规范等。下面将对学习 Python 时首先需要了解的这些代码编写规范进行介绍。

1.4.1　注释

注释

注释是指在代码中添加的标注性的文字，可以提高代码的可读性。注释的内容将被 Python 解释器忽略，并不会在执行结果中体现出来。在 Python 中，通常包括以下 3 种类型的注释。

1. 单行注释

在 Python 中，使用"#"作为单行注释的符号。从符号"#"开始直到换行为止，所有的内容都作为注释的内容而被 Python 编译器忽略。

语法如下。

```
# 注释内容
```

单行注释可以放在要注释代码的前一行，也可以放在要注释代码的右侧。例如，下面的两种注释形式都是正确的。

第一种形式。

```
# 要求输入身高，单位为m（米），如1.70
height=float(input("请输入您的身高："))
```

第二种形式。

```
height=float(input("请输入您的身高："))                # 要求输入身高，单位为m（米），如1.70
```

 说明 在 IDLE 开发环境中，可以通过选择主菜单中的 Format→Comment Out Region 菜单项（也可直接使用快捷键〈Alt+3〉），将选中的代码注释掉。也可通过选择主菜单中的 Format/UnComment Region 命令（也可直接使用快捷键〈Alt+4〉），取消添加的单行注释。

2. 多行注释

在 Python 中，并没有一个单独的多行注释符号，而是将多行注释内容包含在一对三引号（'''……'''或者"""……"""）之间，解释器将忽略这样的代码。由于这样的代码可以分为多行编写，所以也被称为多行注释。

语法格式如下。

```
'''
注释内容1
注释内容2
……
'''
```

或者

```
"""
注释内容1
注释内容2
……
"""
```

多行注释通常用来为 Python 文件、模块、类或者函数等添加版权、功能等说明信息，例如，下面代码使用多行注释为程序添加功能、开发者、版权、开发日期等信息。

```
'''
@ 版权所有：吉林省明日科技有限公司©版权所有
@ 文件名：demo.py
@ 文件功能描述：根据身高、体重计算BMI指数
@ 创建日期：2019年1月18日
@ 创建人：无语
@ 修改标识：2019年1月20日
@ 修改描述：增加根据BMI指数判断身材是否合理功能代码
@ 修改日期：2019年1月20日
'''
```

3. 中文编码声明注释

使用 Python 编写代码的时候，如果用到指定字符编码类型的中文编码，需要在文件开头加上中文编码声明注释，这样可以在程序中指定字符的中文编码，不至于出现代码错误。所以说，中文编码声明注释很重要。Python 3.x 提供的中文编码声明注释的语法格式如下。

```
# -*- coding:编码 -*-
```

或者

```
#coding=编码
```

如保存文件编码格式为 utf-8，可以使用下面的中文编码声明注释。

```
# coding=utf-8
```

说明 对于一个优秀的开发者而言，为代码加注释是必须要做的工作。但要确保注释说的都是重要的事情，一目了然的代码是不需要加注释的。

1.4.2 缩进

缩进

Python 不像其他程序设计语言（如 Java 或 C 语言）采用花括号"{ }"分隔代码块，而是采用代码缩进和冒号"："区分代码之间的层次。

说明 缩进可以使用空格或者〈Tab〉键实现。使用空格时，通常情况下采用 4 个空格作为一个缩进量；而使用〈Tab〉键时，则采用一个〈Tab〉键作为一个缩进量。通常情况下建议采用空格进行缩进。

在 Python 中，对于类定义、函数定义、流程控制语句，以及异常处理语句等，行尾的冒号和下一行的缩进表示一个代码块的开始，而缩进结束则表示一个代码块的结束。

> 【例 1-2】在 IDLE 中创建 Python 文件，名称为 sudentsystem_indent.py，实现在学生信息管理系统中，判断选择的是哪项功能菜单。（实例位置：资源包\MR\源码\第 1 章\1-2）

编写 Python 代码，使用 if...elif 语句判断选择的是哪项功能菜单。由于使用了 if...elif 条件判断语句，所以需要进行正确的缩进。具体代码如下。

```
option = input("请选择： ")              # 选择功能编号
option_int = int(option)
if option_int == 0:                      # 退出系统
    print('您已退出学生成绩管理系统！')
elif option_int == 1:                    # 录入学生成绩信息
    print("您选择了录入功能")
elif option_int == 2:                    # 查找学生成绩信息
    print("您选择了查找功能")
elif option_int == 3:                    # 删除学生成绩信息
    print("您选择了删除功能")
elif option_int == 4:                    # 修改学生成绩信息
    print("您选择了修改功能")
elif option_int == 5:                    # 排序
    print("您选择了排序功能")
elif option_int == 6:                    # 统计学生总数
    print("您选择了统计功能")
```

```
elif option_int == 7:              # 显示所有学生信息
    print("您选择了显示功能")
```

在上面的代码中，input()是 Python 的内置函数，用于获取键盘上的输入内容；if…elif 是条件判断语句，用于进行"如果……，否则如果……"形式的判断。关于 if…elif 语句的详细介绍请参见本书的 3.2 节。

> **说明**
>
> 在 IDLE 开发环境的文件窗口中，可以通过选择主菜单中的 Format→Indent Region 命令（也可直接使用快捷键〈Ctrl+)〉），将选中的代码缩进（向右移动指定的缩进量）；也可通过选择主菜单中的 Format→Dedent Region 命令（也可直接使用快捷键〈Ctrl+]〉），对代码进行反缩进（向左移动指定的缩进量）。

1.4.3　命名规范

命名规范在编写代码中起到很重要的作用，虽然不遵循命名规范程序也可以运行，但是遵循命名规范可以更加直观地体现代码所代表的含义。本节将介绍 Python 中常用的一些命名规范。

命名规范

❑ 模块名尽量短小，并且全部使用小写字母，可以使用下画线分隔多个字母。例如，game_main、game_register、bmiexponent 都是推荐使用的模块名称。

❑ 包名尽量短小，并且全部使用小写字母，不推荐使用下画线。例如，com.mingrisoft、com.mr、com.mr.book 都是推荐使用的包名称，而 com_mingrisoft 就是不推荐的。

❑ 类名采用单词首字母大写形式（即 Pascal 风格）。例如，定义一个借书类，可以命名为 BorrowBook。

> **说明**
>
> Pascal 是以纪念法国数学家布莱士·帕斯卡（Blaise Pascal）而命名的一种编程语言，Python 中的 Pascal 命名法就是根据该语言的特点总结出来的一种命名方法。

❑ 模块内部的类采用下画线 "_" 与 Pascal 风格结合的类名。例如，在 BorrowBook 类中的内部类，可以使用_BorrowBook 命名。

❑ 函数、类的属性和方法的命名规则同模块类似，也是全部采用小写字母，多个字母间用下画线 "_" 分隔。

❑ 常量命名时全部采用大写字母，可以使用下画线。

❑ 使用单下画线 "_" 开头的模块变量或者函数是受保护的，在使用 import * from 语句从模块中导入时，这些变量或者函数不能被导入。

❑ 使用双下画线 "__" 开头的实例变量或方法是类私有的。

小　结

本章首先对 Python 进行了简要的介绍；然后介绍了如何搭建 Python 的开发环境，包括 Python 的下载和安装；接下来又编写了一个 Python 程序，以此来讲解 Python 自带的开发工具 IDLE 的基本应用；另外还介绍了 Python 代码的编写规范，这里主要介绍了 Python 中如何进行注释、代码缩进，以及命名规范等内容。读者应重点学习如何搭建好自己的 Python 环境，并用它来编写并运行 Python 程序，对 Python 概述和代码编写规范了解即可。

习 题

1-1　Python 的官方网站是什么？

1-2　提示"'python'不是内部或外部命令"错误时怎么解决？

1-3　Python 程序通常包括哪几种类型的注释？

1-4　在 IDLE 开发环境中，进行注释和缩进的快捷键分别是什么？

1-5　简述 Python 中常用的命名规范。

PART02

第2章

Python程序基础语法

本章要点

- 输出与输入函数的使用
- Python中的保留字和标识符
- 在Python中使用变量
- Python的三种基本数据类型
- Python的运算符及其优先级

2.1 输出与输入

从第 1 章的 "Hello World" 程序开始，我们一直在使用 print() 函数输出一些字符，这就是 Python 的基本输出函数。除了 print() 函数，Python 还提供了一个用于进行标准输入的函数 input()，该函数用于接收用户从键盘上输入的内容。下面将对这两个函数进行详细介绍。

2.1.1 使用 print( )函数输出

默认情况下，在 Python 中，使用内置的 print() 函数可以将结果输出到 IDLE 或标准控制台上。其基本语法格式如下。

使用 print()函数输出

```
print(输出内容)
```

其中，输出内容可以是数字和字符串（使用引号括起来），此类内容将被直接输出；也可以是包含运算符的表达式，此类内容将输出计算结果，如下所示。

```
x = 10                          # 变量x，值为10
y = 365                         # 变量y，值为365
print(6)                        # 输出数字6
print(x*y)                      # 输出变量x*y的结果3650
print("愿你的青春不负梦想！")        # 输出字符串"愿你的青春不负梦想！"
```

> 说明
>
> 在 Python 中，默认情况下，一条 print() 语句输出后会自动换行，如果想要一次输出多个内容，而且不换行，可以将要输出的内容使用英文半角逗号分隔。例如，下面的代码将在一行内输出变量 x 和 y 的值。
>
> ```
> print(x,y)                      # 输出变量x和y，结果为10 365
> ```

在输出时，也可以把结果输出到指定文件。例如，将一个字符串 "命运给予我们的不是失望之酒，而是机会之杯。" 输出到 E:\mot.txt 中，代码如下。

```
fp = open(r'E:\mot.txt','a+')                          # 打开文件
print("命运给予我们的不是失望之酒，而是机会之杯。",file=fp)  # 输出到文件中
fp.close()                                             # 关闭文件
```

> 说明
>
> 上面的代码应用了打开和关闭文件等文件操作方法，关于这部分内容的详细介绍请参见本书第 10 章。

执行上面的代码后，将在 E:\ 目录下生成一个名称为 mot.txt 的文件，该文件的内容为文字 "命运给予我们的不是失望之酒，而是机会之杯。"，如图 2-1 所示。

图 2-1　mot.txt 文件的内容

使用 input()函数输入

2.1.2 使用 input( )函数输入

在 Python 中，使用内置函数 input() 可以接收用户的键盘输入。input() 函数的基本用法如下。

```
variable = input("提示文字")
```

其中，variable 为保存输入结果的变量，双引号内的文字是用于提示要输入的内容的。例如，想要接收用户输入的内容，并保存到变量 tip 中，可以使用下面的代码。

```
tip = input("请输入文字：")
```

在 Python 3.x 中，无论输入的是数字还是字符都将被作为字符串读取。如果想要接收数值，需要对接收到的字符串进行类型转换。例如，想要接收整数并保存到变量 age 中，可以使用下面的代码。

```
age = int(input("请输入数字："))
```

 说明 在 Python 2.x 中，input( )函数接收内容时，数值直接输入即可，并且接收后的内容会被作为数字类型；而如果要输入字符串类型的内容，需要将对应的字符串用引号括起来，否则会报错。

【例 2-1】在 IDLE 中创建 Python 文件，名称为 sudentsystem_input.py，实现在学生信息管理系统中获取输入的功能编号。（实例位置：资源包\MR\源码\第 2 章\2-1）

编写 Python 代码，使用 input()函数获取输入的功能编号。具体代码如下。

```
option = input("请选择：") # 选择功能编号
print("您选择的功能编号是【", option, "】")
```

运行结果如图 2-2 所示。

图 2-2　获取输入的功能编号

2.2　保留字与标识符

保留字与标识符

2.2.1　保留字

保留字是 Python 中已经被赋予特定意义的一些单词，开发程序时，不可以把这些保留字作为变量、函数、类、模块和其他对象的名称来使用，如 if 和 and 就是保留字。Python 中的保留字如表 2-1 所示。

表 2-1　Python 中的保留字

and	as	assert	break	class	continue
def	del	elif	else	except	finally
for	from	False	global	if	import
in	is	lambda	nonlocal	not	None
or	pass	raise	return	try	True
while	with	yield			

 Python 中所有保留字是区分字母大小写的，例如，if 是保留字，但是 IF 就不是保留字，如图 2-3 所示。

图 2-3　Python 中的保留字区分字母大小写

在 IDLE 中，Python 中的保留字可以通过输入以下两行代码查看。

```
import keyword
keyword.kwlist
```

执行结果如图 2-4 所示。

图 2-4　查看 Python 中的保留字

假设在开发程序时，使用 Python 中的保留字作为模块、类、函数或者变量等的名称，如下面代码使用了 Python 保留字 if 作为变量的名称。

```
if = "坚持下去不是因为我很坚强，而是因为我别无选择"
print(if)
```

运行时则会出现图 2-5 所示的错误提示信息。

图 2-5　使用保留字作为变量名时的错误提示信息

2.2.2　标识符

标识符可以简单地理解为一个名字，比如每个人都有自己的名字，它主要用来标识变量、函数、类、模块和其他对象的名称。

Python 语言标识符命名规则如下。

（1）由字母、下画线 "_" 和数字组成，并且第一个字符不能是数字。目前 Python 中只允许使用 ISO-8859-1 字符集中的字符 A~Z 和 a~z。

（2）不能使用 Python 中的保留字。

例如，下面是合法的标识符。

```
USERID
```

```
name
model2
user_age
```
下面是非法标识符。
```
4word           # 以数字开头
try             # Python中的保留字
$money          # 不能使用特殊字符$
```

Python 的标识符中不能包含空格、@、%和$等特殊字符。

（3）区分字母大小写。

在 Python 中，标识符中的字母是严格区分大小写的，两个同样的单词，如果大小写格式不一样，所代表的意义是完全不同的。例如，下面3个变量是完全独立、毫无关系的，就像3个长得比较像的人，彼此都是独立的个体。
```
number = 0      # 全部小写
Number = 1      # 部分大写
NUMBER = 2      # 全部大写
```
（4）Python 中以下画线开头的标识符有特殊意义，一般应避免使用与之相似的标识符。

以单下画线开头的标识符（如_width）表示不能直接访问的类属性，另外也不能通过"from ××× import *"导入。

以双下画线开头的标识符（如__add）表示类的私有成员。

以双下画线开头和结尾的是 Python 里专用的标识符，例如，__init__()表示构造函数。

在 Python 中允许使用汉字作为标识符，如"我的名字="明日科技""，在程序运行时并不会出现错误（见图2-6），但建议读者尽量不要使用汉字作为标识符。

图 2-6　使用汉字作为标识符

2.3　变量

变量

2.3.1　理解 Python 中的变量

在 Python 中，严格意义上应该称变量为"名字"，也可以将其理解为标签。当把一个值赋给一个名字时，如把值"学会 Python 还可以飞"赋给 python，python 就称为变量。在大多数编程语言中，都把这称为"把值存储在变量中"。意思是在计算机内存中的某个位置，字符串序列"学会 Python 还可以飞"已经存在，你不需要准确地知道它们到底在哪里，只需要告诉 Python 这个字符串序列的名字是 python，然后就可以通过这个名字来引用这个字符串序列了。

你的快递存放在货架上，上面附着写有你名字的标签。你来取快递时，并不需要知道它们存放在这个大型货架的具体哪个位置，只需要提供你的名字，快递员就会把你的快递交给你。实际上，你的快递可能并不在原先所放的位置，不过快递员会为你记录快递的位置，要取回你的快递，只需要提供你的名字。变量也一样，你不需要准确地知道信息存储在内存中的哪个位置，只需要记住存储变量时所用的名字，再使用这个名字就可以了。

2.3.2 变量的定义与使用

在 Python 中，不需要先声明变量名及其类型，直接赋值即可创建各种类型的变量。需要注意的是，对变量的命名并不是任意的，应遵循以下几条规则。

❑ 变量名必须是一个有效的标识符。

❑ 变量名不能使用 Python 中的保留字。

❑ 慎用小写字母 l 和大写字母 O。

❑ 应选择有意义的单词作为变量名。

为变量赋值可以通过等于号 "=" 来实现。语法格式如下。

```
变量名 = value
```

例如，创建一个整型变量，并赋值为 365，可以使用下面的语句。

```
number = 365        # 创建变量number并赋值为365，该变量为数字类型
```

这样创建的变量就是数字类型的变量。

如果直接为变量赋值一个字符串，那么该变量即为字符串类型，如下面的语句。

```
myname = "无语"      # 字符串类型的变量
```

另外，Python 是一种动态类型的语言，也就是说，变量的类型可以随时变化。例如，在 IDLE 中，创建变量 myname，并赋值为字符串 "无语"，然后输出该变量的类型，可以看到该变量为字符串类型，再将变量赋值为数值 365，并输出该变量的类型，可以看到该变量为整型。执行过程如下。

```
>>> myname = "无语"      # 字符串类型的变量
>>> print(type(myname))
<class 'str'>
>>> myname = 365          # 整型的变量
>>> print(type(myname))
<class 'int'>
```

 在 Python 中，使用内置函数 type( ) 可以返回变量类型。

在 Python 中，允许多个变量指向同一个值。将两个变量都赋值为数字 2048，再分别应用内置函数 id( ) 获取变量的内存地址，将得到相同的结果。执行过程如下所示。

```
>>> no = 2048
>>> id(no)
49364880
>>> number = 2048
>>> id(number)
49364880
```

 常量就是程序运行过程中值不能改变的量，比如现实生活中的居民身份证号码、数学运算中的 π 值等，这些都是不会发生改变的，它们都可以定义为常量。Python 并没有提供定义常量的保留字，不过 PEP 8 规范中规定常量的名称由大写字母和下画线组成。在实际项目中，常量首次赋值后，还是可以被其他代码修改的。

2.4 基本数据类型

在内存中存储的数据可以有多种类型。例如，一个人的姓名可以用字符串类型存储，年龄可以使用数字类型存储，而婚否可以使用布尔类型存储。这些都是 Python 中提供的基本数据类型。下面将对这些基本数据类型进行详细介绍。

数字类型

2.4.1 数字类型

程序中经常使用数字记录游戏的得分、网站的销售数据和网站的访问量等信息。Python 提供了数字类型用于保存这些数值，并且它们是不可改变的数据类型。修改数字类型变量的值是先把该值存放到内存中，然后修改变量让其指向新的内存地址。

在 Python 中，数字类型主要包括整数、浮点数和复数。下面分别进行介绍。

1. 整数

整数用来表示整数数值，即没有小数部分的数值。在 Python 中，整数包括正整数、负整数和 0，并且它的位数是任意的（当超过计算机自身的计算功能时，会自动转用高精度计算），如果要指定一个非常大的整数，只需要写出其所有位数即可。

整数类型（简称整型）包括十进制整数、八进制整数、十六进制整数和二进制整数。下面分别进行介绍。

（1）十进制整数：十进制整数的表现形式大家都很熟悉。例如，下面的数值都是有效的十进制整数。

```
3141592653589793238462 6
666666666666666666666666666666666666666666666666666666666666666666666
-2018
0
```

在 IDLE 中执行的结果如图 2-7 所示。

图 2-7　有效的整数

不能以 0 作为十进制整数的开头（0 除外）。

（2）八进制整数：由 0~7 组成，进位规则是"逢八进一"，以 0o 开头，如 0o123（转换成十进制数为 83）、-0o123（转换成十进制数为-83）。

在 Python 3.x 中，八进制整数必须以 0o 或 0O 开头。这与 Python 2.x 不同，在 Python 2.x 中，八进制整数可以以 0 开头。

（3）十六进制整数：由 0~9 和 A~F 组成，进位规则是"逢十六进一"，以 0x 或 0X 开头，如 0x25（转换成十进制数为 37）、0Xb01e（转换成十进制数为 45086）。

十六进制整数必须以 0X 或 0x 开头。

（4）二进制整数：只有 0 和 1 两个基数，进位规则是"逢二进一"，如 101（转换成十进制数为 5）、1010（转换为十进制数为 10）。

2. 浮点数

浮点数由整数部分和小数部分组成，主要用于处理包含小数的数，如 1.414、0.5、−1.732、3.1415926535897932384626 等。浮点数也可以使用科学计数法表示，如 2.7e2、−3.14e5 和 6.16e-2 等。浮点数类型简称浮点型。

在使用浮点数进行计算时，可能会出现小数位数不确定的情况。例如，计算 0.1+0.1 时，将得到想要的 0.2，而计算 0.1+0.2 时，将得到 0.30000000000000004（想要的结果为 0.3），执行过程如下所示。

```
>>> 0.1+0.1
0.2
>>> 0.1+0.2
0.30000000000000004
```

所有语言都存在这个问题，暂时忽略多余的小数位即可。

【例 2-2】在 IDLE 中创建 Python 文件，名称为 bmiexponent.py，实现根据身高、体重计算 BMI 指数。（实例位置：资源包\MR\源码\第 2 章\2-2）

在 IDLE 中创建一个名称为 bmiexponent.py 的文件，然后在该文件中定义两个变量，一个用于记录身高（单位为米），另一个用于记录体重（单位为千克）。根据公式"BMI=体重/（身高×身高）"计算 BMI 指数。代码如下。

```
height = 1.73                          # 保存身高的变量，单位：米
print("您的身高: ",height)
weight = 51.6                          # 保存体重的变量，单位：千克
print("您的体重: ",weight)
bmi=weight/(height*height)             # 用于计算BMI指数
print("您的BMI指数为: ",bmi)           # 输出BMI指数
```

运行结果如图 2-8 所示。

3. 复数

Python 中的复数与数学中的复数的形式完全一致，都是由实部和虚部组成，并且使用 j 或 J 表示虚部。当表示一个复数时，可以将其实部和虚部相加，例如，一个复数，实部为 3.14，虚部为 15.9j，则这个复数为 3.14+15.9j。

图 2-8　根据身高、体重计算 BMI 指数

字符串类型

2.4.2 字符串类型

字符串就是连续的字符序列，可以是计算机所能表示的一切字符的集合。在 Python 中，字符串属于不可变序列，通常使用单引号 " ' "、双引号 " "" " 或者三引号 " """ "或 " """ """ 括起来。这三种引号形式在语义上没有差别，只是在形式上有些差别。其中单引号和双引号中的字符序列必须在一行上，而三引号内的字符序列可以分布在连续的多行上。例如，定义 3 个字符串类型变量，并且用 print() 函数输出，代码如下。

```
title = '我喜欢的名言警句'                     # 使用单引号，字符串内容必须在一行
mot_cn = "命运给予我们的不是失望之酒，而是机会之杯。"   # 使用双引号，字符串内容必须在一行
# 使用三引号，字符串内容可以分布在多行
mot_en = '''Our destiny offers not the cup of despair,
but the chance of opportunity.'''
print(title)
print(mot_cn)
print(mot_en)
```

运行结果如图 2-9 所示。

图 2-9 使用 3 种形式定义字符串

字符串开始和结尾使用的引号形式必须一致。另外，当需要表示复杂的字符串时，还可以进行引号的嵌套。例如，下面的字符串也都是合法的。

'在Python中也可以使用双引号（" "）定义字符串'
"'（··）nnn'也是字符串"
"""'___' " _"***"""

【例 2-3】在 IDLE 中创建 Python 文件，名称为 tank.py，实现输出 007 号坦克。（实例位置：资源包\MR\源码\第 2 章\2-3）

在 IDLE 中创建一个名称为 tank.py 的文件，然后在该文件中输出一个表示字符画的字符串，由于该字符画有多行，所以需要使用三引号作为字符串的定界符。关键代码如下。

```
print('''
                        学编程，你不是一个人在战斗~~

                        |
                    __\--__|_
II=======00000[/  ★007___|
        _____|/-----.
       /___mingrisoft.com___|
        \©©©©©©©©©©/
          ~~~~~~~~~~~~~~~~~
''')
```

运行结果如图 2-10 所示。

图 2-10　输出 007 号坦克

Python 中的字符串还支持转义字符。所谓转义字符是指使用反斜杠 "\" 对一些特殊字符进行转义。常用的转义字符如表 2-2 所示。

表 2-2　常用的转义字符及其作用

转义字符	说明
\	续行符
\n	换行符
\0	空
\t	水平制表符，用于横向跳到下一制表位
\"	双引号
\'	单引号
\\	一个反斜杠
\f	换页
\0dd	八进制数，dd 代表的字符，如 \012 代表换行
\xhh	十六进制数，hh 代表的字符，如 \x0a 代表换行

在字符串定界符引号的前面加上字母 r（或 R），那么该字符串将原样输出，其中的转义字符将不进行转义。例如，输出字符串 ""失望之酒\x0a 机会之杯"" 将正常输出转义字符换行，而输出字符串 "r"失望之酒\x0a 机会之杯""，则原样输出，执行结果如图 2-11 所示。

```
>>> print("失望之酒\x0a机会之杯")
失望之酒
机会之杯
>>> print(r"失望之酒\x0a机会之杯")
失望之酒\x0a机会之杯
>>>
```

图 2-11　转义和原样输出的对比

布尔类型

2.4.3　布尔类型

布尔类型主要用来表示真或假。在 Python 中，标识符 True 和 False 被解释为布尔值。另外，Python 中的布尔值可以转化为数值，其中 True 表示 1，而 False 表示 0。

Python 中的布尔类型的值可以进行数值运算，例如，"False + 1"的结果为 1。但是不建议对布尔类型的值进行数值运算。

在 Python 中，所有的对象都可以进行真值测试。只有下面列出的几种情况得到的值为假，其他对象在 if 或者 while 语句中都表现为真。

❑ False 或 None。

❑ 数值中的零，包括 0、0.0、虚数 0。

❑ 空序列，包括字符串、空元组、空列表、空字典。

❑ 自定义对象的实例，该对象的 __bool__ 方法返回 False 或者 __len__ 方法返回 0。

数据类型转换

2.4.4 数据类型转换

Python 是动态类型的语言（也称为弱类型语言），不需要像 Java 或者 C 语言一样在使用变量前先声明变量的类型。虽然 Python 不需要先声明变量的类型，但有时仍然需要用到类型转换。例如，在例 2-2 中，要想通过一个 print() 函数输出提示文字"您的身高："和浮点型变量 height 的值，就需要将浮点型变量 height 转换为字符串，否则将显示图 2-12 所示的错误。

```
Traceback (most recent call last):
  File "E:\program\Python\Code\datatype_test.py", line 2, in <module>
    print("您的身高: " + height)
TypeError: must be str, not float
```

图 2-12　字符串和浮点型变量连接时出错

Python 提供了表 2-3 所示的函数进行各数据类型间的转换。

表 2-3　常用类型转换函数

函数	作用
int(x)	将 x 转换成整数类型
float(x)	将 x 转换成浮点数类型
complex(real [,imag])	创建一个复数
str(x)	将 x 转换为字符串
repr(x)	将 x 转换为表达式字符串
eval(str)	计算在字符串中的有效 Python 表达式，并返回一个对象
chr(x)	将整数 x 转换为一个字符
ord(x)	将一个字符 x 转换为它对应的整数
hex(x)	将一个整数 x 转换为一个十六进制字符串
oct(x)	将一个整数 x 转换为一个八进制字符串

【例 2-4】在 IDLE 中创建 Python 文件，名称为 erase_zero.py，实现模拟超市抹零结账行为。（实例位置：资源包\MR\源码\第 2 章\2-4）

在该文件中，首先将各个商品金额累加，计算出商品总金额，并转换为字符串输出，然后再应用 int() 函数将浮点型的变量转换为整型，从而实现抹零，并转换为字符串输出。关键代码如下。

```
money_all = 56.75 + 72.91 + 88.50 + 26.37 + 68.51    # 累加总计金额
money_all_str = str(money_all)                        # 转换为字符串
print("商品总金额为: " + money_all_str)
money_real = int(money_all)                           # 进行抹零处理
money_real_str = str(money_real)                      # 转换为字符串
print("实收金额为: " + money_real_str)
```

运行结果如图 2-13 所示。

图 2-13　模拟超市抹零结账行为

在进行数据类型转换时，如果把一个非数字字符串转换为整型，将出现图 2-14 所示的错误提示信息。

```
>>> int("17天")
Traceback (most recent call last):
  File "<pyshell#1>", line 1, in <module>
    int("17天")
ValueError: invalid literal for int() with base 10: '17天'
```

图 2-14　将非数字字符串转换为整型出现的错误提示信息

2.5　运算符

运算符是一些特殊的符号，主要用于数学计算、比较大小和逻辑运算等。Python 的运算符主要包括算术运算符、赋值运算符、比较（关系）运算符、逻辑运算符和位运算符。使用运算符将不同类型的数据按照一定的规则连接起来的式子，称为表达式。例如，使用算术运算符连接起来的式子称为算术表达式，使用逻辑运算符连接起来的式子称为逻辑表达式。下面将对一些常用的运算符进行介绍。

2.5.1　算术运算符

算术运算符是处理四则运算的符号，在数字的处理中应用得最多。常用的算术运算符如表 2-4 所示。

算术运算符

表 2-4　算术运算符

运算符	说明	实例	结果
+	加	12.45+15	27.45
−	减	4.56−0.26	4.3
*	乘	5*3.6	18.0
/	除	7/2	3.5
%	求余，即返回除法的余数	7%2	1
//	取整除，即返回商的整数部分	7//2	3
**	幂，即返回 x 的 y 次方	2**4	16（即 2^4）

在算术运算符中使用%求余，如果除数（第二个操作数）是负数，那么取得的结果也是一个负值。

使用除法（/或//）运算符和求余运算符时，除数不能为 0，否则将会出现异常，如图 2-15 所示。

```
>>> 5//0
Traceback (most recent call last):
  File "<pyshell#5>", line 1, in <module>
    5//0
ZeroDivisionError: integer division or modulo by zero
>>> 5/0
Traceback (most recent call last):
  File "<pyshell#6>", line 1, in <module>
    5/0
ZeroDivisionError: division by zero
>>> 5%0
Traceback (most recent call last):
  File "<pyshell#7>", line 1, in <module>
    5%0
ZeroDivisionError: integer division or modulo by zero
```

图 2-15　除数为 0 时出现的错误提示信息

【例 2-5】在 IDLE 中创建 Python 文件，名称为 score_handle.py，实现计算学生成绩的分数差及平均分。（实例位置：资源包\MR\源码\第 2 章\2-5）

某学员 3 门课程成绩如右表所示，编程实现如下功能。

❑ 显示 Python 课程和 C 语言课程的分数差。

❑ 显示 3 门课程的平均分。

在该文件中，首先定义 3 个变量，用于存储各门课程的分数，然后应用减法运算符计算分数差，再应用加法运算符和除法运算符计算平均成绩，最后输出计算结果。代码如下。

课程	分数
Python	95
English	92
C 语言	89

```python
python = 95                              # 定义变量，存储Python课程的分数
english = 92                             # 定义变量，存储English课程的分数
c = 89                                   # 定义变量，存储C语言课程的分数
sub = python - c                         # 计算Python课程和C语言课程的分数差
avg = (python + english + c) / 3         # 计算平均成绩
print("Python课程和C语言课程的分数之差：" + str(sub) + " 分\n")
print("3门课的平均分：" + str(avg) + " 分")
```

运行结果如图 2-16 所示。

图 2-16　计算学生成绩的分数差及平均分

赋值运算符

2.5.2　赋值运算符

赋值运算符主要用来为变量等赋值。使用时，可以直接把基本赋值运算符 "=" 右边的值赋给左边的变量，也可以进行某些运算后再赋值给左边的变量。在 Python 中常用的赋值运算符如表 2-5 所示。

表 2-5　常用的赋值运算符

运算符	说明	实例	展开形式
=	简单的赋值运算	x=y	x=y
+=	加赋值	x+=y	x=x+y
−=	减赋值	x−=y	x=x−y
*=	乘赋值	x*=y	x=x*y
/=	除赋值	x/=y	x=x/y
%=	取余数赋值	x%=y	x=x%y
**=	幂赋值	x**=y	x=x**y
//=	取整除赋值	x//=y	x=x//y

混淆=和==是编程中最常见的错误之一。很多编程语言（而不只是 Python）都使用了这两个符号，很多开发者常常用错这两个符号。

2.5.3　比较（关系）运算符

比较运算符，也称为关系运算符。用于对变量或表达式的结果进行大小、真假等比较，如果比较结果为真，则返回 True；如果比较结果为假，则返回 False。比较运算符通常用在条件语句中作为判断的依据。Python 中的比较运算符如表 2-6 所示。

比较（关系）运算符

表 2-6　比较运算符

运算符	说明	实例	结果
>	大于	'a' > 'b'	False
<	小于	156 < 456	True
==	等于	'c' == 'c'	True
!=	不等于	'y' != 't'	True
>=	大于等于	479 >= 426	True
<=	小于等于	62.45 <= 45.5	False

在 Python 中，当需要判断一个变量是否介于两个值之间时，可以采用"值 1 < 变量 < 值 2"的形式，如"0 < a < 100"。

【例 2-6】在 IDLE 中创建 Python 文件，名称为 comparison_operator.py，实现使用比较运算符比较大小关系。（实例位置：资源包\MR\源码\第 2 章\2-6）

在该文件中，定义 3 个变量，并分别使用 Python 中的各种比较运算符对它们的大小关系进行比较，代码如下。

```
python = 95                          # 定义变量，存储Python课程的分数
english = 92                         # 定义变量，存储English课程的分数
c = 89                               # 定义变量，存储C语言课程的分数
```

```
# 输出3个变量的值
print("python = " + str(python) + " english = " +str(english) + " c = " +str(c) + "\n")
print("python < english的结果: " + str(python < english))      # 小于操作
print("python > english的结果: " + str(python > english))      # 大于操作
print("python == english的结果: " + str(python == english))    # 等于操作
print("python != english的结果: " + str(python != english))    # 不等于操作
print("python <= english的结果: " + str(python <= english))    # 小于等于操作
print("english >= c的结果: " + str(python >= c))               # 大于等于操作
```

运行结果如图 2-17 所示。

图 2-17　使用关系运算符比较大小关系

2.5.4　逻辑运算符

逻辑运算符

假定某手机店在每周二的上午 10 点至 11 点和每周五的下午 14 点至 15 点，对某系列手机进行折扣让利活动，那么想参加折扣活动的顾客，就要在时间上满足这样的条件（周二并且 10:00 a.m.~11:00 a.m.或者周五并且 2:00 p.m.~3:00 p.m.）。这里就用到了逻辑关系，Python 中也提供了逻辑运算符来进行逻辑运算。

逻辑运算符对"真"和"假"两种布尔值进行运算，运算后的结果仍是一个布尔值，Python 中的逻辑运算符主要包括 and（逻辑与）、or（逻辑或）、not（逻辑非）。表 2-7 列出了逻辑运算符的用法和说明。

表 2-7　逻辑运算符

运算符	说明	用法	结合方向
and	逻辑与	op1 and op2	左到右
or	逻辑或	op1 or op2	左到右
not	逻辑非	not op	右到左

使用逻辑运算符进行逻辑运算时，其运算结果如表 2-8 所示。

表 2-8　使用逻辑运算符进行逻辑运算的结果

表达式 1	表达式 2	表达式 1 and 表达式 2	表达式 1 or 表达式 2	not 表达式 1
True	True	True	True	False
True	False	False	True	False
False	False	False	False	True
False	True	False	True	True

【例 2-7】在 IDLE 中创建 Python 文件，名称为 sale.py，实现模拟参加手机店的打折活动。（实例位置：资源包\MR\源码\第 2 章\2-7）

在该文件中，使用代码实现 2.5.4 节开始描述的场景，代码如下。

```
print("\n手机店正在打折，活动进行中……")                          # 输出提示信息
strWeek = input("请输入中文星期（如星期一）: ")                     # 输入星期，例如，星期一
intTime = int(input("请输入时间中的小时（范围: 0~23）: "))          # 输入时间
# 判断是否满足活动参与条件（使用了if条件语句）
if (strWeek == "星期二" and  (intTime >= 10 and intTime <= 11)) or (strWeek == "星期五"
and (intTime >= 14 and intTime <= 15)):
    print("恭喜您，获得了折扣活动参与资格，快快选购吧! ")              # 输出提示信息
else:
    print("对不起，您来晚一步，期待下次活动……")                      # 输出提示信息
```

（1）第 2 行代码中，input( )函数用于接收用户输入的字符序列。

（2）第 3 行代码中，由于 input( )函数返回的结果为字符串类型，所以需要进行类型转换。

（3）第 5 行和第 8 行代码使用了 if…else 条件判断语句，该语句主要用来判断是否满足某种条件，该语句将在第 3 章进行详细讲解。

（4）第 5 行和第 6 行代码程序对条件进行判断时，使用了逻辑运算符 and、or 和关系运算符==、>=、<=。

按快捷键〈F5〉运行程序，首先输入星期为"星期五"，然后输入时间为"19"，将显示图 2-18 所示的结果，再次运行程序，输入星期为"星期二"，时间为"10"，将显示图 2-19 所示的结果。

图 2-18　不符合条件的运行结果

图 2-19　符合条件的运行结果

本实例未对输入错误信息进行校验，所以为保证程序的正确性，请输入合法的星期和时间。另外，有兴趣的读者可以自己试着添加校验功能。

2.5.5　位运算符

位运算符是把数字看作二进制数来进行计算的，因此，需要先将要执行运算的数据转换为二进制数，然后才能执行运算。Python 中的位运算符有位与（&）、位或（∣）、位异或（^）、取反（~）、左移位（<<）和右移位（>>）运算符。

位运算符

整型数据在内存中以二进制数的形式表示，如整型变量 7 以 32 位二进制数表示是 00000000 00000000 00000000 00000111，其中，左边最高位是符号位，最高位是 0 表示正数，若为 1 则表示负数。负数采用补码表示，如-7 以 32 位二进制数表示为 11111111 11111111 11111111 11111001。

1. 位与运算符

位与运算符为"&"，位与运算的运算法则是：两个操作数的二进制数只有对应位都是 1 时，结果位才是 1，否则为 0。如果两个操作数的精度不同，则结果的精度与精度高的操作数相同，如图 2-20 所示。

2. 位或运算符

位或运算符为"|"，位或运算的运算法则是：两个操作数的二进制数只有对应位都是 0 时，结果位才是 0，否则为 1。如果两个操作数的精度不同，则结果的精度与精度高的操作数相同，如图 2-21 所示。

```
      0000 0000 0000 1100              0000 0000 0000 0100
&     0000 0000 0000 1000        |     0000 0000 0000 1000
      0000 0000 0000 1000              0000 0000 0000 1100
```

图 2-20　12&8 的运算过程　　　　　　　　　图 2-21　4|8 的运算过程

3. 位异或运算符

位异或运算符是"^"，位异或运算的运算法则是：当两个操作数的二进制数对应位相同（同时为 0 或同时为 1）时，结果为 0，否则为 1。若两个操作数的精度不同，则结果数的精度与精度高的操作数相同，如图 2-22 所示。

4. 取反运算符

取反运算也称按位非运算，运算符为"~"。取反运算就是将操作数对应二进制数中的 1 修改为 0，0 修改为 1，如图 2-23 所示。

```
      0000 0000 0001 1111              ~    0000 0000 0111 1011
^     0000 0000 0001 0110                   1111 1111 1000 0100
      0000 0000 0000 1001
```

图 2-22　31^22 的运算过程　　　　　　　　　图 2-23　~123 的运算过程

在 Python 中使用 print() 函数输出图 2-20~图 2-23 的运算结果，代码如下。

```python
print("12&8 = "+str(12&8))          # 位与计算整数的结果
print("4|8 = "+str(4|8))            # 位或计算整数的结果
print("31^22 = "+str(31^22))        # 位异或计算整数的结果
print("~123 = "+str(~123))          # 取反计算整数的结果
```

运算结果如图 2-24 所示。

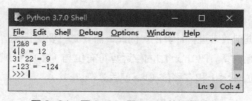

图 2-24　图 2-20~图 2-23 的运算结果

5. 左移位运算符

左移位运算符是"<<"，左移位运算是将一个二进制操作数向左移动指定的位数，左边（高位端）溢出的位被丢弃，右边（低位端）的空位用 0 补充。左移位运算相当于乘以 2 的 n 次幂。

例如，int 类型数据 48 对应的二进制数为 00110000，将其左移 1 位，根据左移位运算符的运算规则可以得出(00110000<<1)=01100000，所以转换为十进制数就是 96（48×2）；将其左移 2 位，根据左移位运算符的运算规则可以得出(00110000<<2)=11000000，所以转换为十进制数就是 192（48×2²）。其运算过程如图 2-25 所示。

图 2-25　左移位运算过程

6. 右移位运算符

右移位运算符是">>"，右移位运算是将一个二进制操作数向右移动指定的位数，右边（低位端）溢出的位被丢弃，而在填充左边（高位端）的空位时，如果最高位是 0（正数），左侧空位填入 0；如果最高位是 1（负数），左侧空位填入 1。右移位运算相当于除以 2 的 n 次幂。

正数 48 右移 1 位的运算过程如图 2-26 所示。

图 2-26　正数的右移位运算过程

负数-80 右移 2 位的运算过程如图 2-27 所示。

图 2-27　负数的右移位运算过程

2.5.6　运算符的优先级

运算符的优先级

所谓运算符的优先级，是指在应用中哪一个运算符先计算，哪一个后计算，与数学的四则运算应遵循的"先乘除，后加减"是一个道理。

Python 的运算符的运算规则是：优先级高的运算先执行，优先级低的运算后执行，同一优先级的运算按照从左到右的顺序进行。也可以像四则运算那样使用圆括号，括号内的运算最先执行。表 2-9 按从高到低的优先级顺序列出了运算符。同一行中的运算符具有相同优先级，它们的结合方向决定求值顺序。

表 2-9　运算符的优先级

类型	说明
**	幂
~、+、-	取反、正号和负号
*、/、%、//	算术运算符
+、-	算术运算符
<< >>	位运算符中的左移和右移
&	位运算符中的位与
^	位运算符中的位异或
|	位运算符中的位或
<、<=、>、>=、!=、==	比较运算符

 说明　在编写程序时尽量使用圆括号"( )"来限定运算次序，以免运算次序发生错误。

小 结

　　本章首先介绍了 Python 中进行输入和输出的两个内置函数；然后介绍了 Python 中的保留字和标识符，以及如何使用变量；接下来又介绍了 Python 中的 3 种基本数据类型，以及各数据类型间的转换；最后介绍了 Python 中的运算符和运算符的优先级。本章的内容都是学习 Python 的基础，所以需要大家认真学习，并做到融会贯通，为今后的学习打下良好的基础。

上机指导

　　本实例将实现根据输入的父亲和母亲的身高，预测出儿子的身高，并输出结果。计算公式为：儿子身高=（父亲身高 + 母亲身高）×0.54。程序运行结果如图 2-28 所示。

图 2-28　根据父母的身高预测儿子的身高

　　开发步骤如下。
　　首先通过 input( )获取父亲和母亲的身高，然后根据公式计算儿子的身高，最后输出结果。具体代码如下。

```
print("请输入父亲的身高（单位：米）：")
father = input()                    # 获取控制台输入的父亲身高
```

```
print("请输入母亲身高（单位：米）: ")
mother = input()                # 获取控制台输入的母亲身高
# 通过公式计算儿子身高并输出
son = (float(father) + float(mother))*0.54
print("预测儿子身高为: ", son , "米")
```

习 题

2-1 Python 中提供了哪两个函数用于输入和输出？分别写出它们的语法。

2-2 在 IDLE 中如何查看 Python 的保留字？

2-3 简述 Python 中变量的命名规则。

2-4 写出 Python 提供了哪 3 种基本数据类型，并概述它们的区别。

2-5 写出 Python 提供的数据类型转换函数（至少 4 个），并说明它们的作用。

2-6 什么是比较（关系）运算符？

2-7 Python 中提供了哪几个逻辑运算符？

2-8 简述 Python 运算符的运算规则。

第3章

程序的控制结构

本章要点

- if选择语句的使用
- Python中的条件表达式
- while循环语句的使用
- for循环语句的用法
- 两个跳转语句的区别
- pass空语句的使用

3.1 程序结构

计算机在解决某个具体问题时，主要有 3 种情形，分别是顺序执行所有的语句、选择执行部分语句和循环执行部分语句。程序设计中对应的 3 种基本结构是顺序结构、选择结构和循环结构。这 3 种结构的执行流程如图 3-1 所示。

图 3-1　结构化程序设计的 3 种基本结构

图 3-1 中，第一幅图是顺序结构的流程图，编写完毕的语句按照编写顺序依次被执行；第二幅图是选择结构的流程图，它主要根据条件语句的结果选择执行不同的语句块；第三幅图是循环结构的流程图，它是在一定条件下反复执行某段程序的流程结构，其中，被反复执行的语句称为循环体，而决定循环是否终止的判断条件称为循环条件。

本章之前的多数例子采用的都是顺序结构。例如，定义一个字符串类型的变量，然后输出该变量，代码如下。

```
mot_cn = "命运给予我们的不是失望之酒，而是机会之杯。"   # 使用双引号，字符串内容必须在一行
print(mot_cn)
```

选择结构和循环结构的应用场景如下。

看过《射雕英雄传》的人，可能会记得，黄蓉与瑛姑见面时，曾出过这样一道数学题：今有物不知其数，三三数之剩二，五五数之剩三，七七数之剩二，问物几何？

解决这道题，有以下两个要素。

❑ 需要满足的条件是一个数除以三余二，除以五余三，除以七余二。这就涉及条件判断，需要通过选择语句实现。

❑ 依次尝试符合条件的数。这就需要循环执行，需要通过循环语句实现。

3.2 选择语句

在生活中，我们总是要做出许多选择，程序也是一样。下面给出几个常见的例子。

❑ 如果购买成功，用户余额减少，用户积分增多。

❑ 如果输入的用户名和密码正确，提示登录成功，进入网站，否则，提示登录失败。

❑ 如果用户使用微信登录，则使用微信“扫一扫”；如果使用 QQ 登录，则输入 QQ 号和密码；如果使用微博登录，则输入微博账号和密码；如果使用手机号登录，则输入手机号和密码。

以上例子中的判断，就会用到程序中的选择语句，也称为条件语句，即按照条件选择执行不同的代码片段。Python 中选择语句主要有 3 种形式，分别为 if 语句、if...else 语句和 if...elif...else 多分支语句，下面将分别对它们进行详细讲解。

说明 在其他语言中（如 C、C++、Java 等），选择语句还包括 switch 语句，它也可以实现多重选择。但是，在 Python 中没有 switch 语句，所以要实现多重选择的功能，只能使用 if...elif...else 多分支语句或者 if 语句的嵌套。

3.2.1 最简单的 if 语句

最简单的 if 语句

Python 中使用 if 保留字来组成选择语句，其最简单的语法形式如下。

```
if 表达式:
    语句块
```

其中，表达式可以是一个单纯的布尔值或变量，也可以是比较表达式或逻辑表达式（例如，a > b and a != c），如果表达式的值为真，则执行"语句块"；如果表达式的值为假，就跳过"语句块"，继续执行后面的语句，这种形式的 if 语句相当于汉语里的"如果……就……"，其执行流程如图 3-2 所示。

图 3-2　最简单 if 语句的执行流程

说明 在 Python 中，当表达式的值为非零的数或者非空的字符串时，if 语句也认为条件成立（即为真值）。具体哪些值为假，可以参见 2.4.3 小节。

下面通过一个具体的实例来解决 3.1 节给出的应用场景中的第一个要素：判断一个数，除以三余二，除以五余三，除以七余二。

【例 3-1】在 IDLE 中创建 Python 文件，名称为 question_if.py，实现判断输入的是不是黄蓉所说的数。（实例位置：资源包\MR\源码\第 3 章\3-1）

使用 if 语句判断用户输入的数字是不是黄蓉所说的除以三余二，除以五余三，除以七余二的数，代码如下。

```
print("今有物不知其数，三三数之剩二，五五数之剩三，七七数之剩二，问物几何？\n")
number = int(input("请输入您认为符合条件的数："))        # 输入一个数
if number%3 ==2 and number%5 ==3 and number%7 ==2:     # 判断是否符合条件
    print(number,"符合条件：三三数之剩二，五五数之剩三，七七数之剩二")
```

运行程序，当输入 23 时，结果如图 3-3 所示；当输入 15 时，结果如图 3-4 所示。

图 3-3　输入的是符合条件的数

图 3-4　输入的是不符合条件的数

使用 if 语句时，如果语句块只有一条语句，可以直接将之写到冒号 "：" 的右侧，例如下面的代码。

```
if a > b:max = a
```

但是，为了程序代码的可读性，建议不要这么做。

（1）if 语句后面未加冒号。例如下面的代码。

```
number = 5
if number == 5
    print("number的值为5")
```

运行后，将产生图 3-5 所示的语法错误。

解决的方法是在第 2 行代码的结尾处添加英文半角冒号。正确的代码如下。

```
number = 5
if number == 5:
    print("number的值为5")
```

（2）使用 if 语句时，有时在符合条件时，需要执行多个语句，例如，程序的真正意图是以下语句。

```
if bmi<18.5:
    print("您的BMI指数为："+str(bmi))          # 输出BMI指数
    print("您的体重过轻 ~@_@~")
```

但是，第二个输出语句没有缩进，代码如下。

```
if bmi<18.5:
    print("您的BMI指数为："+str(bmi))          # 输出BMI指数
print("您的体重过轻 ~@_@~")
```

执行程序时，无论 bmi 的值是否小于 18.5，都会输出 "您的体重过轻 ~@_@~"。这显然与程序的本意是不符的，但程序并不会报告异常，因此这种 bug 很难被发现。

图 3-5　语法错误

if...else 语句

3.2.2 if...else 语句

如果遇到只能二选一的条件，例如，某大学毕业生到知名企业实习期满后留用，现在需要做出从事 Python 开发方向的抉择。Python 中提供了 if...else 语句解决类似问题，其语法格式如下。

```
if 表达式:
    语句块1
else:
    语句块2
```

使用 if...else 语句时，表达式可以是一个单纯的布尔值或变量，也可以是比较表达式或逻辑表达式。如果满足条件，则执行 if 后面的语句块；否则，执行 else 后面的语句块。这种形式的选择语句相当于汉语里的"如果……否则……"，其流程如图 3-6 所示。

图 3-6 if...else 语句流程

> **说明** if...else 语句可以使用条件表达式进行简化。
>
> ```
> a = -9
> if a > 0:
>     b = a
> else:
>     b = -a
> print(b)
> ```
> **可以简写成**
> ```
> a = -9
> b = a if a>0 else -a
> print(b)
> ```
> 上段代码主要实现求绝对值的功能，如果 a > 0，就把 a 赋值给变量 b，否则将−a 赋值给变量 b。使用条件表达式的好处是可以使代码简洁，并且有一个返回值。

【例 3-2】对例 3-1 进行改进，加入"如果输入的数不符合条件，则给出提示"的功能。（实例位置：资源包\MR\源码\第 3 章\3-2）

使用 if...else 语句判断用户输入的数字是不是黄蓉所说的除以三余二、除以五余三、除以七余二的数，并给予相应的提示，代码如下。

```
print("今有物不知其数，三三数之剩二，五五数之剩三，七七数之剩二，问物几何？ \n")
```

```
number = int(input("请输入您认为符合条件的数：")) 		# 输入一个数
if number%3 ==2 and number%5 ==3 and number%7 ==2: # 判断是否符合条件
    print(number,"符合条件")
else: 						# 不符合条件
    print(number,"不符合条件")
```

运行程序，当输入 23 时，结果如图 3-7 所示；当输入 17 时，结果如图 3-8 所示。

图 3-7　输入的是符合条件的数

图 3-8　输入的是不符合条件的数

else 一定不可以单独使用，它必须和保留字 if 一起使用，例如，下面的代码是错误的。

```
else:
    print(number,"不符合条件")
```

程序中使用 if...else 语句时，如果出现 if 语句多于 else 语句的情况，那么将会根据缩进确定该 else 语句是属于哪个 if 语句的。例如下面的代码。

```
a = -1
if a >= 0:
    if a > 0:
        print("a大于零")
    else:
        print("a等于零")
```

运行上面的代码将不输出任何提示信息，这是因为 else 语句属于第 3 行的 if 语句，所以当 a 小于零时，else 语句将不执行。假设将上面的代码修改为以下内容。

```
a = -1
if a >= 0:
    if a > 0:
        print("a大于零")
else:
    print("a小于零")
```

运行后将输出 "a 小于零"。此时，else 语句属于第 2 行的 if 语句。

3.2.3　if...elif...else 语句

将考试成绩按分数的高低分为四个等级（即由高到低为 A、B、C、D），其中 90 分～100 分为 A 级、75 分～89 分为 B 级、60 分～74 分为 C 级、59 分及以下为 D 级。在程序开发时，这种划分可以使用 if...elif...else 语句实现，该语句是一个多分支选择语句，通常表现为 "如果满

if...elif...else 语句

足某种条件，进行某种处理，否则，如果满足另一种条件，则执行另一种处理……"。if...elif...else 语句的语法格式如下。

```
if 表达式1：
    语句块1
elif 表达式2：
    语句块2
elif 表达式3：
    语句块3
…
else：
    语句块n
```

使用 if...elif...else 语句时，表达式可以是一个单纯的布尔值或变量，也可以是比较表达式或逻辑表达式。如果表达式为真，执行语句；而如果表达式为假，则跳过该语句，进行下一个 elif 的判断。只有在所有表达式都为假的情况下，才会执行 else 中的语句。if...elif...else 语句的流程如图 3-9 所示。

图 3-9　if...elif...else 语句的流程

 if 和 elif 都需要判断表达式的真假，而 else 则不需要判断；另外，elif 和 else 都必须跟 if 一起使用，不能单独使用。

【例 3-3】在 IDLE 中创建 Python 文件，名称为 studentsystem_if.py，实现学生信息管理系统的主菜单的判断功能。（实例位置：资源包\MR\源码\第 3 章\3-3）

使用 if...elif...else 多分支语句实现判断用户选择的是哪个功能菜单项，并给出相应的提示，部分代码如下。

```
option = input("请选择：")              # 选择菜单项
option_int = int(option)
if option_int == 0:                     # 退出系统
    print('您已退出学生成绩管理系统！')
    ctrl = False
elif option_int == 1:                   # 录入学生成绩信息
```

```
    # 调用录入学生成绩信息的函数insert()
    print("【录入学生成绩信息】即将开发……")
elif option_int == 2:                  # 查找学生成绩信息
    # 调用查找学生成绩信息的函数search()
    print("【查找学生成绩信息】即将开发……")
elif option_int == 3:                  # 删除学生成绩信息
    # 调用删除学生成绩信息的函数delete()
    print("【删除学生成绩信息】即将开发……")
elif option_int == 4:                  # 修改学生成绩信息
    # 调用修改学生成绩信息的函数modify()
    print("【修改学生成绩信息】即将开发……")
elif option_int == 5:                  # 排序
    # 调用排序的函数sort()
    print("【排序】即将开发……")
elif option_int == 6:                  # 统计学生总数
    # 调用统计学生总数的函数total()
    print("【统计学生总数】即将开发……")
elif option_int == 7:                  # 显示所有学生信息
    # 调用显示所有学生信息的函数show()
    print("【显示所有学生信息】即将开发……")
else:
    print("不是有效的输入！")
```

 第 2 行代码中的 int( )函数用于将用户的输入强制转换成整型。

运行程序，输入一个数值，并按〈Enter〉键，即可显示相应的提示信息，结果如图 3-10 所示。

图 3-10　if...elif...else 多分支语句的使用

 使用 if 选择语句时，尽量遵循以下原则。

（1）当使用布尔类型的变量作为判断条件时，假设布尔型变量 flag，较为规范的书写如下。

```
if flag:        # 表示为真
if not flag:    # 表示为假
```

不符合规范的书写如下。

```
if flag == True:
if flag == False:
```

（2）使用"if 1 == a:"这样的书写格式可以防止错写成"if a = 1:"，以避免逻辑上的错误。

3.2.4　if 语句的嵌套

前面介绍了 3 种形式的 if 选择语句，这 3 种形式的选择语句可以互相嵌套。例如，在最简单的 if 语句中嵌套 if...else 语句，形式如下。

if 语句的嵌套

```
if 表达式1:
    if 表达式2:
        语句块1
    else:
        语句块2
```

例如，在 if...else 语句中嵌套 if...else 语句，形式如下。

```
if 表达式1:
    if 表达式2:
        语句块1
    else:
        语句块2
else:
    if 表达式3:
        语句块3
    else:
        语句块4
```

 if 选择语句可以有多种嵌套方式，开发程序时，可以根据自身需要选择合适的嵌套方式，但一定要严格控制好不同级别代码块的缩进量。

【例 3-4】在 IDLE 中创建 Python 文件，名称为 test_proof.py，实现判断是否为酒后驾车。（实例位置：资源包\MR\源码\第 3 章\3-4）

通过使用嵌套的 if 语句实现根据输入的酒精含量值判断是否为酒驾的功能，代码如下。

```
print("\n为了您和他人的安全，严禁酒后开车！\n")
proof = int(input("请输入每100毫升血液的酒精含量：")) # 获取用户输入的酒精含量，并转换为整型
if proof <20:                                          # 数值小于20，不构成饮酒行为
    print("\n您还不构成饮酒行为，可以开车，但要注意安全！")
else:                                                  # 数值大于等于20，已经是饮酒行为
    if proof < 80:                                     # 数值大于等于20小于80，属于酒后驾驶
        print("\n已经达到酒后驾驶标准，请不要开车！")
    else:                                              # 数值大于等于80，属于醉酒驾驶
        print("\n已经达到醉酒驾驶标准，千万不要开车！")
```

 根据国家质量监督检验检疫局发布的《车辆驾驶人员血液、呼气酒精含量阈值与检验》的规定：车辆驾驶人员血液中的酒精含量小于 20 毫克/100 毫升不构成饮酒行为；酒精含量大于或者等于 20 毫克/100 毫升，但小于 80 毫克/100 毫升为饮酒驾车；酒精含量大于或者等于 80 毫克/100 毫升为醉酒驾车。

上面的代码应用了 if 语句的嵌套，其具体的执行流程如图 3-11 所示。

运行程序，当输入每 100 毫升酒精含量为 5 毫克时，将显示不构成饮酒行为，结果如图 3-12 所示；当输入酒精含量为 90 毫克时，将显示已经达到醉酒驾驶标准，结果如图 3-13 所示。

图 3-11　例 3-4 的执行流程

图 3-12　不构成饮酒行为

图 3-13　已经达到醉酒驾驶标准

3.3　条件表达式

条件表达式

程序经常会根据表达式的结果有条件地进行赋值。例如，要返回两个数中较大的数，可以使用下面的 if 语句。

```
a = 10
b = 6
if a>b:
    r = a
else:
    r = b
```

上面的代码可以使用条件表达式进行简化，简化后代码如下。

```
a = 10
b = 6
r = a if a > b else b
```

使用条件表达式时，先计算中间的条件（a>b），如果结果为 True，返回 if 语句左边的值，否则返回 else 右边的值。例如，上面表达式的结果即 r 的值为 10。

 说明　Python 中提供的条件表达式可以根据表达式的结果进行有条件的赋值。

3.4　循环语句

日常生活中很多问题都无法一次解决，如盖楼，所有高楼都是一层一层垒起来的。有些事物必须周而复始地运转才能保证其存在的意义，例如，公交车、地铁等公共交通工具必须每天在同样的时间往返于始发站和终点站之间。类似这样的反复做同一件事的情况，称为循环。循环主要有两种类型。

- ❑ 重复一定次数的循环，称为计次循环，如 for 循环。
- ❑ 一直重复，直到条件不满足时才结束的循环，称为条件循环。只要条件为真，这种循环会一直持续下去，如 while 循环。

下面将对这两种类型的循环分别进行介绍。

在其他语言中（如 C、C++、Java 等），条件循环还包括 do…while 循环。但是，在 Python 中没有 do…while 循环。

3.4.1 while 循环

while 循环通过一个条件来控制是否要继续执行循环体中的语句。语法如下。

while 循环

```
while 条件表达式:
    循环体
```

循环体是指一组被重复执行的语句。

当条件表达式的返回值为真时，则执行循环体中的语句，执行完毕后，重新判断条件表达式的返回值，直到表达式返回的结果为假时，退出循环。while 循环语句的执行流程如图 3-14 所示。

我们以现实生活中的例子来理解 while 循环的执行流程。在体育课上，体育老师要求同学们沿着环形操场跑圈，听到老师吹的哨子声时就停下来。同学们每跑一圈，可能会请求一次老师吹哨子。如果老师吹哨子，则停下来，即循环结束。否则继续跑步，即执行循环。

下面通过一个具体的实例来解决 3.1 节给出的应用场景中的第二个要素：依次尝试符合条件的数。此时，需要用第一个要素来确定是否符合条件。

图 3-14 while 循环语句的执行流程

【例 3-5】在 IDLE 中创建 Python 文件，名称为 question_while.py，实现助力瑛姑（while 循环解题法）。（实例位置：资源包\MR\源码\第 3 章\3-5）

使用 while 循环语句实现从 1 开始依次尝试符合条件的数，直到找到符合条件的数时，才退出循环。具体的实现方法是：首先定义一个用于计数的变量 number 和一个作为循环条件的变量 none（默认值为真），然后编写 while 循环语句，在循环体中，将变量 number 的值加 1，并且判断 number 的值是否符合条件，当符合条件时，将变量 none 设置为假，从而退出循环。具体代码如下。

```
print("今有物不知其数，三三数之剩二，五五数之剩三，七七数之剩二，问物几何？\n")
none = True                                              # 作为循环条件的变量
number = 0                                               # 计数的变量
while none:
    number += 1                                          # 计数加1
```

```
    if number%3 ==2 and number%5 ==3 and number%7 ==2:   # 判断是否符合条件
        print("答曰：这个数是",number)                      # 输出符合条件的数
        none = False                                      # 将循环条件的变量赋值为否
```

运行程序，将显示图 3-15 所示的结果。从该图中可以看出第一个符合条件的数是 23，这就是黄蓉想要的答案。

图 3-15　助力瑛姑（while 循环解题法）

在使用 while 循环语句时，一定不要忘记添加将循环条件改变为 False 的代码（例如，例 3-5 中的代码"none = False"一定不能少），否则，将产生死循环。

3.4.2　for 循环

for 循环

for 循环是一个计次循环，一般应用在循环次数已知的情况下，通常适用于枚举或遍历序列，以及迭代对象中的元素。

语法如下。

```
for 迭代变量 in 对象:
    循环体
```

其中，迭代变量用于保存读取出的值；对象为要遍历或迭代的对象，该对象可以是任何有序的序列对象，如字符串、列表和元组等；循环体为一组被重复执行的语句。

for 循环语句的执行流程如图 3-16 所示。

我们以现实生活中的例子来理解 for 循环的执行流程。在体育课上，体育老师要求同学们排队进行踢毽球测试，每个同学一次机会，毽球落地则换另一个同学，直到全部同学都测试完毕，循环结束。

图 3-16　for 循环语句的执行流程

1．进行数值循环

for 循环最基本的应用就是进行数值循环。例如，想要实现从 1 到 100 的累加，可以通过下面的代码实现。

```
print("计算1+2+3+…+100的结果为: ")
result = 0              # 保存累加结果的变量
for i in range(101):
    result += i         # 实现累加功能
print(result)           # 在循环结束时输出结果
```

上面的代码使用了 range() 函数，该函数是 Python 内置的函数，用于生成一系列连续的整数，多用于 for 循环语句中。其语法格式如下。

```
range(start,end,step)
```

各参数说明如下。

❑ start：用于指定计数的起始值，可以省略，如果省略则从 0 开始。

❑ end：用于指定计数的结束值（但不包括该值，如 range(7)，则得到的值为 0~6，不包括 7），不能省

略。当 range( )函数中只有一个参数时，即表示指定计数的结束值。

- □ step：用于指定步长，即两个数之间的间隔，可以省略，如果省略则表示步长为 1。例如，range(1,7) 将得到 1、2、3、4、5、6。

在使用 range( )函数时，如果只有一个参数，那么表示指定的是 end；如果有两个参数，则表示指定的是 start 和 end；只有 3 个参数都存在时，最后一个才表示步长。

例如，使用下面的 for 循环语句，将输出 10 以内的所有奇数。

```
for i in range(1,10,2):
    print(i,end = ' ')
```

得到的结果如下。

```
1 3 5 7 9
```

在 Python 2.x 中，如果想让 print 语句输出的内容在一行上显示，可以在后面加上逗号（例如，print i,），但是在 Ptyhon 3.x 中，使用 print( )函数时，不能直接加逗号，需要加上 ",end = ' 分隔符"，在上面的代码中使用的分隔符为一个空格。

下面通过一个具体的实例来演示使用 for 循环语句进行数值循环的具体应用。

【例 3-6】在 IDLE 中创建 Python 文件，名称为 question_for.py，实现助力瑛姑（for 循环解题法）。（实例位置：资源包\MR\源码\第 3 章\3-6）

使用 for 循环语句实现从 1 循环到 100（不包含 100），并且记录符合黄蓉要求的数。具体的实现方法是：应用 for 循环语句从 1 迭代到 100，在循环体中，判断迭代变量 number 是否符合"三三数之剩二，五五数之剩三，七七数之剩二"的要求，如果符合则应用 print()函数输出，否则继续循环。具体代码如下。

```
print("今有物不知其数，三三数之剩二，五五数之剩三，七七数之剩二，问物几何？\n")
for number in range(100):
    if number%3 ==2 and number%5 ==3 and number%7 ==2:    # 判断是否符合条件
        print("答曰：这个数是",number)                      # 输出符合条件的数
```

运行程序，将显示和例 3-5 一样的结果，也是图 3-15 所示的结果。

for 语句后面未加冒号，例如

```
for number in range(100)
    print(number)
```

运行后，将产生图 3-17 所示的语法错误。解决的方法是在第一行代码的结尾处添加一个冒号。

图 3-17　for 循环语句的常见错误提示信息

2. 遍历字符串

使用 for 循环语句除了可以循环数值，还可以逐个遍历字符串。例如，下面的代码可以将横向显示的字符串转换为纵向显示。

```
string = '莫轻言放弃'
print(string)          # 横向显示
for ch in string:
    print(ch)          # 纵向显示
```

上面代码的运行结果如图 3-18 所示。

图 3-18　将字符串转换为纵向显示

说明　for 循环语句还可以用于迭代（遍历）列表、元组、集合和字典等，具体的方法将在第 4 章和第 5 章进行介绍。

3.4.3　循环嵌套

在 Python 中，允许在一个循环体中嵌入另一个循环，这称为循环嵌套。例如，在电影院找座位，需要知道第几排第几列才能准确地找到自己的座位。假如寻找图 3-19 所示的在第二排第三列的座位，首先寻找第二排，然后在第二排再寻找第三列，这个寻找座位的过程就类似循环嵌套。

循环嵌套

图 3-19　寻找座位的过程就类似循环嵌套

在 Python 中，for 循环和 while 循环都可以进行循环嵌套。

例如，在 while 循环中套用 while 循环的格式如下。

```
while 条件表达式1:
```

```
    while 条件表达式2：
        循环体2
    循环体1
```

在 for 循环中套用 for 循环的格式如下。

```
for 迭代变量1 in 对象1：
    for 迭代变量2 in 对象2：
        循环体2
    循环体1
```

在 while 循环中套用 for 循环的格式如下。

```
while 条件表达式：
    for 迭代变量 in 对象：
        循环体2
    循环体1
```

在 for 循环中套用 while 循环的格式如下。

```
for 迭代变量 in 对象：
    while 条件表达式：
        循环体2
    循环体1
```

除了上面介绍的 4 种嵌套格式外，还可以实现更多层的嵌套，方法与上面的类似，这里就不再一一列出了。

> 【例 3-7】在 IDLE 中创建 Python 文件，名称为 multiplication.py，实现输出九九乘法表。（实例位置：资源包\MR\源码\第 3 章\3-7）

代码如下。

```python
for i in range(1, 10):               # 输出9行
    for j in range(1, i + 1):        # 输出与行数相等的列
        print(str(j) + "×" + str(i) + "=" + str(i * j) + "\t", end='')
    print('')                        # 换行
```

上面的代码使用了双层 for 循环（循环流程如图 3-20 所示），第一个循环可以看成是对乘法表的行数的控制，同时也是每一个乘法公式的第二个因子；第二个循环控制乘法表的列数，列数的最大值应该等于行数，因此第二个循环的条件应该是在第一个循环的基础上建立的。

图 3-20 【例 3-7】的循环流程

程序运行结果如图 3-21 所示。

```
Python 3.7.0 Shell
File  Edit  Shell  Debug  Options  Window  Help
1×1=1
1×2=2    2×2=4
1×3=3    2×3=6    3×3=9
1×4=4    2×4=8    3×4=12   4×4=16
1×5=5    2×5=10   3×5=15   4×5=20   5×5=25
1×6=6    2×6=12   3×6=18   4×6=24   5×6=30   6×6=36
1×7=7    2×7=14   3×7=21   4×7=28   5×7=35   6×7=42   7×7=49
1×8=8    2×8=16   3×8=24   4×8=32   5×8=40   6×8=48   7×8=56   8×8=64
1×9=9    2×9=18   3×9=27   4×9=36   5×9=45   6×9=54   7×9=63   8×9=72   9×9=81
>>>
                                                                        Ln: 2  Col: 0
```

图 3-21   使用循环嵌套输出九九乘法表

3.5   跳转语句

当循环条件一直满足时，程序会一直执行下去，就像一辆车在某个地方不停地转圆圈。如果希望在中间离开循环，比如 for 循环结束计数之前，或者 while 循环找到结束条件之前，有两种方法可以做到。

❑ 使用 continue 语句直接跳到循环的下一次迭代。
❑ 使用 break 语句完全中止循环。

下面将对 break 语句和 continue 语句进行详细介绍。

3.5.1   break 语句

break 语句可以终止当前的循环，包括 while 和 for 在内的所有控制语句。以独自一人沿着操场跑步为例，原计划跑 10 圈，可是在跑到第 2 圈的时候，遇到自己倾慕的对象，于是果断停下来，终止跑步，这就相当于使用 break 语句提前终止了循环。break 语句的语法比较简单，只需要在相应的 while 或 for 语句中加入即可。

 说明

break 语句一般会与 if 语句搭配使用，表示在某种条件下跳出循环。如果使用嵌套循环，break 语句将跳出最内层的循环。

在 while 语句中使用 break 语句的形式如下。

```
while 条件表达式1:
    执行代码
    if 条件表达式2:
        break
```

其中，条件表达式 2 用于判断何时调用 break 语句跳出循环。在 while 语句中使用 break 语句的流程如图 3-22 所示。

在 for 语句中使用 break 语句的形式如下。

```
for 迭代变量 in 对象:
    if 条件表达式:
        break
```

其中，条件表达式用于判断何时调用 break 语句跳出循环。在 for 语句中使用 break 语句的流程如图 3-23 所示。

【例 3-6】使用 for 循环语句解决了黄蓉难倒瑛姑的数学题，但是 for 要从 0 一直循环到 99，尽管在循环到 23 时已经找到了符合要求的数。下面将对【例 3-6】进行改进，实现当找到第一个符合条件的数后，就跳出循环。这样可以提高程序的执行效率。

图 3-22　在 while 语句中使用 break 语句的流程　　　　图 3-23　在 for 语句中使用 break 语句的流程

【例 3-8】在 IDLE 中创建 Python 文件，名称为 question_for1.py，实现助力瑛姑（for 循环改进版解题法）。（实例位置：资源包\MR\源码\第 3 章\3-8）

在【例 3-6】的最后一行代码下方再添加一个 break 语句，即可实现找到符合要求的数后直接退出 for 循环。修改后的代码如下。

```python
print("今有物不知其数，三三数之剩二，五五数之剩三，七七数之剩二，问物几何？\n")
for number in range(100):
    if number%3 ==2 and number%5 ==3 and number%7 ==2:    # 判断是否符合条件
        print("答曰：这个数是",number)                        # 输出符合条件的数
        break                                            # 跳出for循环
```

运行程序，将显示和【例 3-5】一样的结果，也是图 3-15 所示的结果。如果想要看出【例 3-8】和【例 3-6】的区别，可以在上面第 2 行和第 3 行代码之间添加 "print(number)" 语句输出 number 的值。添加 break 语句时的执行结果如图 3-24 所示，未添加 break 语句时的执行结果如图 3-25 所示。

图 3-24　添加 break 语句时的结果

```
......
21
22
23
答曰：这个数是 23
24
25
26
......
99
```

图 3-25　未添加 break 语句时的结果

3.5.2　continue 语句

continue 语句的作用没有 break 语句强大，它只能终止本次循环而提前进入下一次循环。仍然以独自一人沿着操场跑步为例，原计划跑步 10 圈，当跑到第 2 圈一半的时候，遇到自己倾慕的对象也在跑步，于是果断停下来，跑回起点等待，制造一次完美邂

continue 语句

逅，然后从第 3 圈开始继续。

continue 语句的语法比较简单，只需要在相应的 while 语句或 for 语句中加入即可。

> **说明** continue 语句一般会与 if 语句搭配使用，表示在某种条件下跳过当前循环的剩余语句，进行下一轮循环。如果使用嵌套循环，continue 语句将只跳过最内层循环中的剩余语句。

在 while 语句中使用 continue 语句的形式如下。

```
while 条件表达式1:
    执行代码
    if 条件表达式2:
        continue
```

其中，条件表达式 2 用于判断何时调用 continue 语句跳出循环。在 while 语句中使用 continue 语句的流程如图 3-26 所示。

在 for 语句中使用 continue 语句的形式如下。

```
for 迭代变量 in 对象:
    if 条件表达式:
        continue
```

其中，条件表达式用于判断何时调用 continue 语句跳出循环。在 for 语句中使用 continue 语句的流程如图 3-27 所示。

图 3-26　在 while 语句中使用 continue 语句的流程　　图 3-27　在 for 语句中使用 continue 语句的流程

场景模拟：几个朋友一起玩"逢七拍桌子"游戏，即从 1 开始依次数数，当数到 7（包括尾数是 7 的情况）或 7 的倍数时，则不说出该数，而是拍一下桌子。现在编写程序，计算从 1 数到 99，一共要拍多少次桌子（前提是每个人都没有出错）。

【例 3-9】 在 IDLE 中创建 Python 文件，名称为 everySeven.py，实现"逢七拍桌子"游戏。（实例位置：资源包\MR\源码\第 3 章\3-9）

通过在 for 循环中使用 continue 语句实现"逢七拍桌子"游戏，即计算从 1 数到 100（不包括 100）一共

要拍多少次桌子，代码如下。

```
total = 99                        # 记录拍桌子次数的变量
for number in range(1,100):       # 创建一个从1到100（不包括100）的循环
    if number % 7 ==0:            # 判断是否为7的倍数
        continue                  # 继续下一次循环
    else:
        string = str(number)      # 将数值转换为字符串
        if string.endswith('7'):  # 判断是否以数字7结尾
            continue              # 继续下一次循环
    total -= 1                    # 可拍桌子总次数减1
print("从1数到99共拍桌子",total,"次。") # 显示拍桌子总次数
```

 在上面的代码中，第 3 行代码实现的是：当所判断的数字是 7 的倍数时，会执行第 4 行的 continue 语句，跳过后面的减 1 操作，直接进入下一次循环。同理，第 7 行代码用于判断是否以数字 7 结尾，如果是，直接进入下一次循环。

程序运行结果如图 3-28 所示。

图 3-28 "逢七拍桌子"游戏代码的执行结果

3.6 pass 空语句

pass 空语句

在 Python 中还有一个 pass 语句，表示空语句。它一般起到占位作用。例如，应用 for 循环输出 1~10（不包括 10）的偶数，在不是偶数时，应用 pass 语句占个位置，方便以后对不是偶数的数进行处理。代码如下。

```
for i in range(1,10):
    if i%2 == 0:          # 判断是否为偶数
        print(i,end = ' ')
    else:                 # 不是偶数
        pass              # 占位
```

程序运行结果如下。

```
2 4 6 8
```

小 结

本章首先对程序的基本结构进行了简要介绍；然后分别介绍了选择语句、条件表达式、循环语句，以及 break 和 continue 两种跳转语句；最后又介绍了 pass 空语句。其中，选择语句包括简单的 if 语句、if...else 语句、if...elif...else 语句；循环语句包括 while 循环语句和 for 循环语句，这些语句在实际开发中使用频率相当高，所以大家应多多练习，加深理解，灵活运用。

上机指导

本实例将实现竞猜商品价格，如果出价高于或低于商品实际价格，系统将给予提示。当猜中价格时提示"恭喜你，你猜对了本商品的价格，你是大赢家！"，竞猜次数超过 10 次提示"竞猜失败，下次再战！"。程序运行结果如图 3-29 所示。

图 3-29　竞猜商品价格

开发步骤如下。

首先定义一个保存竞猜价格的变量，然后通过 for 循环实现竞猜 10 次的循环，在循环中通过 if...else 语句判断价格并给予提示。具体代码如下。

```python
print("="*32)
print("竞猜商品为: 华为/HUAWEI P30 Pro")      # 输出提示信息
print("="*32)
goodprince = 5488  # 商品价格
for i in range(10):                           # 循环10次
    instr = input("请输入竞猜价格: ")          # 输入竞猜价格
    if int(instr) > goodprince:               # 价格高了
        print("价格高了! ")
    else:
        if int(instr) < goodprince:           # 价格低了
            print("价格低了")
        else:                                 # 猜对了
            print("恭喜你，你猜对了本商品的价格，你是大赢家! ")
            break
print("竞猜失败，下次再战! ")                  # 没有猜对且超过竞猜次数
```

习 题

3-1　程序设计中提供了哪几种基本结构？

3-2　写出 Python 的选择语句包括哪几种常用的形式。

3-3　请说明 Python 的条件表达式怎么使用。

3-4　什么是 while 循环语句？它的语法格式是什么？

3-5　什么是 for 循环语句？它的语法格式是什么？

3-6　简述 break 语句和 continue 语句的区别。

3-7　写出 pass 语句的作用。

PART04

第4章

列表和元组

本章要点

■ 序列的通用操作
■ 列表的基本操作
■ 列表推导式的应用
■ 元组的基本操作
■ 元组推导式的应用
■ 元组和列表的区别

4.1 序列

序列是一块用于存放多个值的连续内存空间，并且按一定顺序排列，每一个值（称为元素）都被分配一个数字，称为索引或位置，通过该索引可以取出相应的值。例如，我们可以把一家酒店看作一个序列，那么酒店里的每个房间都可以看作是这个序列的元素，而房间号就相当于索引，可以通过房间号找到对应的房间。

在 Python 中，序列结构主要有列表、元组、集合、字典和字符串，对这些序列结构有以下几个通用的操作。需要注意的是，集合和字典不支持索引、切片、相加和相乘操作。

4.1.1 索引

索引

序列中的每一个元素都有一个编号，也称为索引。这个索引是从 0 开始递增的，即索引为 0 表示第一个元素，索引为 1 表示第 2 个元素，依此类推，如图 4-1 所示。

元素1	元素2	元素3	元素4	元素…	元素n
0	1	2	3	…	n-1	◄── 索引

图 4-1　序列的正数索引

Python 比较神奇，它的索引可以是负数。这种索引从右向左计数，也就是从最后的一个元素开始计数，即最后一个元素的索引值是-1，倒数第二个元素的索引值为-2，依此类推，如图 4-2 所示。

元素1	元素2	元素3	元素…	元素n-1	元素n
-(n-1)	-(n-2)	-(n-3)	…	-2	-1	◄── 索引

图 4-2　序列的负数索引

> **注意** 在采用负数作为索引时，是从-1 开始的，而不是从 0 开始的，即最后一个元素的索引为-1，这是为了防止与第一个元素重合。

通过索引可以访问序列中的任何元素。例如，定义一个包括 5 个元素的列表，要访问它的第 3 个元素和最后一个元素，可以使用下面的代码。

```
verse = ["爱国福","富强福","和谐福","友善福","敬业福"]
print(verse[2])     # 输出第3个元素
print(verse[-1])    # 输出最后一个元素
```

输出的结果为如下文字。

```
和谐福
敬业福
```

> **说明** 关于列表的详细介绍请参见 4.2 节。

4.1.2 切片

切片

切片操作是访问序列中元素的另一种方法，它可以访问一定范围内的元素。通过切片操作可以生成一个新的序列。实现切片操作的语法格式如下。

```
sname[start : end : step]
```
参数说明如下。

❑ sname：表示序列的名称。

❑ start：表示切片的开始位置（包括该位置），如果不指定，则默认为 0。

❑ end：表示切片的截止位置（不包括该位置），如果不指定，则默认为序列的长度。

❑ step：表示切片的步长，如果省略，则默认为 1，当省略该步长时，最后一个冒号也可以省略。

 说明

在进行切片操作时，如果指定了步长，那么将按照该步长遍历序列的元素，否则将一个一个遍历序列的元素。

例如，通过切片获取十大常用手机 App 列表中的第 2 个到第 5 个元素，以及获取第 1 个、第 3 个和第 5 个元素，可以使用下面的代码。

```
app = ['微信','QQ','支付宝','手机淘宝','京东','抖音短视频','百度','王者荣耀','微博',
      '开心消消乐']
print(app[1:5])      # 获取第2个到第5个元素
print(app[0:5:2])    # 获取第1个、第3个和第5个元素
```
运行上面的代码，将输出以下内容。
```
['QQ', '支付宝', '手机淘宝', '京东']
['微信', '支付宝', '京东']
```

 说明

如果想要复制整个序列，可以将 start 和 end 参数都省略，但是中间的冒号需要保留。例如，verse[:] 就表示复制整个名称为 verse 的序列。

4.1.3 序列相加

Python 支持两种相同类型的序列的相加操作。即将两个序列连接起来，使用加（+）运算符实现。例如，将两个列表相加，可以使用下面的代码。

序列相加

```
app1 = ['微信','QQ','支付宝','手机淘宝','京东','抖音短视频','百度','王者荣耀','微博',
       '开心消消乐']
app2 = ['明日学院','学而思网校','百词斩','网易有道词典']
print(app1+app2)
```
运行上面的代码，将输出以下内容。
```
['微信', 'QQ', '支付宝', '手机淘宝', '京东', '抖音短视频', '百度', '王者荣耀', '微博', '开心消
消乐', '明日学院', '学而思网校', '百词斩', '网易有道词典']
```
从上面的输出结果中，可以看出，两个列表被合为一个列表了。

在进行序列相加时，相同类型的序列是指同为列表、元组、集合等，序列中的元素类型可以不同。例如，下面的代码也是正确的。

```
num = [7,14,21,28,35,42,49,56]
app = ['明日学院','学而思网校','百词斩','网易有道词典']
print(num + app)
```
相加后的结果如下。
```
[7, 14, 21, 28, 35, 42, 49, 56, '明日学院', '学而思网校', '百词斩', '网易有道词典']
```
但序列相加不能是列表和元组相加，或者列表和字符串相加。例如，下面的代码就是错误的。

```
num = [7,14,21,28,35,42,49,56,63]
print(num + "输出是7的倍数的数")
```

上面的代码运行后将出现图 4-3 所示的异常信息。

```
Traceback (most recent call last):
  File "E:\program\Python\Code\datatype_test.py", line 2, in <module>
    print(num + "输出是7的倍数的数")
TypeError: can only concatenate list (not "str") to list
>>>
```

图 4-3　将列表和字符串相加出现的异常信息

乘法

4.1.4　乘法

在 Python 中，使用数字 n 乘以一个序列会生成新的序列。新序列的内容为原来序列被重复 n 次的结果。例如，下面的代码，将实现将一个序列乘以 3 生成一个新的序列并输出，从而达到"重要事情说三遍"的效果。

```
phone = ["华为Mate 10","Vivo X21"]
print(phone * 3)
```

运行上面的代码，将显示以下内容。

```
['华为Mate 10', 'Vivo X21', '华为Mate 10', 'Vivo X21', '华为Mate 10', 'Vivo X21']
```

在进行序列的乘法运算时，还可以实现初始化指定长度列表的功能。例如，下面的代码将创建一个长度为 5 的列表，列表的每个元素都是 None。

```
emptylist = [None]*5
print(emptylist)
```

运行上面的代码，将显示以下内容。

```
[None, None, None, None, None]
```

4.1.5　检查某个元素是否是序列的成员（元素）

在 Python 中，可以使用 in 关键字检查某个元素是否是序列的成员，即检查某个元素是否包含在该序列中。语法格式如下。

检查某个元素是否是
序列的成员（元素）

```
value in sequence
```

其中，value 表示要检查的元素，sequence 表示指定的序列。

例如，要检查名称为 app 的序列中，是否包含元素"QQ"，可以使用下面的代码。

```
app = ['微信','QQ','支付宝','手机淘宝','京东','抖音短视频','百度','王者荣耀','微博',
    '开心消消乐']
print("微信" in app)
```

运行上面的代码，将显示 True，表示在序列中存在指定的元素。

另外，在 Python 中，也可以使用 not in 关键字实现检查某个元素是否不包含在指定的序列中。例如，运行下面的代码，将显示 False。

```
app = ['微信','QQ','支付宝','手机淘宝','京东','抖音短视频','百度','王者荣耀','微博',
    '开心消消乐']
print('支付宝'  not in app)
```

4.1.6　计算序列的长度、最大值和最小值

Python 提供了内置函数计算序列的长度、最大值和最小值。比如使用 len() 函数计算序列的长度，即返回序列包含多少个元素；使用 max() 函数返回序列中的最大元素；使用 min() 函数返回序列中的最小元素。

例如，定义一个包括 9 个元素的列表，并通过 len() 函数计算列表的长度，可以使

计算序列的长度、
最大值和最小值

用下面的代码来实现。

```
num = [7,14,21,28,35,42,49,56,63]
print("序列num的长度为",len(num))
```

运行上面的代码，将显示"序列 num 的长度为 9"。

例如，定义一个包括 9 个元素的列表，并通过 max() 函数计算列表的最大元素，可以使用下面的代码。

```
num = [7,14,21,28,35,42,49,56,63]
print("序列",num,"中最大值为",max(num))
```

运行上面的代码，将显示以下结果。

```
序列 [7, 14, 21, 28, 35, 42, 49, 56, 63] 中最大值为 63
```

例如，定义一个包括 9 个元素的列表，并通过 min() 函数计算列表的最小元素，可以使用下面的代码。

```
num = [7,14,21,28,35,42,49,56,63]
print("序列",num,"中最小值为",min(num))
```

运行上面的代码，将显示以下结果。

```
序列 [7, 14, 21, 28, 35, 42, 49, 56, 63] 中最小值为 7
```

除了上面介绍的 3 个内置函数，Python 还提供了表 4-1 所示的内置函数。

表 4-1　Python 提供的内置函数及其作用

函数	说明
list()	将序列转换为列表
str()	将序列转换为字符串
sum()	计算元素和
sorted()	对元素进行排序
reversed()	反向序列中的元素
enumerate()	将序列组合为一个索引序列，多用在 for 循环中

4.2　列表

对歌曲列表大家一定很熟悉，在列表中记录着要播放的歌曲名称，图 4-4 所示为手机 App 的歌曲列表。

图 4-4　歌曲列表

Python 中的列表（list）和歌曲列表类似，也是由一系列按特定顺序排列的元素组成的。它是 Python 中内置的可变序列。在形式上，列表的所有元素都放在一对方括号"[]"中，两个相邻元素间使用逗号","分隔。在内容上，可以将整数、实数、字符串、列表、元组等任何类型的内容放入列表，并且在同一个列表中，元素的类型可以不同，因为它们之间没有任何关系。由此可见，Python 中的列表是非常灵活的，这一点与其他编程语言是不同的。

4.2.1　列表的创建和删除

Python 提供了多种创建列表的方法，下面分别进行介绍。

列表的创建和删除

1. 使用赋值运算符直接创建列表

创建列表时，可以使用赋值运算符"="直接将一个列表赋值给变量。具体的语法格式如下。

```
listname = [element 1,element 2,element 3,…,element n]
```

其中，listname 表示列表的名称，可以是任何符合 Python 命名规则的标识符；element 1、element 2、element 3 等表示列表中的元素，元素数量没有限制，并且只要是 Python 支持的数据类型就可以。

例如，下面定义的列表都是合法的列表。

```
num = [7,14,21,28,35,42,49,56,63]
verse = ["自古逢秋悲寂寥","我言秋日胜春朝","晴空一鹤排云上","便引诗情到碧霄"]
untitle = ['Python',28,"人生苦短，我用Python",["爬虫","自动化运维","云计算","Web开发"]]
python = ['优雅',"明确",'''简单''']
```

> **说明**　在使用列表时，虽然可以将不同类型的数据放入同一个列表，但是通常情况下我们不这样做。在一个列表中只放入一种类型的数据可以提高程序的可读性。

2. 创建空列表

在 Python 中，也可以创建空列表。例如，要创建一个名称为 emptylist 的空列表，可以使用下面的代码。

```
emptylist = []
```

3. 创建数值列表

在 Python 中，数值列表很常用。例如，在考试系统中记录学生的成绩，或者在游戏中记录每个角色的位置、各个玩家的得分情况等。在 Python 中，可以使用 list() 函数直接将 range() 函数循环出来的结果转换为列表。

list() 函数的基本语法如下。

```
list(data)
```

其中，data 表示可以转换为列表的数据，其类型可以是 range 对象、字符串、元组或者其他可迭代类型。

例如，创建一个 10~20（不包括 20）所有偶数的列表，可以使用下面的代码。

```
list(range(10, 20, 2))
```

运行上面的代码后，将得到下面的列表。

```
[10, 12, 14, 16, 18]
```

> **说明**　使用 list( )函数不仅能通过 range 对象创建列表，还可以通过其他对象创建列表。

4. 删除列表

对于已经创建的列表，不再使用时，可以使用 del 语句将其删除。语法格式如下。

```
del listname
```

其中，listname 为要删除列表的名称。

 说明
在实际开发时，del 语句并不常用。因为 Python 自带的"垃圾回收"机制会自动销毁不用的列表，所以即使我们不手动将其删除，Python 也会自动将其回收。

例如，定义一个名称为 team 的列表，然后再应用 del 语句将其删除，可以使用下面的代码。

```
team = ["皇马","罗马","利物浦","拜仁"]
del team
```

注意
在删除列表前，一定要保证输入的列表名称是已经存在的。否则将出现图 4-5 所示的错误提示信息。

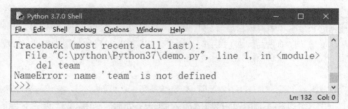

图 4-5　删除的列表不存在出现的错误提示信息

4.2.2　访问列表元素

访问列表元素

在 Python 中，如果想将列表的内容输出也比较简单，直接使用 print() 函数即可。例如，要想输出前文示例列表中的 untitle 列表，则可以使用下面的代码。

```
print(untitle)
```

执行结果如下。

```
['Python', 28, '人生苦短，我用Python', ['爬虫', '自动化运维', '云计算', 'Web开发', '游戏']]
```

从上面的执行结果中可以看出，在输出列表时，是包括左右两侧的方括号的。如果不想输出全部的元素，也可以通过列表的索引获取指定的元素。例如，要获取列表 untitle 中索引为 2 的元素，可以使用下面的代码。

```
print(untitle[2])
```

执行结果如下。

```
人生苦短，我用Python
```

从上面的执行结果中可以看出，在输出单个列表元素时，不包括方括号，如果是字符串，还不包括左右的引号。

【例 4-1】 在 IDLE 中创建 Python 文件，名称为 tips.py，实现输出每日一帖。（实例位置：资源包\MR\源码\第 4 章\4-1）

在该文件中导入日期时间模块，然后定义一个列表（保存 7 条励志文字作为每日一帖的内容），再获取当前的星期，最后将当前的星期作为列表的索引，输出元素内容，代码如下。

```
import datetime                          # 导入日期时间模块
# 定义一个列表
mot = ["今天星期一：\n坚持下去不是因为我很坚强，而是因为我别无选择。",
       "今天星期二：\n你不努力谁也给不了你想要的生活。",
       "今天星期三：\n做对的事情比把事情做对重要。",
```

```
    "今天星期四：\n命运给予我们的不是失望之酒，而是机会之杯。",
    "今天星期五：\n不要等到明天，明天太遥远，今天就行动。",
    "今天星期六：\n求知若饥，虚心若愚。",
    "今天星期日：\n成功将属于那些从不说"不可能"的人。"]
day=datetime.datetime.now().weekday()        # 获取当前星期
print(mot[day])                              # 输出每日一帖
```

 在上面的代码中，datetime.datetime.now( )方法用于获取当前日期，而 weekday( )方法用于从日期时间对象中获取星期，其值为 0~6 中的一个，0 代表星期一、1 代表星期二，依此类推，6 代表星期日。

运行结果如图 4-6 所示。

图 4-6　根据星期输出每日一帖

 上面介绍的是访问列表中的单个元素。实际上，还可以通过切片操作实现处理列表中的部分元素。关于切片操作的详细介绍请参见 4.1.2 节。

4.2.3　遍历列表

遍历列表

遍历列表中的所有元素是一种常用的操作，在遍历的过程中可以完成查询、处理等功能。在生活中，我们如果想要去商场买一件衣服，就需要在商场中逛一遍，看是否有想要的衣服，逛商场的过程就相当于列表的遍历操作。在 Python 中遍历列表的方法有多种，下面介绍两种常用的方法。

1. 直接使用 for 循环实现

直接使用 for 循环遍历列表，只能输出元素的值。它的语法格式如下。

```
for item in listname:
    # 输出item
```

其中，item 用于保存获取到的元素值，要输出元素内容时，直接输出该变量即可；listname 为列表名称。

例如，定义一个保存 2019 年 10 月 TIOBE 排行榜前十名的编程语言名称的列表，然后通过 for 循环遍历该列表，并输出各个编程语言的名称，代码如下。

```
print('2019年10月TIOBE排行榜前十名：')
language = ['Java','C','Python','C++','C#','Visual Basic.NET','JavaScript','SQL','PHP',
'Objective-C']
for item in language:
    print(item )
```

执行上面的代码，将显示图 4-7 所示的结果。

2. 使用 for 循环和 enumerate( )函数实现

使用 for 循环和 enumerate()函数可以实现同时输出索引值和元素内容。它的语法格式如下。

```
for index,item in enumerate(listname):
    # 输出index和item
```

图 4-7　通过 for 循环遍历列表

参数说明如下。

❑ index：用于保存元素的索引。

❑ item：用于保存获取到的元素值，要输出元素内容时，直接输出该变量即可。

❑ listname：表示列表名称。

例如，定义一个保存 2019 年 10 月 TIOBE 排行榜前六名的编程语言名称的列表，然后通过 for 循环和 enumerate()函数遍历该列表，并输出索引和语言名称，代码如下。

```
print('2019年10月TIOBE排行榜前六名: ')
language = ['Java','C','Python','C++','C#','Visual Basic.NET']
for index,item in enumerate(language):
    print(index + 1,item)
```

执行上面的代码，将显示下面的结果。

2019 年 10 月 TIOBE 排行榜前六名：

```
1 Java
2 C
3 Python
4 C++
5 C#
6 Visual Basic.NET
```

如果想实现分两列显示 2019 年 10 月 TIOBE 排行榜前六名的编程语言，也就是每行输出两个语言名称，请看下面的实例。

【例 4-2】在 IDLE 中创建 Python 文件，名称为 printteam.py，实现分两列显示 2019 年 10 月 TIOBE 排行榜前六名的编程语言。（实例位置：资源包\MR\源码\第 4 章\4-2）

在该文件中先输出标题，然后定义一个列表（保存编程语言名称），再应用 for 循环和 enumerate()函数遍历列表，在循环体中通过 if...else 语句判断是否为偶数，如果为偶数则不换行输出，否则换行输出。代码如下。

```
print("2019年10月TIOBE排行榜前六名: \n")
language = ['Java','C','Python','C++','C#','Visual Basic.NET']
for index,item in enumerate(language):
    if index%2 == 0:                        # 判断是否为偶数，为偶数时不换行
        print(item +"\t\t", end='')
    else:
        print(item + "\n")                  # 换行输出
```

说明　上面的代码中，在 print( )函数中使用 " ,end=" " 表示不换行输出，即下一条 print( )函数的输出内容会和这个内容在同一行输出。

运行结果如图 4-8 所示。

图 4-8　分两列显示 2019 年 10 月 TIOBE 排行榜前六名的编程语言

4.2.4　添加、修改和删除列表元素

添加、修改和删除列表元素也称为更新列表。在实际开发时，经常需要对列表进行更新。下面我们就分别介绍如何实现列表元素的添加、修改和删除。

添加、修改和删除
列表元素

1．添加元素

4.1 节介绍了可以通过 "+" 号将两个序列连接起来，通过该方法也可以实现为列表添加元素。但是这种方法的执行速度比直接使用列表对象的 append() 方法慢，所以建议在添加元素时，使用列表对象的 append() 方法实现。列表对象的 append() 方法用于在列表的末尾追加元素，它的语法格式如下。

```
listname.append(obj)
```

其中，listname 为要添加元素的列表名称；obj 为要添加到列表末尾的对象。

例如，定义一个包括 4 个元素的列表，然后应用 append() 方法向该列表的末尾再添加一个元素，可以使用下面的代码。

```
phone = ["摩托罗拉","诺基亚","三星","OPPO"]
len(phone)              # 获取列表的长度
phone.append("iPhone")
len(phone)              # 获取列表的长度
print(phone)
```

上面的代码在 IDLE 中一行一行执行的过程如图 4-9 所示。

图 4-9　向列表中添加元素

 说明

除了 append( ) 方法可以向列表中添加元素，insert( ) 方法也可以向列表中添加元素。该方法用于向列表的指定位置插入元素。但是由于该方法的执行效率没有 append( ) 方法高，所以不推荐这种方法。

上面介绍的是向列表中添加一个元素，如果想要将一个列表中的全部元素添加到另一个列表中，可以使用列表对象的 extend() 方法实现。extend() 方法的具体语法如下。

```
listname.extend(seq)
```

其中，listname 为原列表；seq 为要添加的列表。语句执行后，seq2 的内容将追加到 listname 的后面。

下面通过一个具体的实例演示将一个列表中的全部元素添加到另一个列表中。

> 【例 4-3】在 IDLE 中创建 Python 文件，名称为 language.py，实现向编程语言列表中追加 2019 年 10 月 TIOBE 排行榜中第七名到第十名的编程语言名称。（实例位置：资源包\MR\源码\第 4 章\4-3）

在 IDLE 中创建一个名称为 language.py 的文件，在该文件中定义一个保存 2019 年 10 月 TIOBE 排行榜中前六名的编程语言的列表，然后创建一个保存 TIOBE 排行榜中第七名到第十名的编程语言名称的列表，再调用列表对象的 extend() 方法追加元素，最后输出追加元素后的列表，代码如下。

```python
# 2019年10月TIOBE排行榜中前六名的编程语言
oldlist = ['Java','C','Python','C++','C#','Visual Basic.NET']
newlist = ['JavaScript','SQL','PHP','Objective-C']        # 新增语言列表
oldlist.extend(newlist)                                    # 追加语言名称
print(oldlist)                                             # 显示新的列表
```

运行结果如图 4-10 所示。

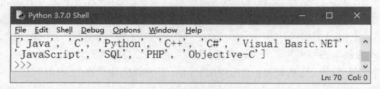

图 4-10　向列表中追加 2019 年 10 月 TIOBE 排行榜中第七名到第十名的编程语言名称

2. 修改元素

修改列表中的元素只需要通过索引获取该元素，然后再为其重新赋值即可。例如，定义一个保存 3 个元素的列表，然后修改索引值为 2 的元素，代码如下。

```python
verse = ["长亭外","古道边","芳草碧连天"]
print(verse)
verse[2] = "一行白鹭上青天"        # 修改列表的第3个元素
print(verse)
```

上面的代码在 IDLE 中的执行过程如图 4-11 所示。

3. 删除元素

删除元素主要有两种情况，一种是根据索引删除，另一种是根据元素值删除。下面分别进行介绍。

（1）根据索引删除。

删除列表中的指定元素和删除列表类似，也可以使用 del 语句实现。所不同的就是在指定列表名称换为指定列表元素。

例如，定义一个保存 3 个元素的列表，删除最后一个元素，可以使用下面的代码。

```
>>> verse = ["长亭外","古道边","芳草碧连天"]
>>> print(verse)
['长亭外', '古道边', '芳草碧连天']
>>> verse[2] = "一行白鹭上青天"
>>> print(verse)
['长亭外', '古道边', '一行白鹭上青天']
>>>
```

图 4-11　修改列表的指定元素

```python
verse = ["长亭外","古道边","芳草碧连天"]
del verse[-1]
print(verse)
```

上面的代码在 IDLE 中的执行过程如图 4-12 所示。

```
>>> verse = ["长亭外","古道边","芳草碧连天"]
>>> del verse[-1]
>>> print(verse)
['长亭外', '古道边']
>>>
```

图 4-12   删除列表的指定元素

（2）根据元素值删除。

如果想要删除一个不确定其位置的元素（即根据元素值删除），可以使用列表对象的 remove( )方法实现。例如，要删除列表中内容为"古道边"的元素，可以使用下面的代码。

```
verse = ["长亭外","古道边","芳草碧连天"]
verse.remove("古道边")
```

使用列表对象的 remove( )方法删除元素时，如果指定的元素不存在，将出现图 4-13 所示的异常信息。

```
Python 3.7.0 Shell                                    —    □    ×
File  Edit  Shell  Debug  Options  Window  Help
Traceback (most recent call last):
  File "C:\python\Python37\demo.py", line 2, in <module>
    verse.remove("古道边1")   # 删除指定的元素
ValueError: list.remove(x): x not in list
>>>
                                                      Ln: 11  Col: 77
```

图 4-13   删除不存在的元素时出现的异常信息

所以在使用 remove( )方法删除元素前，最好先判断该元素是否存在，改进后的代码如下。

```
verse = ["长亭外","古道边","芳草碧连天"]
value = "古道边1"                    # 指定要删除的元素
if verse.count(value)>0:            # 判断要删除的元素是否存在
    verse.remove(value)            # 删除指定的元素
print(verse)
```

 说明

列表对象的 count( )方法用于判断指定元素出现的次数，返回结果为 0 时，表示不存在该元素。关于 count( )方法的详细介绍请参见 4.2.5 节。

4.2.5   对列表进行统计计算

Python 的列表提供了内置的一些函数来实现统计、计算方面的功能。下面介绍常用的功能。

对列表进行统计计算

1. 获取指定元素出现的次数

使用列表对象的 count( )方法可以获取指定元素在列表中的出现次数。基本语法格式如下。

```
listname.count(obj)
```

其中，listname 表示列表的名称；obj 表示要判断是否存在的对象，这里只能进行精确匹配，即不能是元素值的一部分。

例如，创建一个列表，内容为听众点播的歌曲列表，然后应用列表对象的 count( )方法判断元素"云在飞"出现的次数，代码如下。

```
song = ["云在飞","我在诛仙逍遥涧","送你一匹马","半壶纱","云在飞","遇见你","等你等了那么久"]
num = song.count("云在飞")
print(num)
```

执行上面的代码后，将显示 2，表示在列表 song 中"云在飞"出现了两次。

2. 获取指定元素首次出现的位置

使用列表对象的 index()方法可以获取指定元素在列表中首次出现的位置（即索引）。基本语法格式如下。

```
listname.index(obj)
```

参数说明如下。

❑ listname：表示列表的名称。

❑ obj：表示要查找的对象，这里只能进行精确匹配。如果指定的对象不存在，则抛出图 4-14 所示的异常。

返回值：首次出现的索引值。

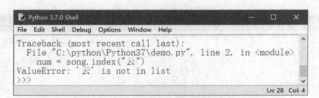

图 4-14　查找对象不存在时抛出的异常

例如，创建一个列表，内容为听众点播的歌曲列表，然后应用列表对象的 index()方法判断元素"半壶纱"首次出现的位置，代码如下。

```
song = ["云在飞","我在诛仙逍遥涧","送你一匹马","半壶纱","云在飞","遇见你","等你等了那么久"]
position = song.index("半壶纱")
print(position)
```

执行上面的代码后，将显示 3，表示"半壶纱"在列表 song 中首次出现的索引位置是 3。

3. 统计数值列表的元素和

在 Python 中，提供了 sum()函数用于统计数值列表中各元素的和。语法格式如下。

```
sum(iterable[,start])
```

参数说明如下。

❑ iterable：表示要统计的列表。

❑ start：表示统计结果是从哪个数开始（即将统计结果加上 start 所指定的数），是可选参数，如果没有指定，默认值为 0。

例如，定义一个保存 10 名学生语文成绩的列表，然后应用 sum()函数统计列表中元素的和，即统计总成绩，然后输出结果，代码如下。

```
grade = [98,99,97,100,100,96,94,89,95,100]    # 10名学生语文成绩列表
total = sum(grade)                             # 计算总成绩
print("语文总成绩为：",total)
```

执行上面的代码后，将显示"语文总成绩为： 968"。

4.2.6　对列表进行排序

在实际开发中，我们经常需要对列表进行排序。Python 中提供了两种常用的对列表进行排序的方法。下面分别进行介绍。

对列表进行排序

1. 使用列表对象的 sort( )方法实现

Python 提供了 sort()方法用于对列表中的元素进行排序。排序后原列表中的元素顺序将发生改变。列表

对象的 sort()方法的语法格式如下。

```
listname.sort(key=None, reverse=False)
```

参数说明如下。

❑ listname：表示要进行排序的列表名称。

❑ key：表示从每个列表元素中提取一个比较键（例如，设置"key=str.lower"表示在排序时不区分字母大小写）。

❑ reverse：可选参数，如果将其值指定为 True，则表示降序排列，如果为 False，则表示升序排列。默认为升序排列。

例如，定义一个保存 10 名学生语文成绩的列表，然后应用 sort()方法对其进行排序，代码如下。

```
grade = [98,99,97,100,100,96,94,89,95,100]     # 10名学生语文成绩列表
print("原列表: ",grade)
grade.sort()                                   # 进行升序排列
print("升  序: ",grade)
grade.sort(reverse=True)                       # 进行降序排列
print("降  序: ",grade)
```

执行上面的代码，将显示以下内容。

```
原列表: [98, 99, 97, 100, 100, 96, 94, 89, 95, 100]
升  序: [89, 94, 95, 96, 97, 98, 99, 100, 100, 100]
降  序: [100, 100, 100, 99, 98, 97, 96, 95, 94, 89]
```

使用 sort()方法进行数值列表的排序比较简单，但是使用 sort()方法对字符串列表进行排序时，采用的规则是先对大写字母进行排序，然后再对小写字母进行排序。如果想要对字符串列表进行排序（不区分大小写时），需要指定其 key 参数。例如，定义一个保存英文字符串的列表，然后使用 sort()方法对其进行升序排列，可以使用下面的代码。

```
char = ['cat','Tom','Angela','pet']
char.sort()                        # 默认区分字母大小写
print("区分字母大小写: ",char)
char.sort(key=str.lower)           # 不区分字母大小写
print("不区分字母大小写: ",char)
```

运行上面的代码，将显示以下内容。

```
区分字母大小写: ['Angela', 'Tom', 'cat', 'pet']
不区分字母大小写: ['Angela', 'cat', 'pet', 'Tom']
```

 采用 sort( )方法对列表进行排序时，无法准确地处理中文内容，排序的结果与我们常用的按拼音或者笔画排序的结果都不一致。如果需要实现对中文内容的列表排序，还需要重新编写相应的方法对中文内容进行处理，不能直接使用 sort( )方法。

2. 使用内置的 sorted( )函数实现

Python 提供了一个内置的 sorted()函数，用于对列表进行排序。使用该函数进行排序后，原列表的元素顺序不变。sorted()函数的语法格式如下。

```
sorted(iterable, key=None, reverse=False)
```

参数说明如下。

❑ iterable：表示要进行排序的列表名称。

❑ key：表示从每个列表元素中提取一个比较键（例如，设置"key=str.lower"表示在排序时不区分字母大小写）。

❑ reverse：可选参数，如果将其值指定为 True，则表示降序排列；如果为 False，则表示升序排列。默认为升序排列。

例如，定义一个保存 10 名学生语文成绩的列表，然后应用 sorted()函数对其进行排序，代码如下。

```
grade = [98,99,97,100,100,96,94,89,95,100]        # 10名学生语文成绩列表
grade_as = sorted(grade)                          # 进行升序排列
print("升序: ",grade_as)
grade_des = sorted(grade,reverse = True)          # 进行降序排列
print("降序: ",grade_des)
print("原序列: ",grade)
```

执行上面的代码，将显示以下内容。

```
升序: [89, 94, 95, 96, 97, 98, 99, 100, 100, 100]
降序: [100, 100, 100, 99, 98, 97, 96, 95, 94, 89]
原序列: [98, 99, 97, 100, 100, 96, 94, 89, 95, 100]
```

说明 列表对象的 sort( )方法和内置 sorted( )函数的作用基本相同。所不同的就是使用 sort( )方法会改变原列表的元素排列顺序；使用 storted( )函数会建立一个原列表的副本，该副本为排序后的列表。

4.2.7　列表推导式

列表推导式

使用列表推导式可以快速生成一个列表，或者根据某个列表生成满足指定需求的列表。列表推导式通常有以下几种常用的语法格式。

（1）生成指定范围的数值列表，语法格式如下。

```
list = [Expression for var in range]
```

参数说明如下。

❑ list：表示生成的列表名称。

❑ Expression：表达式，用于计算新列表的元素。

❑ var：循环变量。

❑ range：采用 range()函数生成的 range 对象。

例如，要生成一个包括 10 个随机数的列表，要求数的范围是 10~100，具体代码如下。

```
import random                                      #导入random标准库
randomnumber = [random.randint(10,100) for i in range(10)]
print("生成的随机数为: ",randomnumber)
```

执行结果如下。

```
生成的随机数为: [14, 51, 96, 68, 68, 57, 54, 61, 31, 24]
```

（2）根据列表生成满足指定需求的列表，语法格式如下。

```
newlist = [Expression for var in list]
```

参数说明如下。

❑ newlist：表示新生成的列表名称。

❑ Expression：表达式，用于计算新列表的元素。

❑ var：变量，值为后面列表的每个元素值。

❑ list：用于生成新列表的原列表。

例如，定义一个记录商品价格的列表，然后应用列表推导式生成一个将全部商品价格打五折的列表，具体代码如下。

```
price = [1200,5330,2988,6200,1998,8888]
sale = [int(x*0.5) for x in price]
print("原价格: ",price)
print("打五折的价格: ",sale)
```

执行结果如下。

```
原价格:  [1200, 5330, 2988, 6200, 1998, 8888]
打五折的价格:  [600, 2665, 1494, 3100, 999, 4444]
```

（3）从列表中选择符合条件的元素组成新的列表，语法格式如下。

```
newlist = [Expression for var in list if condition]
```

参数说明如下。

- newlist：表示新生成的列表名称。
- Expression：表达式，用于计算新列表的元素。
- var：变量，值为后面列表的每个元素值。
- list：用于生成新列表的原列表。
- condition：条件表达式，用于指定筛选条件。

例如，定义一个记录商品价格的列表，然后应用列表推导式生成一个商品价格高于 5000 的列表，具体代码如下。

```
price = [1200,5330,2988,6200,1998,8888]
sale = [x for x in price if x>5000]
print("原列表: ",price)
print("价格高于5000的: ",sale)
```

执行结果如下。

```
原列表:  [1200, 5330, 2988, 6200, 1998, 8888]
价格高于5000的:  [5330, 6200, 8888]
```

4.3 元组

元组是 Python 中另一个重要的序列结构，与列表类似，也是由一系列按特定顺序排列的元素组成的。但是，它是不可变序列。因此，也可以称元组为不可变的列表。在形式上，元组的所有元素都放在一对圆括号 "()" 中，两个相邻元素间使用逗号 "," 分隔。在内容上，可以将整数、实数、字符串、列表、元组等任何类型的内容放入元组，并且同一个元组中元素的类型可以不同，因为它们之间没有任何关系。通常情况下，元组用于保存程序中不可修改的内容。

 从元组和列表的定义上看，这两种结构比较相似，那么它们之间有哪些区别呢？它们之间的主要区别就是一个是不可变序列，一个是可变序列。即元组中的元素不可以单独修改，而列表中的元素可以任意修改。

4.3.1 元组的创建和删除

Python 提供了多种创建元组的方法，下面分别进行介绍。

1. 使用赋值运算符直接创建元组

创建元组时，可以使用赋值运算符 "=" 直接将一个元组赋值给变量。具体的语法格式如下。

元组的创建和删除

```
tuplename = (element 1,element 2,element 3,…,element n)
```

其中，tuplename 表示元组的名称，可以是任何符合 Python 命名规则的标识符；element 1、element 2、element 3 等表示元组中的元素，元素数量没有限制，并且只要是 Python 支持的数据类型就可以。

创建元组的语法与创建列表的语法类似，只是创建列表时使用的是方括号 "[ ]"，而创建元组时使用的是圆括号 "( )"。

例如，下面定义的都是合法的元组。

```
num = (7,14,21,28,35,42,49,56,63)
ukguzheng = ("渔舟唱晚","高山流水","出水莲","汉宫秋月")
untitle = ('Python',28,("人生苦短","我用Python"),["爬虫","自动化运维","云计算","Web开发"])
python = ('优雅',"明确",'''简单''')
```

在 Python 中，虽然元组通常是使用一对圆括号将所有的元素括起来的，但是实际上，圆括号并不是必须的，只要将一组值用逗号分隔开来，Python 就认为它是元组。例如，下面的代码定义的也是元组。

```
ukguzheng = "渔舟唱晚","高山流水","出水莲","汉宫秋月"
```

在 IDLE 中输出该元组后，将显示以下内容。

```
('渔舟唱晚', '高山流水', '出水莲', '汉宫秋月')
```

如果要创建的元组只包括一个元素，则需要在定义元组时，在元素的后面加一个逗号 ","。例如，下面的代码定义的就是包括一个元素的元组。

```
verse = ("一片冰心在玉壶",)
```

在 IDLE 中输出 verse，将显示以下内容。

```
('一片冰心在玉壶',)
```

而下面的代码，则表示定义一个字符串。

```
verse = ("一片冰心在玉壶")
```

在 IDLE 中输出 verse，将显示以下内容。

```
一片冰心在玉壶
```

说明　在 Python 中，可以使用 type( )函数测试变量的类型，如下面的代码。

```
verse1 = ("一片冰心在玉壶",)
print("verse1的类型为",type(verse1))
verse2 = ("一片冰心在玉壶")
print("verse2的类型为",type(verse2))
```

在 IDLE 中执行上面的代码，将显示以下内容。

```
verse1的类型为 <class 'tuple'>
verse2的类型为 <class 'str'>
```

2. 创建空元组

在 Python 中，也可以创建空元组，例如，要创建一个名称为 emptytuple 的空元组，可以使用下面的代码。

```
emptytuple = ()
```

空元组可以应用于为函数传递一个空值或者返回空值。例如，定义一个函数必须传递一个元组类型的值，而我们还不想为它传递一组数据，那么就可以创建一个空元组传递给它。

3. 创建数值元组

在 Python 中，可以使用 tuple( )函数直接将 range( )函数循环出来的结果转换为数值元组。

tuple()函数的基本语法如下。

```
tuple(data)
```

其中，data 表示可以转换为元组的数据，其类型可以是 range 对象、字符串、元组或者其他可迭代类型。

例如，创建一个 10~20 所有偶数的元组，可以使用下面的代码。

```
tuple(range(10, 20, 2))
```

运行上面的代码后，将得到下面的列表。

```
(10, 12, 14, 16, 18)
```

 说明 使用 tuple( )函数不仅能通过 range 对象创建元组，还可以通过其他对象创建元组。

4. 删除元组

对于已经创建的元组，不再使用时，可以使用 del 语句将其删除。语法格式如下。

```
del tuplename
```

其中，tuplename 为要删除元组的名称。

例如，定义一个名称为 festival 的元组，然后再应用 del 语句将其删除，可以使用下面的代码。

```
festival = ("春节","清明节","劳动节","国庆节","中秋节","重阳节")
del festival
```

 说明 del 语句在实际开发时，并不常用。因为 Python 自带的"垃圾回收"机制会自动销毁不用的元组，所以即使我们不手动将其删除，Python 也会自动将其回收。

场景模拟：假设有一家伊米咖啡馆，只提供 6 种咖啡，并且不会改变。请使用元组保存该咖啡馆里提供的咖啡名称。

【例 4-4】在 IDLE 中创建 Python 文件，名称为 cafe_coffeename.py，实现使用元组保存咖啡馆里提供的咖啡名称。（实例位置：资源包\MR\源码\第 4 章\4-4）

在该文件中，定义一个包含 6 个元素的元组，内容为伊米咖啡馆里的咖啡名称，并且输出该元组，代码如下。

```
coffeename = ('蓝山','卡布奇诺','曼特宁','摩卡','麝香猫','哥伦比亚')   # 定义元组
print(coffeename)                                                    # 输出元组
```

运行结果如图 4-15 所示。

图 4-15　使用元组保存咖啡馆里提供的咖啡名称

访问元组元素

4.3.2　访问元组元素

在 Python 中将元组的内容输出也比较简单，直接使用 print()函数即可。例如，要想输出前面定义的 untitle 元组，则可以使用下面的代码。

```
print(untitle)
```

执行结果如下。

```
('Python', 28, ('人生苦短', '我用Python'), ['爬虫', '自动化运维', '云计算', 'Web开发'])
```

从上面的执行结果中可以看出，在输出元组时，是包括左右两侧的圆括号的。如果不想输出全部的元素，也可以通过元组的索引获取指定的元素。例如，要获取元组 untitle 中索引为 0 的元素，可以使用下面的代码。

```
print(untitle[0])
```

执行结果如下。

```
Python
```

从上面的执行结果中可以看出，在输出单个元组元素时，不包括圆括号，如果是字符串，还不包括其左右的引号。

另外，对于元组也可以采用切片方式获取指定的元素。例如，要访问元组 untitle 中前 3 个元素，可以使用下面的代码。

```
print(untitle[:3])
```

执行结果如下。

```
('Python', 28, ('人生苦短', '我用Python'))
```

同列表一样，元组也可以使用 for 循环进行遍历。下面通过一个具体的实例演示如何通过 for 循环遍历元组。

场景模拟：仍然是伊米咖啡馆，这时有客人到了，服务员向客人介绍本店提供的咖啡。

【例 4-5】在 IDLE 中创建 Python 文件，名称为 cafe_coffeename.py，实现使用 for 循环列出咖啡馆里的咖啡名称。（实例位置：资源包\MR\源码\第 4 章\4-5）

在该文件中，定义一个包含 6 个元素的元组，内容为伊米咖啡馆里的咖啡名称，然后应用 for 循环语句输出每个元组元素的值，即咖啡名称，并且在后面加上"咖啡"二字，代码如下。

```
coffeename = ('蓝山','卡布奇诺','曼特宁','摩卡','麝香猫','哥伦比亚')    # 定义元组
print("您好，欢迎光临 ～ 伊米咖啡馆 ～\n\n我店有：\n")
for name in coffeename:                                    #遍历元组
    print(name + "咖啡",end = " ")
```

运行结果如图 4-16 所示。

图 4-16　使用 for 循环列出咖啡馆里提供的咖啡名称

另外，元组还可以使用 for 循环和 enumerate()函数结合进行遍历。下面通过一个具体的实例演示如何通过 for 循环和 enumerate()函数结合遍历元组。

> enumerate( )函数用于将一个可遍历的数据对象（如列表或元组）组合为一个索引序列，同时列出数据和数据索引，一般在 for 循环中使用。

【例 4-6】在 IDLE 中创建 Python 文件，名称为 language.py，实现使用元组分两列显示 2019 年 10 月 TIOBE 排行榜前六名的编程语言。（实例位置：资源包\MR\源码\第 4 章\4-6）

本实例将在例 4-2 的基础上进行修改，将列表修改为元组，其他内容不变，修改后的代码如下。

```
print("2019年10月TIOBE排行榜前六名：\n")
language = ('Java','C','Python','C++','C#','Visual Basic.NET')
for index,item in enumerate(language):
    if index%2 == 0:                            # 判断是否为偶数，为偶数时不换行
        print(item +"\t\t", end='')
    else:
        print(item + "\n")                      # 换行输出
```

说明

在上面的代码中，在 print( )函数中使用"，end="""表示不换行输出，即下一条 print( )函数的输出内容会和这个内容在同一行输出。

运行结果如图 4-17 所示。

图 4-17 分两列显示 2019 年 10 月 TIOBE 排行榜前六名的编程语言

4.3.3 修改元组元素

修改元组元素

场景描述：仍然是伊米咖啡馆，因为麝香猫咖啡断货，所以店长想把它换成拿铁咖啡。

【例 4-7】在 IDLE 中创建 Python 文件，名称为 cafe_replace.py，实现替换麝香猫咖啡为拿铁咖啡。（实例位置：资源包\MR\源码\第 4 章\4-7）

在该文件中，定义一个包含 6 个元素的元组，内容为伊米咖啡馆里的咖啡名称，然后修改其中的第 5 个元素的内容为"拿铁"，代码如下。

```
coffeename = ('蓝山','卡布奇诺','曼特宁','摩卡','麝香猫','哥伦比亚')    # 定义元组
coffeename[4] = '拿铁'                                              # 将"麝香猫"替换为"拿铁"
print(coffeename)
```

运行结果如图 4-18 所示。

图 4-18 替换麝香猫咖啡为拿铁咖啡时出现异常信息

元组是不可变序列，所以我们不能对它的单个元素值进行修改。但是元组也不是完全不能修改。我们可以

对元组进行重新赋值。例如，下面的代码是允许的。

```
coffeename = ('蓝山','卡布奇诺','曼特宁','摩卡','麝香猫','哥伦比亚')    # 定义元组
coffeename = ('蓝山','卡布奇诺','曼特宁','摩卡','拿铁','哥伦比亚') # 对元组进行重新赋值
print("新元组",coffeename)
```

执行结果如下。

```
新元组 ('蓝山', '卡布奇诺', '曼特宁', '摩卡', '拿铁', '哥伦比亚')
```

从上面的执行结果可以看出，元组 coffeename 的值已经改变。

另外，还可以对元组进行连接组合。例如，可以使用下面的代码实现在已经存在的元组结尾处添加一个新元组。

```
coffeename = ('蓝山','卡布奇诺','曼特宁','摩卡')
print("原元组: ", coffeename)
coffeename = coffeename + ('麝香猫','哥伦比亚')
print("组合后: ", coffeename)
```

执行结果如下。

```
原元组: ('蓝山', '卡布奇诺', '曼特宁', '摩卡')
组合后: ('蓝山', '卡布奇诺', '曼特宁', '摩卡', '麝香猫', '哥伦比亚')
```

 在进行元组连接时，连接的内容必须都是元组。不能将元组和字符串或者列表连接在一起。例如，下面的代码就是错误的。

```
coffeename = ('蓝山','卡布奇诺','曼特宁','摩卡')
coffeename = coffeename + ['麝香猫','哥伦比亚']
```

在进行元组连接时，如果要连接的元组只有一个元素，一定不要忘记后面的逗号。例如，运行下面的代码将出现图 4-19 所示的错误提示信息。

```
coffeename = ('蓝山','卡布奇诺','曼特宁','摩卡')
coffeename = coffeename + ('麝香猫')
```

图 4-19　在进行元组连接时出现的错误提示信息

修改后正确的代码如下。

```
coffeename = ('蓝山','卡布奇诺','曼特宁','摩卡')
coffeename = coffeename + ('麝香猫',)
```

4.3.4　元组推导式

使用元组推导式可以快速生成一个元组，它的表现形式和列表推导式类似，只是将列表推导式中的方括号 "[]" 修改为圆括号 "()"。例如，我们可以使用下面的代码生成一个包含 10 个随机数的元组。

元组推导式

```
import random                                    #导入random标准库
randomnumber = (random.randint(10,100) for i in range(10))
print("生成的元组为: ",randomnumber)
```

执行结果如下。

生成的元组为: <generator object <genexpr> at 0x0000000003056620>

从上面的执行结果中，可以看出使用元组推导式生成的并不是一个元组或者列表，而是一个生成器对象，这一点和列表推导式是不同的。要使用该生成器对象可以将其转换为元组或者列表。转换为元组使用 tuple()函数，而转换为列表则使用 list()函数。

例如，使用元组推导式生成一个包含 10 个随机数的生成器对象，然后将其转换为元组并输出，可以使用下面的代码。

```
import random                          #导入random标准库
randomnumber = (random.randint(10,100) for i in range(10))
randomnumber = tuple(randomnumber)           # 转换为元组
print("转换后: ",randomnumber)
```

执行结果如下。

```
转换后:  (76, 54, 74, 63, 61, 71, 53, 75, 61, 55)
```

要使用通过元组推导式生成的生成器对象，还可以直接通过 for 循环遍历或者直接使用__next()__方法进行遍历。

例如，通过元组推导式生成一个包含 3 个元素的生成器对象 number，然后调用 3 次__next__()方法输出每个元素，再将生成器对象 number 转换为元组输出，代码如下。

```
number = (i for i in range(3))
print(number.__next__())            # 输出第1个元素
print(number.__next__())            # 输出第2个元素
print(number.__next__())            # 输出第3个元素
number = tuple(number)              # 转换为元组
print("转换后: ",number)
```

上面的代码运行后，将显示以下结果。

```
0
1
2
转换后:  ()
```

再例如，通过元组推导式生成一个包括 4 个元素的生成器对象 number，然后应用 for 循环遍历该生成器对象，并输出每一个元素的值，最后再将其转换为元组输出，代码如下。

```
number = (i for i in range(4))      # 生成生成器对象
for i in number:                    # 遍历生成器对象
    print(i,end=" ")                # 输出每个元素的值
print(tuple(number))                # 转换为元组输出
```

执行结果如下。

```
0 1 2 3 ()
```

从上面的两个示例中可以看出，无论通过哪种方法遍历后，如果还想再使用该生成器对象，都必须重新创建一个生成器对象，因为遍历后原生成器对象已经不存在了。

4.4 元组与列表的区别

元组与列表的区别

元组和列表都属于序列，而且它们都可以按照特定顺序存放一组元素，类型又不受限制，只要是 Python 支持的类型都可以。那么它们之间有什么区别呢？

简单理解：列表类似于我们用铅笔在纸上写下自己喜欢的歌曲名字，写错了还可以擦掉；而元组则类似于用钢笔写下的歌曲名字，写了就擦不掉了，除非换一张纸重写。

列表和元组的区别主要体现在以下几个方面。

❑ 列表属于可变序列，它的元素可以随时被修改或者删除；而元组属于不可变序列，其中的元素不可以被修改，只能被整体替换。

❑ 列表可以使用 append()、extend()、insert()、remove()和 pop()等方法实现添加和修改元素；元组则没有这几个方法，因为不能在元组中添加和修改元素，同样，也不能删除元素。

❑ 可以使用切片访问和修改列表中的元素。元组也支持切片，但是它只支持通过切片访问元组中的元素，不支持修改。

❑ 元组比列表的访问和处理速度快。所以如果只需要对其中的元素进行访问，而不进行任何修改，建议使用元组而不使用列表。

❑ 列表不能作为字典的键，元组则可以。

小 结

列表和元组都属于序列，本章开始首先介绍了序列的一些通用操作，如索引、切片、序列相加、乘法等；然后介绍了列表的相关操作，以及列表推导式的应用；接下来又介绍了元组的相关操作，以及元组推导式的应用；最后介绍了元组和列表的区别。由于列表和元组在实际开发中应用非常广泛，所以本章的内容需要大家重点学习，多做练习，并做到学以致用。

上机指导

本实例将模拟 QQ 的运动周报实现定义 4 个列表，分别保存每周的运动步数，然后统计每周的总步数、最高步数和最低步数，以及一个月（按四周为一个月计算）的总步数。程序运行结果如图 4-20 所示。

图 4-20　统计一个月的运动步数

开发步骤如下。

首先定义 4 个保存每周运动数据的列表，然后统计出每周的总步数、最高步数和最低步数并保存到另一个列表中，再通过 for 循环累加每周的总步数并输出各周的数据，最后输出统计的一个月的总步数。具体代码如下。

```
sport1 = [7599,16700,12896,14865,15722,12575,5600] # 6月第一周的运动数据 周日~周六
sport2 = [17690,14657,15876,16261,13718,15555,7600] # 6月第二周的运动数据 周日~周六
sport3 = [9656,13259,14892,15748,18200,18601,5109] # 6月第二周的运动数据 周日~周六
sport4 = [6614,15895,13143,12580,13971,20112,8488] # 6月第二周的运动数据 周日~周六
sumsport = [] # 保存每周的总步数、最高步数、最低步数的列表
sumsport.append((sum(sport1),max(sport1),min(sport1)))# 第一周的总步数、最高步数、最低步数
sumsport.append((sum(sport2),max(sport2),min(sport2)))# 第二周的总步数、最高步数、最低步数
sumsport.append((sum(sport3),max(sport3),min(sport3)))# 第三周的总步数、最高步数、最低步数
```

```
sumsport.append((sum(sport4),max(sport4),min(sport4)))# 第四周的总步数、最高步数、最低步数
totalsport = 0  # 一个月的总步数
i = 1  # 第几周

for item in sumsport:
    totalsport += item[0]  # 累加每周的步数
    print("第",i,"周共走了",item[0],"步\t最高步数",item[1],"步\t最低步数",item[2],"步")
    i += 1

print("本月您一共走了【",totalsport,"】步。")
```

习 题

4-1　什么是序列？序列包括哪些常用结构？

4-2　什么是索引？Python 中的索引规则是什么？

4-3　写出切片操作的语法。

4-4　如何计算序列的长度、最大值和最小值？

4-5　创建列表有哪几种方法？

4-6　列出 3 种常用的列表推导式的语法格式。

4-7　什么是元组，以及如何创建元组？

4-8　简述列表和元组的区别。

第5章

字典和集合

本章要点

- 什么是字典
- 字典的基本操作
- 应用字典推导式生成字典的方法
- 如何创建集合
- 如何向集合中添加和删除元素
- 如何对集合进行交集、并集和差集运行序列的通用操作

5.1 字典

字典和列表类似，也是可变序列，不过与列表不同的是，它是无序的可变序列，保存的内容是以"键—值对"的形式存放的。这类似于我们的《新华字典》，它可以把拼音和汉字关联起来，通过音节表可以快速找到想要的汉字。《新华字典》里的音节表相当于键（key），而对应的汉字相当于值（value）。键是唯一的，而值可以有多个。字典在定义一个包含多个命名字段的对象时很有用。

 说明 Python 中的字典相当于 Java 或者 C++中的 Map 对象。

字典的主要特征如下。

（1）通过键而不是通过索引来读取。

字典有时也称为关联数组或者散列表（hash）。它是通过键将一系列的值联系起来的，这样就可以通过键从字典中获取指定项，但不能通过索引来获取。

（2）字典是任意对象的无序集合。

字典是无序的，各项是从左到右随机排序的，即保存在字典中的项没有特定的顺序。这样可以提高查找顺序。

（3）字典是可变的，并且可以任意嵌套。

字典可以在原处增长或者缩短（无须生成一份副本）。并且它支持任意深度的嵌套（即它的值可以是列表或者其他的字典）。

（4）字典中的键必须唯一。

不允许同一个键出现两次，如果出现两次，则后一个值会被记住。

（5）字典中的键必须不可变。

字典中的键是不可变的，所以可以使用数字、字符串或者元组，但不能使用列表。

5.1.1 字典的创建和删除

定义字典时，每个元素都包含键和值，并且在键和值之间使用冒号分隔，相邻两个元素使用逗号分隔，所有元素放在一个花括号"{}"中。语法格式如下。

字典的创建和删除

```
dictionary = {'key1':'value1', 'key2':'value2', …, 'keyn':'valuen'}
```

参数说明如下。

❑ dictionary：表示字典名称。

❑ key1、key2…keyn：表示元素的键，必须是唯一的，并且不可变，可以是字符串、数字或者元组。

❑ value1、value2…valuen：表示元素的值，可以是任何数据类型，不是必须唯一。

例如，创建一个保存通信录信息的字典，可以使用下面的代码。

```
dictionary = {'qq':'84978981','明日科技':'84978982','无语':'0431-84978981'}
print(dictionary)
```

执行结果如下。

```
{'qq': '84978981', '明日科技': '84978982', '无语': '0431-84978981'}
```

同列表和元组一样，也可以创建空字典。在 Python 中，可以使用下面两种方法创建空字典。

```
dictionary = {}
dictionary = dict()
```

Python 的 dict()方法除了可以创建一个空字典外，还可以通过已有数据快速创建字典。主要表现为以下两种形式。

1. 通过映射函数创建字典

语法如下。

```
dictionary = dict(zip(list1,list2))
```

参数说明如下。

- ❑ dictionary：表示字典名称。
- ❑ zip()函数：用于将多个列表或元组对应位置的元素组合为元组，并返回包含这些内容的 zip 对象。如果想得到元组，可以将 zip 对象使用 tuple()函数转换为元组；如果想得到列表，可以使用 list()函数将其转换为列表。
- ❑ list1：一个列表，用于指定要生成字典的键。
- ❑ list2：一个列表，用于指定要生成字典的值。如果 list1 和 list2 的长度不同，则以较短的列表长度为准。

场景模拟：某大学的寝室里住着 4 位女生，她们的名字保存在一个列表中，另外，她们每个人的星座对应保存在另一个列表中。

> 【例 5-1】在 IDLE 中创建 Python 文件，名称为 sign_create.py，实现根据名字和星座创建一个字典。（实例位置：资源包\MR\源码\第 5 章\5-1）

在该文件中，定义两个包括 4 个元素的列表，然后应用 dict()函数和 zip()函数将前两个列表转换为对应的字典，并且输出该字典，代码如下。

```
name = ['绮梦','冷伊一','香凝','黛兰']           # 作为键的列表
sign = ['水瓶座','射手座','双鱼座','双子座']       # 作为值的列表
dictionary = dict(zip(name,sign))              # 转换为字典
print(dictionary)                              # 输出转换后字典
```

运行程序后，将显示图 5-1 所示的结果。

图 5-1 创建字典

2. 通过给定的"键—值对"创建字典

语法如下。

```
dictionary = dict(key1=value1,key2=value2,…,keyn=valuen)
```

参数说明如下。

- ❑ dictionary：表示字典名称。
- ❑ key1、key2…keyn：表示元素的键，必须是唯一的，并且不可变，可以是字符串、数字或者元组。
- ❑ value1、value2…valuen：表示元素的值，可以是任何数据类型。

例如，将例 5-1 中的名字和星座通过"键—值对"的形式创建一个字典，可以使用下面的代码。

```
dictionary =dict(绮梦 = '水瓶座', 冷伊一 = '射手座', 香凝 = '双鱼座', 黛兰 = '双子座')
print(dictionary)
```

在 Python 中，还可以使用 dict 对象的 fromkeys()方法创建值为空的字典，语法如下。

```
dictionary = dict.fromkeys(list1)
```

参数说明如下。

❑ dictionary：表示字典名称。

❑ list1：作为字典的键的列表。

例如，创建一个只包括名字的字典，可以使用下面的代码。

```
name_list = ['绮梦','冷伊一','香凝','黛兰']          # 作为键的列表
dictionary = dict.fromkeys(name_list)
print(dictionary)
```

执行结果如下。

```
{'绮梦': None, '冷伊一': None, '香凝': None, '黛兰': None}
```

另外，还可以通过已经存在的元组和列表创建字典。例如，创建一个保存名字的元组和保存星座的列表，通过它们创建一个字典，可以使用下面的代码。

```
name_tuple = ('绮梦','冷伊一', '香凝', '黛兰')       # 作为键的元组
sign = ['水瓶座','射手座','双鱼座','双子座']          # 作为值的列表
dict1 = {name_tuple:sign}                          # 创建字典
print(dict1)
```

执行结果如下。

```
{('绮梦', '冷伊一', '香凝', '黛兰'): ['水瓶座', '射手座', '双鱼座', '双子座']}
```

如果将作为键的元组修改为列表，再创建一个字典，代码如下。

```
name_list = ['绮梦','冷伊一', '香凝', '黛兰'[       # 作为键的元组
sign = ['水瓶座','射手座','双鱼座','双子座']          # 作为值的列表
dict1 = {name_list:sign}                           # 创建字典
print(dict1)
```

执行结果如图 5-2 所示。

```
Traceback (most recent call last):
  File "E:\program\Python\Code\test.py", line 16, in <module>
    dict1 = {name_list:sign}            # 创建字典
TypeError: unhashable type: 'list'
>>>
```

图 5-2　将列表作为字典的键出现的异常信息

同列表和元组一样，不再需要的字典也可以使用 del 命令删除。例如，通过下面的代码即可将已经定义的字典删除。

```
del dictionary
```

另外，如果只是想删除字典的全部元素，可以使用字典对象的 clear()方法实现。执行 clear()方法后，原字典将变为空字典。例如，下面的代码将清除字典的全部元素。

```
dictionary.clear()
```

除了上面介绍的方法可以删除字典元素，还可以使用字典对象的 pop()方法删除并返回指定键的元素，以及使用字典对象的 popitem()方法删除并返回字典中的一个元素。

5.1.2　访问字典

在 Python 中，将字典的内容输出也比较简单，可以直接使用 print()函数。例如，要想输出【例 5-1】中定义的 dictionary 字典的内容，可以使用下面的代码。

访问字典

```
print(dictionary)
```

执行结果如下。

```
{'绮梦': '水瓶座', '冷伊一': '射手座', '香凝': '双鱼座', '黛兰': '双子座'}
```

但是，我们在使用字典时很少直接输出它的内容，一般需要根据指定的键得到相应的结果。在 Python 中，访问字典的元素可以通过索引的方式实现，与列表和元组不同，这里的索引不是索引号，而是键。例如，想要

获取"冷伊一"的星座，可以使用下面的代码。

```
print(dictionary['冷伊一'])
```

执行结果如下。

射手座

在使用该方法获取指定键的值时，如果指定的键不存在，将抛出图 5-3 所示的异常。

```
{'绮梦': '水瓶座', '冷伊一': '射手座', '香凝': '双鱼座', '黛兰': '双子座'}
Traceback (most recent call last):
  File "E:/program/Python/Code/test.py", line 10, in <module>
    print("冷伊一的星座是: ",dictionary['冷伊'])
KeyError: '冷伊一'
>>>
```

图 5-3　指定键不存在时抛出异常

而在实际开发中，很可能我们不知道当前存在什么键，所以需要避免该异常的产生。具体的解决方法是使用 if 语句对不存在的情况进行处理，即给一个默认值。例如，可以将上面的代码修改为以下内容。

```
print("冷伊一的星座是: ",dictionary['冷伊一'] if '冷伊一' in dictionary else '我的字典里没有此人')
```

当"冷伊一"不存在时，将显示以下内容。

冷伊一的星座是：我的字典里没有此人

另外，Python 中推荐的方法是使用字典对象的 get()方法获取指定键的值。其语法格式如下。

```
dictionary.get(key[,default])
```

其中，dictionary 为字典对象，即要从中获取值的字典；key 为指定的键；default 为可选项，用于指定当指定的键不存在时返回的默认值，如果省略，则返回 None。

例如，通过 get()方法获取"冷伊一"的星座，可以使用下面的代码。

```
print("冷伊一的星座是: ",dictionary.get('冷伊一'))
```

执行结果如下。

冷伊一的星座是：射手座

说明

为了避免在获取指定键的值时因不存在该键而抛出异常，可以为 get( )方法设置默认值，这样当指定的键不存在时，得到结果就是指定的默认值。例如，将上面的代码修改为以下内容。

```
print("冷伊一的星座是: ",dictionary.get('冷伊一','我的字典里没有此人'))
```

将得到以下结果。

冷伊一的星座是：我的字典里没有此人

场景模拟：仍然是某大学寝室里的 4 位女生，这次将她们的名字和星座保存在一个字典里，然后再定义一个保存各个星座性格特点的字典，根据这两个字典取出某位女生的性格特点。

【例 5-2】 在 IDLE 中创建 Python 文件，名称为 sign_get.py，实现根据星座推测性格特点。（实例位置：资源包\MR\源码\第 5 章\5-2）

在该文件中，创建两个字典，一个保存名字和星座，另一个保存星座和性格特点，然后从这两个字典中取出相应的信息，组合出想要的结果并输出，代码如下。

```
name = ['绮梦','冷伊一','香凝','黛兰']                        # 作为键的列表
sign_person = ['水瓶座','射手座','双鱼座','双子座']           # 作为值的列表
person_dict = dict(zip(name,sign_person))                    # 转换为个人字典
sign_all =['白羊座','金牛座','双子座','巨蟹座','狮子座','处女座','天秤座','天蝎座','射手座','摩
```

```
羯座','水瓶座','双鱼座']
        nature = ['有一种让人看见就觉得开心的感觉，阳光、乐观、坚强，性格直来直往，就是有点小脾气。',
                '很保守，喜欢稳定，一旦有什么变动就会觉得心里不踏实，性格比较慢热，是个理财高手。',
                '喜欢追求新鲜感，有点小聪明，耐心不够，你的可爱性格会让很多人喜欢和你做朋友。',
                '情绪容易敏感，缺乏安全感，做事情有坚持到底的毅力，为人重情重义，对朋友和家人特别忠实。',
                '有着宏伟的理想，总想靠自己的努力成为人上人，向往高高在上的优越感，也期待被仰慕被崇拜的感觉。',
                '坚持追求自己的完美主义者。',
                '追求平等、和谐，擅于察言观色，交际能力很强，因此真心的朋友不少。最大的缺点就是面对选择总是
犹豫不决。',
                '精力旺盛，占有欲强，对于生活很有目标，不达目的誓不罢休。',
                '崇尚自由，勇敢、果断、独立，身上有一股勇往直前的劲儿，只要想做，就能做。',
                '是最有耐心的，处事最小心，也是最善良的。做事脚踏实地，也比较固执，不达目的不放手，而且非常
勤奋。',
                '人很聪明，最大的特点是创新，追求独一无二的生活，个人主义色彩很浓重。',
                '集所有星座的优缺点于一身。最大的优点是有一颗善良的心，愿意帮助别人。']
        sign_dict = dict(zip(sign_all,nature))                              # 转换为星座字典
        print("【绮梦】的星座是",person_dict.get("绮梦"))                    # 输出星座
        print("\n 她的性格特点是：\n\n",sign_dict.get(person_dict.get("绮梦")))   # 输出性格特点
```
运行程序后，将显示图 5-4 所示的结果。

Python 3.7.0 Shell
File Edit Shell Debug Options Window Help

【绮梦】的星座是 水瓶座

她的性格特点是：

人很聪明，最大的特点是创新，追求独一无二的生活，个人主义色彩很浓重。
>>>

图 5-4　输出某人的星座和性格特点

5.1.3　遍历字典

遍历字典

字典是以"键—值对"的形式存储数据的，所以就可能需要对这些"键—值对"进行获取。Python 提供了遍历字典的方法，通过遍历可以获取字典中的全部"键—值对"。

使用字典对象的 items() 方法可以获取字典的"键—值对"列表。其语法格式如下。

```
dictionary.items()
```
其中，dictionary 为字典对象；返回值为可遍历的"键—值对"的元组。想要获取到具体的"键—值对"，可以通过 for 循环遍历该元组。

例如，定义一个字典，然后通过 items() 方法获取键—值对的元组，并输出全部"键—值对"，代码如下。

```
dictionary = {'qq':'84978981','明日科技':'84978982','无语':'0431-84978981'}
for item in dictionary.items():
    print(item)
```
执行结果如下。

```
('qq', '84978981')
('明日科技', '84978982')
('无语', '0431-84978981')
```
上面的示例得到的是元组中的各个元素，如果想要获取具体的每个键和值，可以使用下面的代码进行遍历。

```
dictionary = {'qq':'4006751066','明日科技':'0431-84978982','无语':'0431-84978981'}
```

```
for key,value in dictionary.items():
    print(key,"的联系电话是",value)
```

执行结果如下。

qq 的联系电话是 4006751066

明日科技 的联系电话是 0431-84978982

无语的联系电话是 0431-84978981

说明

在 Python 中，字典对象还提供了 values( )和 keys( )方法，用于返回字典的值和键列表，它们的使用方法同 items( )方法类似，也需要通过 for 循环遍历该字典，获取对应的值和键。

5.1.4 添加、修改和删除字典元素

由于字典是可变序列，所以可以随时在其中添加"键—值对"，这和列表类似。向字典中添加元素的语法格式如下。

```
dictionary[key] = value
```

参数说明如下。

❑ dictionary：表示字典名称。

❑ key：表示要添加元素的键，必须是唯一的，并且不可变，可以是字符串、数字或者元组。

❑ value：表示元素的值，可以是任何数据类型。

添加、修改和删除
字典元素

例如，还是以之前的保存 4 位女生的星座的场景为例，在创建的字典中添加一个元素，并显示添加后的字典，代码如下。

```
dictionary =dict((('绮梦', '水瓶座'),('冷伊一','射手座'), ('香凝','双鱼座'), ('黛兰','双子座')))
dictionary["碧琦"] = "巨蟹座"    # 添加一个元素
print(dictionary)
```

执行结果如下。

{'绮梦': '水瓶座', '冷伊一': '射手座', '香凝': '双鱼座', '黛兰': '双子座', '碧琦': '巨蟹座'}

从上面的结果中，可以看出又添加了一个键为"碧琦"的元素。

由于在字典中键必须是唯一的，所以如果新添加元素的键与已经存在的键重复，那么将使用新的值替换原来该键的值，这也相当于修改字典的元素。例如，再添加一个键为"香凝"的元素，这次设置她为"天蝎座"。可以使用下面的代码。

```
dictionary =dict((('绮梦', '水瓶座'),('冷伊一','射手座'), ('香凝','双鱼座'), ('黛兰','双子座')))
dictionary["香凝"] = "天蝎座"    # 添加一个元素，当元素存在时，则相当于修改功能
print(dictionary)
```

执行结果如下。

{'绮梦': '水瓶座', '冷伊一': '射手座', '香凝': '天蝎座', '黛兰': '双子座'}

从上面的结果可以看出，并没有添加一个新的键"香凝"，而是直接对"香凝"的值进行了修改。

当字典中的某一个元素不需要时，可以使用 del 命令将其删除。例如，要删除字典 dictionary 的键为"香凝"的元素，可以使用下面的代码。

```
dictionary =dict((('绮梦', '水瓶座'),('冷伊一','射手座'), ('香凝','双鱼座'), ('黛兰','双子座')))
del dictionary["香凝"]        # 删除一个元素
print(dictionary)
```

执行结果如下。

{'绮梦': '水瓶座', '冷伊一': '射手座', '黛兰': '双子座'}

从上面的执行结果中可以看，在字典 dictionary 中只剩下 3 个元素了。

当删除一个不存在的键时，将抛出图 5-5 所示的异常。因此，需要将上面的代码修改为以下内容，从而防止删除不存在的元素时抛出异常。

```
dictionary =dict((('绮梦', '水瓶座'),('冷伊一','射手座'), ('香凝','双鱼座'), ('黛兰',
'双子座')))
if "香凝1" in dictionary:          # 如果存在
    del dictionary["香凝1"]        # 删除一个元素
print(dictionary)
```

```
Traceback (most recent call last):
  File "E:\program\Python\Code\test.py", line 7, in <module>
    del dictionary["香凝1"]    # 删除一个元素
KeyError: '香凝1'
>>>
```

图 5-5　删除一个不存在的键时将抛出的异常

5.1.5　字典推导式

字典推导式

使用字典推导式可以快速生成一个字典，它的表现形式和列表推导式类似，只不过将其中的方括号"[]"替换为花括号"{}"，并且在指定表达式时，采用的是"键—值对"的形式。这里以生成指定范围的数值字典为例进行说明，它的语法格式如下。

```
dictname= {key:value for var in range}
```

参数说明如下。

❑ dictname：表示生成的字典名称。

❑ key：表达式，用于计算新字典的键。

❑ value：表达式，用于计算新字典的值。

❑ var：循环变量。

❑ range：采用 range()函数生成的 range 对象。

例如，我们可以使用下面的代码生成一个包含 4 个随机数的字典，其中字典的键用数字表示。

```
import random                                     #导入random标准库
randomdict = {i:random.randint(10,100) for i in range(1,5)}
print("生成的字典为：",randomdict)
```

执行结果如下。

```
生成的字典为：{1: 21, 2: 85, 3: 11, 4: 65}
```

另外，使用字典推导式也可根据列表生成字典。例如，可以将例 5-2 修改为通过字典推导式生成字典。

【例 5-3】在 IDLE 中创建 Python 文件，名称为 sign_create.py，实现根据名字和星座创建一个字典（副本）。（实例位置：资源包\MR\源码\第 5 章\5-3）

在该文件中，定义两个包括 4 个元素的列表，再应用 dict()函数和 zip()函数将前两个列表转换为对应的字典，并且输出该字典，代码如下。

```
name = ['绮梦','冷伊一','香凝','黛兰']                   # 作为键的列表
sign = ['水瓶','射手','双鱼','双子']                     # 作为值的列表
dictionary = {i:j+'座' for i,j in zip(name,sign)}       # 使用列表推导式生成字典
print(dictionary)                                       # 输出转换后的字典
```

运行程序后，将显示图 5-6 所示的结果。

图 5-6　采用字典推导式创建字典

5.2　集合

Python 中的集合同数学中的集合概念类似，也是用于保存不重复元素的。它有可变集合（set）和不可变集合（frozenset）两种。本节所要介绍的 set 是无序可变序列，而另一种集合不在本书中做介绍。在形式上，集合的所有元素都放在一对花括号"{}"中，两个相邻元素间使用逗号","分隔。集合最好的应用就是去重，因为集合中的每个元素都是唯一的。

 在数学中，集合的定义是把一些能够确定的不同的对象看成一个整体，而这个整体就是由这些对象的全体构成的集合。集合通常用花括号"{}"或者大写的拉丁字母表示。

集合最常用的操作就是创建集合，以及集合的添加、删除、交集、并集和差集等运算，下面分别进行介绍。

5.2.1　创建集合

Python 提供了两种创建集合的方法：一种是直接使用{}创建；另一种是通过 set()函数将列表、元组等可迭代对象转换为集合。推荐使用第二种方法。下面分别进行介绍。

创建集合

1. 直接使用{}创建

在 Python 中，创建 set 也可以像创建列表、元组和字典一样，直接将集合赋值给变量从而实现创建，即直接使用花括号"{}"创建。语法格式如下。

```
setname = {element 1,element 2,element 3,…,element n}
```

其中，setname 表示集合的名称，可以是任何符合 Python 命名规则的标识符；element 1、element 2、element 3 等表示集合中的元素，个数没有限制，并且只要是 Python 支持的数据类型就可以。

 在创建集合时，如果输入了重复的元素，Python 会自动只保留一个。

例如，下面的每一行代码都可以创建一个集合。

```
set1 = {'水瓶座','射手座','双鱼座','双子座'}
set2 = {3,1,4,1,5,9,2,6}
set3 = {'Python', 28, ('人生苦短', '我用Python')}
```

上面的代码将创建以下集合。

```
{'水瓶座', '双子座', '双鱼座', '射手座'}
{1, 2, 3, 4, 5, 6, 9}
{'Python', ('人生苦短', '我用Python'), 28}
```

 由于 Python 中的 set 是无序的，所以输出时元素的排列顺序可能与上面的不同，不必在意。

场景模拟：某大学的学生选课系统，可选语言有 Python 和 C 语言。现创建两个集合分别保存选择 Python 的学生名字和选择 Java 的学生名字。

【例5-4】在 IDLE 中创建 Python 文件，名称为 section_create.py，实现创建保存学生选课信息的集合。（实例位置：资源包\MR\源码\第 5 章\5-4）

在 IDLE 中创建一个名称为 section_create.py 的文件，然后在该文件中定义两个包括 4 个元素的集合，再输出这两个集合，代码如下。

```
python = {'绮梦','冷伊一','香凝','梓轩'}          # 保存选择Python的学生名字
c = {'冷伊一','零语','梓轩','圣博'}               # 保存选择C语言的学生名字
print('选择Python的学生有：',python,'\n')         # 输出选择Python的学生名字
print('选择C语言的学生有：',c)                    # 输出选择C语言的学生名字
```

运行程序后，将显示图 5-7 所示的结果。

图 5-7　创建集合

2. 使用 set( )函数创建

在 Python 中，可以使用 set( )函数将列表、元组等其他可迭代对象转换为集合。set( )函数的语法格式如下。

```
setname = set(iteration)
```

参数说明如下。

❑　setname：表示集合名称。

❑　iteration：表示要转换为集合的可迭代对象，可以是列表、元组、range 对象等。另外，也可以是字符串，如果是字符串，返回的集合将是包含全部不重复字符的集合。

例如，下面的每一行代码都可以创建一个集合。

```
set1 = set("命运给予我们的不是失望之酒，而是机会之杯。")
set2 = set([1.414,1.732,3.14159,2.236])
set3 = set(('人生苦短', '我用Python'))
```

上面的代码将创建以下集合。

```
{'不', '的', '望', '是', '给', '，', '我', '。', '酒', '会', '杯', '运', '们', '予', '而', '失', '机', '命', '之'}
{1.414, 2.236, 3.14159, 1.732}
{'人生苦短', '我用Python'}
```

从上面创建集合的结果中可以看出，在创建集合时，如果出现了重复元素，那么将只保留一个，例如，在第一个集合中，"是"和"之"都只保留了一个。

　　在创建空集合时，只能使用 set( )实现，而不能使用一对花括号"{}"实现，这是因为在 Python 中，直接使用一对花括号"{}"表示创建一个空字典。

下面将例 5-4 修改为使用 set( )函数创建保存学生选课信息的集合。修改后的代码如下。

```
python = set(['绮梦','冷伊一','香凝','梓轩'])       # 保存选择Python的学生名字
print('选择Python的学生有：',python,'\n')          # 输出选择Python的学生名字
c = set(['冷伊一','零语','梓轩','圣博'])            # 保存选择C语言的学生名字
```

```
print('选择C语言的学生有：',c)                    # 输出选择C语言的学生名字
```
执行结果如图 5-7 所示。

向集合中添加和
删除元素

> **说明** 在 Python 中，创建集合时推荐采用 set( )函数实现。

5.2.2 向集合中添加和删除元素

集合是可变序列，所以在创建集合后，还可以对其添加或者删除元素。下面分别进行介绍。

1. 向集合中添加元素

向集合中添加元素可以使用 add()方法实现。它的语法格式如下。

```
setname.add(element)
```

其中，setname 表示要添加元素的集合；element 表示要添加的元素。这里只能使用字符串、数字及布尔类型的 True 或者 False 等，不能使用列表、元组等可迭代对象。

例如，定义一个保存明日科技零基础学系列图片名字的集合，然后向该集合中添加一个刚刚上市的图书名字，代码如下。

```
mr = set(['零基础学Java','零基础学Android','零基础学C语言','零基础学C#','零基础学PHP'])
mr.add('零基础学Python')  # 添加一个元素
print(mr)
```

上面的代码运行后，将输出以下集合。

```
{'零基础学PHP', '零基础学Android', '零基础学C#', '零基础学C语言', '零基础学Python', '零基础学
Java'}
```

2. 从集合中删除元素

在 Python 中，可以使用 del 命令删除整个集合，也可以使用集合的 pop()方法或者 remove()方法删除一个元素，或者使用集合对象的 clear()方法清空集合（即删除集合中的全部元素，使其变为空集合）。

例如，下面的代码将分别实现从集合中删除指定元素、删除一个元素和清空集合。

```
mr = set(['零基础学Java','零基础学Android','零基础学C语言','零基础学C#','零基础学PHP','零基础
学Python'])
mr.remove('零基础学Python')                    # 删除指定元素
print('使用remove()方法移除指定元素后：',mr)
mr.pop()                                      # 删除一个元素
print('使用pop()方法移除一个元素后：',mr)
mr.clear()                                    # 清空集合
print('使用clear()方法清空集合后：',mr)
```

上面的代码运行后，将输出以下内容。

```
使用remove()方法移除指定元素后：{'零基础学Android', '零基础学PHP', '零基础学C语言', '零基础学
Java', '零基础学C#'}
```
```
使用pop()方法移除一个元素后：{'零基础学PHP', '零基础学C语言', '零基础学Java', '零基础学C#'}
使用clear()方法清空集合后：set()
```

使用集合的 remove( )方法时，如果指定的元素不存在，将抛出图 5-8 所示的异常。所以在删除指定元素前，最好先判断其是否存在。判断指定的元素是否存在可以使用 in 关键字实现。例如，使用 "'零语' in c" 可以判断在 c 集合中是否存在 "零语"。

```
Traceback (most recent call last):
  File "E:\program\Python\Code\test.py", line 25, in <module>
    mr.remove('零基础学Python1')  # 删除指定元素
KeyError: '零基础学Python1'
>>>
```

图 5-8　从集合中删除的元素不存在时抛出异常

场景模拟：仍然是某大学的学生选课系统，听说小学生都学 Python 了，"零语"同学决定放弃学习 C 语言，改为学习 Python。

【例 5-5】在 IDLE 中创建 Python 文件，名称为 section_add.py，实现学生更改所选课程。（实例位置：资源包\MR\源码\第 5 章\5-5）

在该文件中，定义一个包括 4 个元素的集合，并且应用 add()方法向该集合中添加一个元素，然后定义一个包括 4 个元素的集合，并且应用 remove()方法从该集合中删除指定的元素，最后输出这两个集合，代码如下。

```python
python = set(['绮梦','冷伊一','香凝','梓轩'])        # 保存选择Python的学生名字
python.add('零语')                                   # 添加一个元素
c = set(['冷伊一','零语','梓轩','圣博'])              # 保存选择C语言的学生名字
c.remove('零语')                                     # 删除指定元素
print('选择Python的学生有：',python,'\n')            # 输出选择Python的学生名字
print('选择C语言的学生有：',c)                        # 输出选择C语言的学生名字
```

运行程序后，将显示图 5-9 所示的结果。

图 5-9　在集合中添加和删除元素

5.2.3　集合的交集、并集和差集运算

集合最常用的操作就是进行交集、并集和差集运算。进行交集运算时使用 "&" 符号；进行并集运算时使用 " | " 符号；进行差集运算时使用 "−" 符号。下面通过一个具体的实例演示如何对集合进行交集、并集和差集等运算。

集合的交集、并集和差集运算

场景模拟：仍然是某大学的学生选课系统，学生选课完毕后，老师要对选课结果进行统计。这时，需要知道既选择了 Python 又选择了 C 语言的学生、参与选课的全部学生，以及选择了 Python 但没有选择 C 语言的学生。

【例 5-6】在 IDLE 中创建 Python 文件，名称为 section_operate.py，实现对选课集合进行交集、并集和差集等运算。（实例位置：资源包\MR\源码\第 5 章\5-6）

在 IDLE 中创建一个名称为 section_operate.py 的文件，然后在该文件中定义两个包括 4 个元素的集合，再根据需要对两个集合进行交集、并集和差集等运算，并输出运算结果，代码如下。

```python
python = set(['绮梦','冷伊一','香凝','梓轩'])        # 保存选择Python的学生名字
c = set(['冷伊一','零语','梓轩','圣博'])              # 保存选择C语言的学生名字
print('选择Python的学生有：',python)                 # 输出选择Python的学生名字
print('选择C语言的学生有：',c)                        # 输出选择C语言的学生名字
print('交集运算：',python & c)                        # 输出既选择了Python又选择了C语言的学生名字
print('并集运算：',python | c)                        # 输出参与选课的全部学生名字
```

```
print('差集运算：',python - c)        # 输出选择了Python但没有选择C语言的学生名字
```

在上面的代码中，为了获取既选择了 Python 又选择了 C 语言的学生名字，对两个集合进行交集运算；为了获取参与选课的全部学生名字，对两个集合进行并集运算；为了获取选择了 Python 但没有选择 C 语言的学生名字，对两个集合进行差集运算。

运行程序后，将显示图 5-10 所示的结果。

图 5-10　对选课集合进行交集、并集和差集运算

小　结

本章首先介绍了 Python 中的字典，字典和列表有些类似，区别是字典中的元素是由"键—值对"组成的；然后介绍了 Python 中的集合，集合主要的应用就是去重。至此，我们已经学习了 4 种序列结构，读者在实际开发时，可以根据需要选择使用合适的序列类型。

上机指导

某公司门卫每天都要收很多快递，门卫小张想要编写一个程序统计收到快递的人员名单，以便统一通知。现在请帮他编写一个 Python 程序，统计出需要来取快递的人员名单。程序运行结果如图 5-11 所示。

图 5-11　统计需要取快递的人员名单

开发步骤如下。

创建 Python 文件，在该文件中，定义一个保存取快递人员名字的集合，然后通过循环向该集合中添加元素，当出现重复元素时，给予提示，直接输入数字时，退出循环，并且输出集合的元素。具体代码如下。

```
# 输入数字退出程序
instr = "abc"
setlen = 0        # 记录集合的总数
```

```
past = set()      # 创建保存取快递人员名字的集合
# 输入数字退出程序
while not str.isdigit(instr):
    instr = input("请输入收到快递人员的名单: ")
    setlen = len(past)
    if not str.isdigit(instr):
        past.add(instr)   # 添加元素
        if setlen == len(past):
            print("取快递人员已存在! ")
print("\n需要通知取快递的人员名单: " + "\n" + "\n".join(past))
```

习 题

5-1　简述什么是字典及字典的主要特征。

5-2　列出通过已有数据快速创建字典的两种方法。

5-3　使用字典对象的什么方法可以获取指定键的值？列出该方法的语法格式。

5-4　请写出使用字典推导式生成指定范围的数值字典的语法格式。

5-5　Python 中提供了哪两种创建 set 的方法？

5-6　使用什么方法可以向集合中添加元素，它的语法格式是什么？

5-7　集合最常用的操作有哪些，分别使用什么符号实现？

PART06

第6章

字符串及正则表达式

本章要点

■ 如何进行字符串的编码转换

■ 如何拼接、截取、分割和合并字符串

■ 如何计算字符串的长度

■ 检索字符串的方法

■ 如何对字符串进行格式化

■ 正则表达式的基本语法

■ 在Python中使用正则表达式的语法格式

■ 如何使用re模块匹配字符串

■ 使用re模块替换字符串的方法

■ 如何使用正则表达式分割字符串

6.1　字符串常用操作

在 Python 开发过程中，为了实现某项功能，经常需要对某些字符串进行特殊处理，如拼接字符串、截取字符串、格式化字符串等。下面将对 Python 中常用的字符串操作方法进行介绍。

6.1.1　拼接字符串

拼接字符串

使用"+"运算符可完成对多个字符串的拼接，"+"运算符可以连接多个字符串并产生一个字符串对象。

例如，定义两个字符串，一个用于保存英文版的名言，另一个用于保存中文版的名言，然后使用"+"运算符连接，代码如下。

```
mot_en = 'Remembrance is a form of meeting. Forgetfulness is a form of freedom.'
mot_cn = '记忆是一种相遇。遗忘是一种自由。'
print(mot_en + '——' + mot_cn)
```

字符串不允许直接与其他类型的数据拼接，例如，使用下面的代码将字符串与数值拼接在一起，将抛出图 6-1 所示的异常。

```
str1 = '我今天一共走了'          # 定义字符串
num = 12098                     # 定义一个整数
str2 = '步'                     # 定义字符串
print(str1 + num + str2)        # 对字符串和整数进行拼接
```

```
Traceback (most recent call last):
  File "E:\program\Python\Code\test.py", line 19, in <module>
    print(str1 + num + str2)
TypeError: must be str, not int
>>>
```

图 6-1　字符串和整数拼接抛出的异常

要解决该问题，可以将整数转换为字符串。将整数转换为字符串，可以使用 str()函数。修改后的代码如下。

```
str1 = '今天我一共走了'          # 定义字符串
num = 12098                     # 定义一个整数
str2 = '步'                     # 定义字符串
print(str1 + str(num) + str2)   #进行拼接
```

上面代码执行后，将显示以下内容。

```
今天我一共走了12098步
```

6.1.2　计算字符串的长度

计算字符串的长度

由于不同的字符所占字节数不同，所以要计算字符串的长度，需要先了解各字符所占的字节数。在 Python 中，数字、英文字母、小数点、下画线和空格占一个字节；一个汉字可能会占 2~4 个字节，占几个字节取决于采用的编码。汉字在 GBK/GB2312 编码中占 2 个字节，在 UTF-8 编码或 Unicode 中一般占用 3 个字节（或 4 个字节）。下面以 Python 默认的 UTF-8 编码为例进行说明，即一个汉字占 3 个字节，如图 6-2 所示。

图 6-2　汉字和英文字母所占字节个数

Python 提供了 len()函数计算字符串的长度。语法格式如下。

```
len(string)
```

其中，string 用于指定要进行长度统计的字符串。

例如，定义一个字符串，内容为"人生苦短，我用 Python!"，然后应用 len()函数计算该字符串的长度，代码如下。

```
str1 = '人生苦短，我用Python!'   # 定义字符串
length = len(str1)                # 计算字符串的长度
print(length)
```

上面的代码在执行后，将显示"14"。

从上面的结果中可以看出，在默认的情况下，通过 len()函数计算字符串的长度时，不区分英文字母、数字和汉字，所有字符都按一个字节计算。

在实际开发时，有时需要获取字符串实际所占的字节数，即如果采用 UTF-8 编码，汉字占 3 个字节，采用 GBK/GB2312 编码时，汉字占 2 个字节。这时，可以通过使用 encode()方法进行编码后再进行获取。例如，如果要获取采用 UTF-8 编码的字符串的长度，可以使用下面的代码。

```
str1 = '人生苦短，我用Python!'   # 定义字符串
length = len(str1.encode())       #计算UTF-8编码的字符串的长度
print(length)
```

上面的代码在执行后，将显示"28"。这是因为汉字加中文标点符号共 7 个，占 21 个字节，英文字母和英文标点符号占 7 个字节，共 28 个字节。

如果要获取采用 GBK 编码的字符串的长度，可以使用下面的代码。

```
str1 = '人生苦短，我用Python!'    # 定义字符串
length = len(str1.encode('gbk'))  #计算GBK编码的字符串的长度
print(length)
```

上面的代码在执行后，将显示"21"。这是因为汉字加中文标点符号共 7 个，占 14 个字节，英文字母和英文标点符号占 7 个字节，共 21 个字节。

6.1.3 截取字符串

由于字符串也属于序列，所以截取字符串可以采用切片方法实现。通过切片方法截取字符串的语法格式如下。

截取字符串

```
string[start : end : step]
```

参数说明如下。

❑ string：表示要截取的字符串。

❑ start：表示要截取的第一个字符的索引（包括该字符），如果不指定，则默认为 0。

❑ end：表示要截取的最后一个字符的索引（不包括该字符），如果不指定，则默认为字符串的长度。

❑ step：表示切片的步长，如果省略，则默认为 1，当省略该步长时，最后一个冒号也可以省略。

说明 字符串的索引同序列的索引是一样的，也是从 0 开始，并且每个字符占一个位置。如图 6-3 所示。

图 6-3　字符串的索引

【例 6-1】在 IDLE 中创建 Python 文件，名称为 cutstring.py，实现应用切片方法截取不同长度的子字符串。（实例位置：资源包\MR\源码\第 6 章\6-1）

定义一个字符串，然后应用切片方法截取不同长度的子字符串并输出，代码如下。

```
str1 = '人生苦短，我用Python!'      # 定义字符串
substr1 = str1[1]                # 截取第2个字符
substr2 = str1[5:]               # 从第6个字符截取
substr3 = str1[:5]               # 从左边开始截取5个字符
substr4 = str1[2:5]              # 截取第3个到第5个字符
print('原字符串: ',str1)
print(substr1 + '\n' + substr2 + '\n' + substr3 + '\n' + substr4)
```

上面的代码执行后，将显示以下内容。

```
原字符串:  人生苦短，我用Python!
生
我用Python!
人生苦短，
苦短，
```

在进行字符串截取时，如果指定的索引不存在，则会抛出图 6-4 所示的异常。要解决该问题，可以采用 try…except 语句捕获异常。例如，下面的代码在执行后将不抛出异常。

```
str1 = '人生苦短，我用Python!'  # 定义字符串
try:
    substr1 = str1[15]       # 截取第15个字符
except IndexError:
    print('指定的索引不存在')
```

```
Traceback (most recent call last):
  File "E:\program\Python\Code\test.py", line 19, in <module>
    substr1 = str1[15]    # 截取第15个字符
IndexError: string index out of range
>>>
```

图 6-4　指定的索引不存在时抛出的异常

try…except 是异常处理语句，详细讲解请参见第 11 章。

6.1.4　分割字符串

在 Python 中，使用字符串对象的 split()方法可以实现字符串分割。即把一个字符串按照指定的分隔符切分为字符串列表。该列表的元素中不包括分隔符。split()方法的语法格式如下。

分割字符串

```
str.split(sep, maxsplit)
```

参数说明如下。

❑ str：表示要进行分割的字符串。

❑ sep：用于指定分隔符，可以包含多个字符，默认为 None，即所有空字符（包括空格、换行"\n"、制表符"\t"等）。

❑ maxsplit：可选参数，用于指定分割的次数，如果不指定或者为-1，则分割次数没有限制，否则返回

结果列表的元素个数最多为 maxsplit+1。

 说明 在 split( )方法中，如果不指定 sep 参数，那么也不能指定 maxsplit 参数。

返回值：分隔后的字符串列表。

【例 6-2 】在 IDLE 中创建 Python 文件，名称为 splitstring.py，实现根据不同的分隔符分割字符串。（实例位置：资源包\MR\源码\第 6 章\6-2 ）

定义一个保存明日学院网址的字符串，然后应用 split()方法根据不同的分隔符进行分割，代码如下。

```python
str1 = '明 日 学 院 官 网  >>>  www.mingrisoft.com'
print('原字符串: ',str1)
list1 = str1.split()               # 采用默认分隔符进行分割
list2 = str1.split('>>>')          # 采用多个字符进行分割
list3 = str1.split('.')            # 采用.号进行分割
list4 = str1.split(' ',4)          # 采用空格进行分割，并且只分割前4个
print(str(list1) + '\n' + str(list2) + '\n' + str(list3) + '\n' + str(list4))
list5 = str1.split('>')            # 采用>进行分割
print(list5)
```

上面的代码在执行后，将显示以下内容。

```
原字符串: 明 日 学 院 官 网  >>>  www.mingrisoft.com
['明', '日', '学', '院', '官', '网', '>>>', 'www.mingrisoft.com']
['明 日 学 院 官 网 ', ' www.mingrisoft.com']
['明 日 学 院 官 网  >>>  www', 'mingrisoft', 'com']
['明', '日', '学', '院', '官 网  >>>  www.mingrisoft.com']
['明 日 学 院 官 网 ', '', '', ' www.mingrisoft.com']
```

 说明 在使用 split()方法时，如果不指定参数，默认采用空白符进行分割，这时无论有几个连续空格或者空白符都将作为一个分隔符进行分割。例如，上面示例中，在"网"和">"之间有两个空格，但是分割结果（第 2 行内容）中多余空格已经被过滤掉了。但是，如果指定一个分隔符，那么当这个分隔符连续出现时，就会每个分割一次，没有得到内容的，将产生一个空元素。例如，上面结果中的最后一行，就出现了两个空元素。

6.1.5 检索字符串

检索字符串

在 Python 中，字符串对象提供了很多用于字符串查找的方法，这里主要介绍以下几种方法。

1. count( )方法

count()方法用于检索指定字符串在另一个字符串中出现的次数。如果检索的字符串不存在，则返回 0，否则返回出现的次数。其语法格式如下。

```
str.count(sub[, start[, end]])
```

参数说明如下。

❑ str：表示原字符串。

❑ sub：表示要检索的子字符串。

❑ start：可选参数，表示检索范围的起始位置的索引，如果不指定，则从头开始检索。

❑ end：可选参数，表示检索范围的结束位置的索引，如果不指定，则一直检索到结尾。

例如，定义一个字符串，然后应用 count()方法检索该字符串中"@"符号出现的次数，代码如下。

```
str1 = '@明日科技 @乔布斯 @雷军'
print('字符串"',str1,'"中包括',str1.count('@'),'个@符号')
```

上面的代码执行后，将显示以下结果。

```
字符串 " @明日科技 @乔布斯 @雷军 " 中包括 3 个@符号
```

2. find()方法

该方法用于检索是否包含指定的子字符串。如果检索的子字符串不存在，则返回-1，否则返回首次出现该子字符串时的索引。其语法格式如下。

```
str.find(sub[, start[, end]])
```

参数说明如下。

- ❑ str：表示原字符串。
- ❑ sub：表示要检索的子字符串。
- ❑ start：可选参数，表示检索范围的起始位置的索引，如果不指定，则从头开始检索。
- ❑ end：可选参数，表示检索范围的结束位置的索引，如果不指定，则一直检索到结尾。

例如，定义一个字符串，然后应用 find()方法检索该字符串中首次出现"@"符号的位置索引，代码如下。

```
str1 = '@明日科技 @乔布斯 @雷军'
print('字符串"',str1,'"中@符号首次出现的位置索引为：',str1.find('@'))
```

上面的代码执行后，将显示以下结果。

```
字符串 "@明日科技 @乔布斯@雷军 " 中@符号首次出现的位置索引为：0
```

> 如果只是想要判断指定的字符串是否存在，可以使用 in 关键字实现。例如，判断上面的字符串 str1 中是否存在@符号，可以使用 print('@' in str1)，如果存在就返回 True，否则返回 False。另外，也可以根据 find()方法的返回值是否大于-1 来确定其是否存在。

如果输入的子字符串在原字符串中不存在，将返回-1。例如下面的代码。

```
str1 = '@明日科技 @乔布斯 @雷军'
print('字符串"',str1,'"中*符号首次出现的位置索引为：',str1.find('*'))
```

上面的代码执行后，将显示以下结果。

```
字符串 " @明日科技 @乔布斯@雷军 " 中*符号首次出现的位置索引为： -1
```

> Python 的字符串对象还提供了 rfind()方法，其作用与 find()方法类似，只是从右边开始查找。

3. index()方法

index()方法同 find()方法类似，也是用于检索是否包含指定的子字符串。只不过如果使用 index()方法，当指定的字符串不存在时会抛出异常。其语法格式如下。

```
str.index(sub[, start[, end]])
```

参数说明如下。

- ❑ str：表示原字符串。
- ❑ sub：表示要检索的子字符串。
- ❑ start：可选参数，表示检索范围的起始位置的索引，如果不指定，则从头开始检索。
- ❑ end：可选参数，表示检索范围的结束位置的索引，如果不指定，则一直检索到结尾。

例如，定义一个字符串，然后应用 index()方法检索该字符串中首次出现"@"符号的位置索引，代码如下。

```
str1 = '@明日科技 @乔布斯 @雷军'
print('字符串"',str1,'"中@符号首次出现的位置索引为：',str1.index('@'))
```

上面的代码执行后，将显示以下结果。

```
字符串 " @明日科技 @乔布斯 @雷军 "中@符号首次出现的位置索引为： 0
```

如果输入的子字符串在原字符串中不存在，将会出现异常。例如下面的代码。

```
str1 = '#明日科技 #乔布斯 #雷军'
print('字符串"',str1,'"中@符号首次出现的位置索引为：',str1.index('@'))
```

上面的代码执行后，将显示图 6-5 所示的异常信息。

```
Traceback (most recent call last):
  File "E:\program\Python\Code\test.py", line 7, in <module>
    print('字符串"',str1,'"中@符号首次出现位置索引为：',str1.index('@'))
ValueError: substring not found
>>>
```

图 6-5　index 检索不存在元素时出现的异常信息

 说明

Python 的字符串对象还提供了 rindex( )方法，其作用与 index( )方法类似，只是从右边开始查找。

4. startswith( )方法

该方法用于检索字符串是否以指定子字符串开头。如果是则返回 True，否则返回 False。语法格式如下。

```
str.startswith(prefix[, start[, end]])
```

参数说明如下。

❑　str：表示原字符串。

❑　prefix：表示要检索的子字符串。

❑　start：可选参数，表示检索范围的起始位置的索引，如果不指定，则从头开始检索。

❑　end：可选参数，表示检索范围的结束位置的索引，如果不指定，则一直检索到结尾。

例如，定义一个字符串，然后应用 startswith()方法检索该字符串是否以"@"符号开头，代码如下。

```
str1 = '@明日科技 @乔布斯 @雷军'
print('判断字符串"',str1,'"是否以@符号开头，结果为：',str1.startswith('@'))
```

上面的代码执行后，将显示以下结果。

```
判断字符串 " @明日科技 @乔布斯 @雷军 "是否以@符号开头，结果为： True
```

5. endswith( )方法

该方法用于检索字符串是否以指定子字符串结尾。如果是则返回 True，否则返回 False。语法格式如下。

```
str.endswith(suffix[, start[, end]])
```

参数说明如下。

❑　str：表示原字符串。

❑　suffix：表示要检索的子字符串。

❑　start：可选参数，表示检索范围的起始位置的索引，如果不指定，则从头开始检索。

❑　end：可选参数，表示检索范围的结束位置的索引，如果不指定，则一直检索到结尾。

例如，定义一个字符串，然后应用 endswith()方法检索该字符串是否以".com"结尾，代码如下。

```
str1 = ' http://www.mingrisoft.com'
print('判断字符串"',str1,'"是否以.com结尾，结果为：',str1.endswith('.com'))
```

上面的代码执行后，将显示以下结果。

```
判断字符串 " http://www.mingrisoft.com "是否以.com结尾，结果为： True
```

6.1.6　字母的大小写转换

字母的大小写转换

在 Python 中，字符串对象提供了 lower()方法和 upper()方法进行字母的大小写转换，即可用于将大写字母 ABC 转换为小写字母 abc 或者将小写字母 abc 转换为大写字母 ABC。下面分别进行介绍。

1. lower( )方法

lower()方法用于将字符串中的全部大写字母转换为小写字母。如果字符串中没有应该被转换的字符，则将原字符串返回；否则将返回一个新的字符串，将原字符串中每个该进行小写转换的字符都转换成等价的小写字符。新字符串长度与原字符串长度相同。lower()方法的语法格式如下。

```
str.lower()
```
其中，str 为要进行转换的字符串。

例如，下面的代码将全部显示为小写字母。

```
str1 = 'WWW.Mingrisoft.com'
print('原字符串: ',str1)
print('新字符串: ',str1.lower())   # 转换为全部小写输出
```

2. upper( )方法

upper()方法用于将字符串中的全部小写字母转换为大写字母。如果字符串中没有应该被转换的字符，则将原字符串返回；否则返回一个新字符串，将原字符串中每个该进行大写转换的字符都转换成等价的大写字符。新字符串长度与原字符串长度相同。lower()方法的语法格式如下。

```
str.upper()
```
其中，str 为要进行转换的字符串。

例如，下面的代码将全部显示为大写字母。

```
str1 = 'WWW.Mingrisoft.com'
print('原字符串: ',str1)
print('新字符串: ',str1.upper())   # 转换为全部大写输出
```

6.1.7　去除字符串中的空格和特殊字符

去除字符串中的空格和特殊字符

用户在输入数据时，可能会无意中输入多余的空格，或在一些情况下，字符串前后不允许出现空格和特殊字符，此时就需要去除字符串中的空格和特殊字符。例如，图 6-6 中 "HELLO" 这个字符串前后都有一个空格。可以使用 Python 中提供的 strip()方法去除字符串左右两边的空格和特殊字符，也可以使用 lstrip()方法去除字符串左边的空格和特殊字符，使用 rstrip()方法去除字符串右边的空格和特殊字符。

图 6-6　前后包含空格的字符串示意

说明 这里的特殊字符是指制表符\t、回车符\r、换行符\n 等。

1. strip( )方法

strip()方法用于去掉字符串左、右两侧的空格和特殊字符，其语法格式如下。

```
str.strip([chars])
```

其中，str 为要去除空格的字符串；chars 为可选参数，用于指定要去除的字符，可以指定多个，例如，设置 chars 为 "@."，则去除左、右两侧的 @ 和 .。如果不指定 chars 参数，则默认去除空格、制表符 \t、回车符 \r、换行符 \n 等。

> **【例 6-3】** 在 IDLE 中创建 Python 文件，名称为 removespecial.py，实现去除空格、制表符、换行符等特殊字符。（实例位置：资源包\MR\源码\第 6 章\6-3）

例如，先定义一个字符串，首尾有空格、制表符、换行符和回车符等，然后去除空格和这些特殊字符；再定义一个字符串，首尾有 @ 或 . 字符，最后去掉 @ 和 .，代码如下。

```python
str1 = ' http://www.mingrisoft.com  \t\n\r'
print('原字符串str1: ' + str1 + '。')
print('字符串: ' + str1.strip() + '。')            # 去除字符串首尾的空格和特殊字符
str2 = '@愿你的青春不负梦想.@.'
print('原字符串str2: ' + str2 + '。')
print('字符串: ' + str2.strip('@.') + '。')         # 去除字符串首尾的@和.
```

上面的代码运行后，将显示图 6-7 所示的结果。

图 6-7　strip( ) 方法示例

2. lstrip( ) 方法

lstrip() 方法用于去掉字符串左侧的空格和特殊字符，其语法格式如下。

```python
str.lstrip([chars])
```

其中，str 为要去除空格的字符串；chars 为可选参数，用于指定要去除的字符，可以指定多个，例如，设置 chars 为 "@."，则去除左侧的 @ 和 .。如果不指定 chars 参数，用默认去除空格、制表符 \t、回车符 \r、换行符 \n 等。

> **【例 6-4】** 在 IDLE 中创建 Python 文件，名称为 removespecial_left.py，实现去除左侧的指定字符。（实例位置：资源包\MR\源码\第 6 章\6-4）

例如，先定义一个字符串，左侧有一个制表符和一个空格，然后去除空格和制表符；再定义一个字符串，左侧有一个 @，最后去掉 @，代码如下。

```python
str1 = '\t http://www.mingrisoft.com'
print('原字符串str1: ' + str1 + '。')
print('字符串: ' + str1.lstrip() + '。')            # 去除字符串左侧的空格和制表符
str2 = '@明日科技'
print('原字符串str2: ' + str2 + '。')
print('字符串: ' + str2.lstrip('@') + '。')         # 去除字符串左侧的@
```

上面的代码运行后，将显示图 6-8 所示的结果。

图 6-8　lstrip( ) 方法示例

3. rstrip( ) 方法

rstrip() 方法用于去掉字符串右侧的空格和特殊字符，其语法格式如下。

```
str.lstrip([chars])
```

其中，str 为要去除空格的字符串；chars 为可选参数，用于指定要去除的字符，可以指定多个，例如，设置 chars 为 "@."，则去除右侧的@和。如果不指定 chars 参数，则默认去除空格、制表符\t、回车符\r、换行符\n 等。

> 【例 6-5】在 IDLE 中创建 Python 文件，名称为 removespecial_right.py，实现去除右侧的指定字符。（实例位置：资源包\MR\源码\第 6 章\6-5）

先定义一个字符串，右侧有一个制表符和一个空格，然后去除空格和制表符；再定义一个字符串，右侧有一个逗号 "，"，最后去掉逗号 "，"，代码如下。

```python
str1 = ' http://www.mingrisoft.com\t '
print('原字符串str1: ' + str1 + '。')
print('字符串: ' + str1.rstrip() + '。')          # 去除字符串右侧的空格和制表符
str2 = '明日科技,'
print('原字符串str2: ' + str2 + '。')
print('字符串: ' + str2.rstrip(',') + '。')        # 去除字符串右侧的逗号
```

上面的代码运行后，将显示图 6-9 所示的结果。

图 6-9　rstrip( )方法示例

6.1.8　格式化字符串

格式化字符串

格式化字符串的意思是先制定一个模板，在这个模板中预留几个空位，然后根据需要填上相应的内容。这些空位需要通过指定的符号标记（也称为占位符），而这些符号还不会显示出来。在 Python 中，格式化字符串有以下两种方法。

1. 使用%操作符

在 Python 中，要实现格式化字符串，可以使用%操作符。语法格式如下。

```
'%[-][+][0][m][.n]格式化字符'%exp
```

参数说明如下。

- ❑ −：可选参数，用于指定左对齐，正数前方无符号，负数前方加负号。
- ❑ +：可选参数，用于指定右对齐，正数前方加正号，负数前方加负号。
- ❑ 0：可选参数，表示右对齐，正数前方无符号，负数前方加负号，用 0 填充空白处（一般与 m 参数一起使用）。
- ❑ m：可选参数，表示占有宽度。
- ❑ n：可选参数，表示小数点后保留的位数。
- ❑ 格式化字符：用于指定类型，其值如表 6-1 所示。

表 6-1　常用的格式化字符

格式化字符	说明	格式化字符	说明
%s	字符串（采用 str()显示）	%r	字符串（采用 repr()显示）
%c	单个字符	%o	八进制整数
%d 或者%i	十进制整数	%e	指数（基底写为 e）
%x	十六进制整数	%E	指数（基底写为 E）
%f 或者%F	浮点数	%%	字符%

❏ exp：要转换的项。如果要指定的项有多个，需要通过元组的形式进行指定，但不能使用列表。

> 【例 6-6】在 IDLE 中创建 Python 文件，名称为 formatstring.py，实现格式化输出一个保存公司信息的字符串。（实例位置：资源包\MR\源码\第 6 章\6-6）

格式化输出一个保存公司信息的字符串，代码如下。

```
template = '编号：%09d\t公司名称：  %s \t官网：http://www.%s.com'  # 定义模板
context1 = (7,'百度','baidu')                                    # 定义要转换的内容1
context2 = (8,'明日学院','mingrisoft')                           # 定义要转换的内容2
print(template%context1)                                         # 格式化输出
print(template%context2)                                         # 格式化输出
```

上面的代码运行后将显示图 6-10 所示的效果，即按照指定模板格式输出两条公司信息。

```
编号：000000007 公司名称：  百度      官网：http://www.baidu.com
编号：000000008 公司名称：  明日学院  官网：http://www.mingrisoft.com
>>>
```

图 6-10　格式化输出公司信息

使用%操作符是 Python 早期版本中提供的方法，从 Python 2.6 版本开始，字符串对象提供了 format( )方法对字符串进行格式化。现在一些 Python 社区也推荐使用这种方法。所以建议大家重点学习 format( )方法的使用。

2．使用 format( )方法

format()方法用于进行字符串格式化。其语法格式如下。

```
str.format(args)
```

其中，str 用于指定字符串的显示样式（即模板）；args 用于指定要转换的项，如果有多项，则用逗号进行分隔。

下面重点介绍如何创建模板。在创建模板时，需要使用{}和:指定占位符，基本语法格式如下。

```
{[index][:[[fill]align][sign][#][width][.precision][type]]}
```

参数说明如下。

❏ index：可选参数，用于指定要设置格式的对象在参数列表中的索引位置，索引值从 0 开始。如果省略，则根据值的先后顺序自动分配。

当一个模板中出现多个占位符时，指定索引位置的规范需统一。即全部采用手动指定，或者全部采用自动指定。例如，定义"我是数值：{:d}，我是字符串：{1:s}!"模板是错误的，会抛出图 6-11 所示的异常。

```
Traceback (most recent call last):
  File "E:\program\Python\Code\test.py", line 17, in <module>
    print(template.format(7,'明日学院'))
ValueError: cannot switch from automatic field numbering to manual field specification
>>>
```

图 6-11　字段规范不统一抛出的异常

❏ fill：可选参数，用于指定空白处填充的字符。

- □ align：可选参数，用于指定对齐方式（值为<表示内容左对齐；值为>表示内容右对齐；值为=表示内容右对齐，将符号放在填充内容的最左侧，且只对数字类型有效；值为^表示内容居中），需要配合 width 一起使用。
- □ sign：可选参数，用于指定有无符号数（值为+表示正数加正号，负数加负号；值为-表示正数不变，负数加负号；值为空格表示正数加空格，负数加负号）。
- □ #：可选参数，对于二进制数、八进制数和十六进制数，加上#表示会显示 0b/0o/0x 前缀，否则不显示前缀。
- □ width：可选参数，用于指定所占宽度。
- □ .precision：可选参数，用于指定保留的小数位数。
- □ type：可选参数，用于指定类型，其值如表 6-2 所示。

表 6-2 format( )方法中常用的格式化字符

格式化字符	说明	格式化字符	说明
s	对字符串类型格式化	b	将十进制整数自动转换成二进制数再格式化
d	十进制整数	o	将十进制整数自动转换成八进制数再格式化
c	将十进制整数自动转换成对应的 Unicode 编码	x 或者 X	将十进制整数自动转换成十六进制数再格式化
e 或者 E	转换为科学计数法表示再格式化	f 或者 F	转换为浮点数（默认小数点后保留 6 位）再格式化
g 或者 G	自动在 e 和 f 或者 E 和 F 中切换	%	显示百分比（默认显示小数点后 6 位）

【例 6-7】在 IDLE 中创建 Python 文件，名称为 formatstring_temp.py，实现根据模板输出公司信息。（实例位置：资源包\MR\源码\第 6 章\6-7）

定义一个保存公司信息的字符串模板，然后应用该模板输出不同公司的信息，代码如下。

```
template = '编号：{:0>9s}\t公司名称：{:s} \t官网：http://www.{:s}.com'   # 定义模板
context1 = template.format('7','百度','baidu')                        # 转换内容1
context2 = template.format('8','明日学院','mingrisoft')                # 转换内容2
print(context1)                                                       # 输出格式化后的字符串
print(context2)                                                       # 输出格式化后的字符串
```

上面的代码运行后将显示图 6-12 所示的效果，即按照指定模板格式输出两条公司信息。

```
编号：000000007 公司名称：百度      官网：http://www.baidu.com
编号：000000008 公司名称：明日学院  官网：http://www.mingrisoft.com
>>>
```

图 6-12 格式化输出公司信息

在实际开发中，数值类型有多种显示方式，如货币形式、百分比形式等，使用 format( )方法可以将数值显示为不同的形式。

6.2 正则表达式基础

在处理字符串时，经常会有查找符合某些复杂规则的字符串的需求。正则表达式就是用于描述这些规则的工具。换句话说，正则表达式就是记录文本规则的代码。对于接

正则表达式基础

触过 DOS 的用户来说，如果想匹配当前文件夹下所有的文本文件，可以输入 "dir *.txt" 命令，按<Enter>键后，所有 ".txt" 文件将会被列出来。这里的 "*.txt" 即可被理解为一个简单的正则表达式。

6.2.1 行定位符

行定位符用来描述字符串的边界。""^"" 表示行的开始，""$"" 表示行的结尾，如下所示。

```
^tm
```

该表达式表示要匹配的字符串 tm 位于行的开始，例如，tm equal Tomorrow Moon 就可以匹配，而 Tomorrow Moon equal tm 则不匹配。假设使用如下格式。

```
tm$
```

结果正好相反。如果要匹配的字符串可以出现在任意位置，那么可以直接写成如下格式。

```
tm
```

这样二者就都可以匹配了。

6.2.2 元字符

现在我们已经知道几个很有用的元字符了，如 ^和$。其实，正则表达式里还有更多的元字符，下面来看看更多的例子。

```
\bmr\w*\b
```

上面的正则表达式用于匹配以字母 mr 开头的单词，先是某个单词开始处(\b)，然后匹配字母 mr，接着是任意数量的字母或数字 (\w*)，最后是单词结束处(\b)。该表达式可以匹配 "mrsoft" "mrbook" 和 "mr123456" 等。更多常用元字符如表 6-3 所示。

表 6-3 常用元字符

代码	说明
.	匹配除换行符以外的任意字符
\w	匹配字母、数字、下画线或汉字
\s	匹配任意的空白符
\d	匹配数字
\b	匹配单词的开始或结束
^	匹配字符串的开始
$	匹配字符串的结束

6.2.3 限定符

在上面例子中，使用 "\w*" 匹配任意数量的字母或数字。如果想匹配特定数量的数字，该如何表示呢？正则表达式为我们提供了限定符（指定数量的字符）来实现该功能。如匹配 8 位 QQ 号可用如下代码。

```
^\d{8}$
```

常用的限定符如表 6-4 所示。

表 6-4 常用限定符

限定符	说明	举例
?	匹配前面的字符零次或一次	colou?r，该表达式可以匹配 colour 和 color
+	匹配前面的字符一次或多次	go+gle，该表达式可以匹配的范围从 google 到 goo…gle

续表

限定符	说明	举例
*	匹配前面的字符零次或多次	go*gle，该表达式可以匹配的范围从 ggle 到 goo…gle
{n}	匹配前面的字符 *n* 次	go{2}gle，该表达式只匹配 google
{n,}	匹配前面的字符最少 *n* 次	go{2,}gle，该表达式可以匹配的范围从 google 到 goo…gle
{n,m}	匹配前面的字符最少 *n* 次，最多 *m* 次	employe{0,2}，该表达式可以匹配 employ、employe 和 employee 3 种情况

6.2.4 字符类

正则表达式查找数字和字母是很简单的，因为已经有了对应这些字符集合的元字符（如\d、\w），但是如果要匹配没有预定义元字符的字符集合（如元音字母 a、e、i、o、u），应该怎么办？

很简单，只需要在方括号里列出它们就行了，像[aeiou]就是匹配任何一个英文元音字母，[.?!] 匹配标点符号（. 或 ? 或 !）。也可以轻松地指定一个字符范围，像 [0-9] 的含义与 \d 就是完全一致的，即匹配一位数字；同理 [a-z0-9A-Z_] 也完全等同于 \w（如果只考虑英文的话）。

 说明 要想匹配给定字符串中任意一个汉字，可以使用[\u4e00-\u9fa5]；如果要匹配连续多个汉字，可以使用[\u4e00-\u9fa5]+。

6.2.5 排除字符

6.2.4 节介绍的是查找包含指定字符集合的字符串。现在反过来，查找不包含指定字符集合的字符串。正则表达式提供了"^"字符。这个元字符在 6.2.1 节中出现过，表示行的开始。而这里将其放到方括号中，表示排除的意思。例如以下表达式。

```
[^a-zA-Z]
```

该表达式用于匹配一个不是字母的字符。

6.2.6 选择字符

试想一下，如何匹配身份证号码？首先需要了解身份证号码的规则。身份证号码长度为 15 位（已停用）或者 18 位。如果为 15 位，则全为数字；如果为 18 位，前 17 位为数字，最后一位是校验位，可能为数字或字符 X。

上面的描述包含条件选择的逻辑，这就需要使用选择字符（|）来实现。该字符可以理解为"或"，匹配身份证的表达式可以写成如下形式。

```
^\d{15}$)|(^\d{18}$)|(^\d{17}(\d|X|x)$
```

该表达式的意思是匹配 15 位数字，或者 18 位数字，或者 17 位数字和最后一位，最后一位可以是数字或 X 或 x。

6.2.7 转义字符

正则表达式中的转义字符（\）和 Python 中的大同小异，都是将特殊字符（如"."、"?"、"\"等）变为普通的字符。举一个 IP 地址的实例，用正则表达式匹配诸如 127.0.0.1 这样格式的 IP 地址。如果直接使用点字符，格式如下。

```
[1-9]{1,3}.[0-9]{1,3}.[0-9]{1,3}.[0-9]{1,3}
```

这显然不对，因为 "." 可以匹配一个任意字符。这时，不仅是 127.0.0.1 这样的 IP 地址，连 127101011 这样的字符串也会被匹配出来。所以在使用 "." 时，需要使用转义字符（\）。修改后上面的正则表达式格式如下。

```
[1-9]{1,3}\.[0-9]{1,3}\.[0-9]{1,3}\.[0-9]{1,3}
```

  括号在正则表达式中也是一个元字符。

6.2.8 分组

通过 6.2.6 节中的例子，相信读者已经对圆括号的作用有了一定的了解。圆括号的第一个作用就是改变限定符的作用范围，如 "|" "*" "^" 等。来看下面的一个表达式。

```
(thir|four)th
```

这个表达式的意思是匹配单词 thirth 或 fourth，如果不使用圆括号，那么就变成了匹配单词 thir 和 fourth 了。

圆括号的第二个作用是分组，也就是括出子表达式。例如，(\.[0-9]{1,3}){3}，就是对分组 (\.[0-9]{1,3}) 进行重复操作。

6.2.9 在 Python 中使用正则表达式语法

在 Python 中使用正则表达式时，是将其作为模式字符串使用的。例如，将匹配不是字母的一个字符的正则表达式表示为模式字符串，可以使用下面的代码。

```
'[^a-zA-Z]'
```

而如果将匹配以字母 m 开头的单词的正则表达式转换为模式字符串，则不能直接在其两侧添加引号定界符，例如，下面的代码是不正确的。

```
'\bm\w*\b'
```

需要将其中的 "\" 进行转义，转换后的结果如下。

```
'\\bm\\w*\\b'
```

由于模式字符串中可能包括大量的特殊字符和反斜杠，所以需要将其写为原生字符串，即在模式字符串前加 r 或 R。例如，上面的模式字符串采用原生字符串表示如下。

```
r'\bm\w*\b'
```

  在编写模式字符串时，并不是所有的反斜杠都需要进行转换，例如，前面编写的正则表达式 "^\d{8}$" 中的反斜杠就不需要转义，因为其中的 \d 并没有特殊意义。不过，为了编写方便，本书中所写正则表达式都采用原生字符串表示。

6.3 使用 re 模块实现正则表达式操作

6.2 节介绍了正则表达式的语法，本节将介绍如何在 Python 中使用正则表达式。Python 提供了 re 模块，用于实现正则表达式的操作。在实现时，可以使用 re 模块提供的方法（如 search()、match()、findall() 等）进行字符串处理，也可以先使用 re 模块的 compile() 方法将模式字符串转换为正则表达式对象，然后再使用该正则表达式对象的相关方法来操作字符串。

re 模块在使用时，需要先应用 import 语句引入，具体代码如下。

```
import re
```

如果在使用 re 模块时未将其引入，将抛出图 6-13 所示的异常。

```
Traceback (most recent call last):
  File "E:\program\Python\Code\test.py", line 22, in <module>
    pattern =re.compile(pattern)
NameError: name 're' is not defined
>>>
```

图 6-13　未引入 re 模块抛出异常

6.3.1　匹配字符串

匹配字符串可以使用 re 模块提供的 match()、search()和 findall()等方法。下面分别进行介绍。

匹配字符串

1. 使用 match( )方法进行匹配

match()方法用于从字符串的开始处进行匹配，如果在起始位置匹配成功，则返回 match 对象，否则返回 None。其语法格式如下。

```
re.match(pattern, string, [flags])
```

参数说明如下。

❑　pattern：表示模式字符串，由要匹配的正则表达式转换而来。

❑　string：表示要匹配的字符串。

❑　flags：可选参数，表示标志位，用于控制匹配方式，如是否区分字母大小写。常用的标志如表 6-5 所示。

表 6-5　常用标志

标志	说明
A 或 ASCII	对于\w、\W、\b、\B、\d、\D、\s 和\S 只进行 ASCII 匹配（仅适用于 Python 3.x）
I 或 IGNORECASE	执行不区分字母大小写的匹配
M 或 MULTILINE	将^和$用于包括整个字符串的开始和结尾的每一行（默认情况下，仅适用于整个字符串的开始和结尾处）
S 或 DOTALL	使用 . 字符匹配所有字符，包括换行符
X 或 VERBOSE	忽略模式字符串中未转义的空格和注释

【例 6-8】在 IDLE 中创建 Python 文件，名称为 matchstring.py，实现不区分字母大小写匹配字符串。（实例位置：资源包\MR\源码\第 6 章\6-8）

匹配以 "mr_" 开头的字符串，不区分字母大小写，代码如下。

```
import re
pattern = r'mr_\w+'                              # 模式字符串
string = 'MR_SHOP mr_shop'                        # 要匹配的字符串
match = re.match(pattern,string,re.I)            # 匹配字符串，不区分大小写
print(match)                                      # 输出匹配结果
string = '项目名称MR_SHOP mr_shop'
match = re.match(pattern,string,re.I)            # 匹配字符串，不区分大小写
print(match)                                      # 输出匹配结果
```

执行结果如下。

```
<_sre.SRE_Match object; span=(0, 7), match='MR_SHOP'>
None
```

从上面的执行结果中可以看出，字符串 "MR_SHOP" 以 "mr_" 开头，所以返回一个 match 对象，而字符串 "项目名称 MR_SHOP" 不是以 "mr_" 开头，所以返回 "None"。这是因为 match()方法从字符串的开始位置开始匹配，如果第一个字母不符合条件，则不再进行匹配，直接返回 None。

match 对象中包含了匹配值的位置和匹配数据。要获取匹配值的起始位置可以使用 match 对象的 start( )
方法；要获取匹配值的结束位置可以使用 end( )方法；通过 span( )方法可以返回匹配位置的元组；通过 string
属性可以获取要匹配的字符串。例如将上面例 6-8 的代码修改为以下代码。

```
import re
pattern = r'mr_\w+'                          # 模式字符串
string = 'MR_SHOP mr_shop'                    # 要匹配的字符串
match = re.match(pattern,string,re.I)         # 匹配字符串，不区分大小写
print('匹配值的起始位置: ',match.start())
print('匹配值的结束位置: ',match.end())
print('匹配位置的元组: ',match.span())
print('要匹配的字符串: ',match.string)
print('匹配数据: ',match.group())
```

执行后，将显示如下结果。

```
匹配值的起始位置: 0
匹配值的结束位置: 7
匹配位置的元组: (0, 7)
要匹配的字符串: MR_SHOP mr_shop
匹配数据: MR_SHOP
```

2. 使用 search( )方法进行匹配

search( )方法用于在整个字符串中搜索第一个匹配的值，如果在起始位置匹配成功，则返回 match 对象，
否则返回 None。其语法格式如下。

```
re.search(pattern, string, [flags])
```

参数说明如下。

❑ pattern：表示模式字符串，由要匹配的正则表达式转换而来。

❑ string：表示要匹配的字符串。

❑ flags：可选参数，表示标志位，用于控制匹配方式，如是否区分字母大小写。常用的标志如表 6-5 所示。

【例 6-9】在 IDLE 中创建 Python 文件，名称为 searchstring.py，实现应用 search( )方法搜索指定
字符串。（实例位置：资源包\MR\源码\第 6 章\6-9）

搜索第一个以 "mr_" 开头的字符串，不区分字母大小写，代码如下。

```
import re
pattern = r'mr_\w+'                          # 模式字符串
string = 'MR_SHOP mr_shop'                    # 要匹配的字符串
match = re.search(pattern,string,re.I)        # 搜索字符串，不区分大小写
print(match)                                  # 输出匹配结果
string = '项目名称MR_SHOP mr_shop'
match = re.search(pattern,string,re.I)        # 搜索字符串，不区分大小写
print(match)                                  # 输出匹配结果
```

执行结果如下。

```
<re. Match object; span=(0, 7), match='MR_SHOP'>
<re. Match object; span=(4, 11), match='MR_SHOP'>
```

从上面的运行结果中可以看出，search( )方法不仅是在字符串的起始位置搜索，其他位置有符合的匹配对
象也可以被搜索到。

3. 使用 findall( )方法进行匹配

findall( )方法用于在整个字符串中搜索所有符合正则表达式的字符串，并以列表的形式返回。如果匹配成功，
则返回包含匹配结构的列表，否则返回空列表。其语法格式如下。

```
re.findall(pattern, string, [flags])
```

参数说明如下。

❑ pattern：表示模式字符串，由要匹配的正则表达式转换而来。

❑ string：表示要匹配的字符串。

❑ flags：可选参数，表示标志位，用于控制匹配方式，如是否区分字母大小写。常用的标志如表 6-5 所示。

> 【例 6-10】在 IDLE 中创建 Python 文件，名称为 findallstring.py，实现应用 findall( ) 方法搜索指定
> 字符开头的字符串。(实例位置：资源包\MR\源码\第 6 章\6-10)

搜索以"mr_"开头的字符串，代码如下。

```
import re
pattern = r'mr_\w+'                        # 模式字符串
string = 'MR_SHOP mr_shop'                 # 要匹配的字符串
match = re.findall(pattern,string,re.I)    # 搜索字符串，不区分大小写
print(match)                               # 输出匹配结果
string = '项目名称MR_SHOP mr_shop'
match = re.findall(pattern,string)         # 搜索字符串，区分大小写
print(match)                               # 输出匹配结果
```

执行结果如下。

```
['MR_SHOP', 'mr_shop']
['mr_shop']
```

如果指定的模式字符串包含分组，则返回与分组匹配的文本列表。例如下面的代码。

```
import re
pattern = r'[1-9]{1,3}(\.[0-9]{1,3}){3}'   # 模式字符串
str1 = '127.0.0.1 192.168.1.66'            # 要配置的字符串
match = re.findall(pattern,str1)           # 进行模式匹配
print(match)
```

执行后，将显示以下运行结果。

```
['.1', '.66']
```

从上面的结果中可以看出，并没有得到匹配的 IP 地址，这是因为在模式字符串中出现了分组，所以得到的结果是根据分组进行匹配的结果。即"(\.[0-9]{1,3})"匹配的结果。如果想获取整个模式字符串的匹配，可以将整个模式字符串使用一对圆括号进行分组，然后在获取结果时，只取返回值列表的每个元素(是一个元组)的第 1 个元素。例如下面的代码。

```
import re
pattern = r'([1-9]{1,3}(\.[0-9]{1,3}){3})' # 模式字符串
str1 = '127.0.0.1 192.168.1.66'            # 要配置的字符串
match = re.findall(pattern,str1)           # 进行模式匹配
for item in match:
    print(item[0])
```

执行后将显示以下运行结果。

```
127.0.0.1
192.168.1.66
```

6.3.2 替换字符串

sub()方法用于实现字符串替换。其语法格式如下。

```
re.sub(pattern, repl, string, count, flags)
```

参数说明如下。

替换字符串

❑ pattern：表示模式字符串，由要匹配的正则表达式转换而来。

- □ pattern：表示替换的字符串。
- □ string：表示要被查找替换的原始字符串。
- □ count：可选参数，表示模式匹配后替换的最大次数，默认值为 0，表示全部替换。
- □ flags：可选参数，表示标志位，用于控制匹配方式，如是否区分字母大小写。

【例 6-11】在 IDLE 中创建 Python 文件，名称为 replacestring.py，实现隐藏中奖信息中的手机号码。（实例位置：资源包\MR\源码\第 6 章\6-11）

隐藏中奖信息中的手机号码，代码如下。

```
import re
pattern = r'1[34578]\d{9}'                          # 定义要替换的模式字符串
string = '中奖号码为：84978981 联系电话为：13611111111'
result = re.sub(pattern,'1×××××××××',string)   # 替换字符串
print(result)
```

执行结果如下。

```
中奖号码为：84978981 联系电话为：1×××××××××
```

6.3.3　使用正则表达式分割字符串

split()方法用于实现根据正则表达式分割字符串，并以列表的形式返回。其作用同 6.1.4 节介绍的字符串对象的 split()方法类似，所不同的就是分割字符由模式字符串指定。其语法格式如下。

使用正则表达式
分割字符串

```
re.split(pattern, string, [maxsplit], [flags])
```

参数说明如下。

- □ pattern：表示模式字符串，由要匹配的正则表达式转换而来。
- □ string：表示要匹配的字符串。
- □ maxsplit：可选参数，表示最大的拆分次数。
- □ flags：可选参数，表示标志位，用于控制匹配方式，如是否区分字母大小写。

【例 6-12】在 IDLE 中创建 Python 文件，名称为 splitstring.py，实现从 URL 地址中提取出请求地址和各个参数。（实例位置：资源包\MR\源码\第 6 章\6-12）

从给定的 URL 地址中提取出请求地址和各个参数，代码如下。

```
import re
pattern = r'[?|&]'                # 定义分割符
url = 'http://www.mingrisoft.com/login.jsp?username="mr"&pwd="mrsoft"'
result = re.split(pattern,url)    # 分割字符串
print(result)
```

执行结果如下。

```
['http://www.mingrisoft.com/login.jsp', 'username="mr"', 'pwd="mrsoft"']
```

小　结

本章首先对常用的字符串操作技术进行了详细地讲解，其中拼接、截取、分割、合并、检索和格式化字符串等都是需要重点掌握的技术，也是作为一个 Python 开发者必须熟悉和掌握的知识；然后介绍了正则表达式的基本语法，以及 Python 中如何应用 re 模块实现正则表达式匹配等。相信通过本章的学习，读者能够举一反三，对所学知识灵活运用，开发实用的 Python 程序。

上机指导

本实例将编写一个程序，要求用户输入一个身份证号码，然后输出生日和性别。如输入"220***20100314**2*"，则输出信息"2010年03月14日女"。程序运行结果如图6-14所示。

图6-14　根据身份证号码获取生日和性别

开发步骤如下。

创建 Python 文件，要求用户输入身份证号码，然后先获取对应的年、月、日，组成生日，再判断性别，并且使用字符串替换功能将得到的性别转换为"男"或"女"。具体代码如下。

```python
instr = input("请输入身份证信息: ")
newstr = instr[6:10] + "年" + instr[10:12] + "月" + instr[12:14] + "日"
sexstr = int(instr[16]) % 2
sexstr = str(sexstr)
# 因为还没学习条件语句，获取性别采用了字符替换的方法
sexstr = sexstr.replace("1", "男")
sexstr = sexstr.replace("0", "女")
newstr = newstr + sexstr
print(newstr)
```

习 题

6-1　请列举出 Python 中各种字符所占的字节数。

6-2　在 Python 中，字符串对象提供了几种字符串查找方法？对应的实现方法是什么？

6-3　如何去除字符串中的空格和特殊字符？

6-4　Python 中提供了哪两种格式化字符串的方法？

6-5　正则表达式中提供了哪些元字符？

6-6　Python 中提供了哪几种通过正则表达式匹配字符串的方法？

6-7　如何使用正则表达式分割字符串？

第7章

函数

本章要点

- 如何创建和调用函数
- 什么是形式参数和实际参数
- 在定义函数时使用位置参数和关键字参数
- 如何为参数设置默认值
- 可变参数的用法
- 如何为函数设置返回值
- 局部变量和全局变量的区别
- 如何使用匿名函数
- Python中的内置函数

console.log(1)

7.1 函数的创建和调用

函数的创建和调用

提到函数，大家会想到数学函数，函数是数学最重要的一个模块，贯穿整个数学。在 Python 中，函数的应用非常广泛。在前面我们已经多次接触过函数。例如，用于输出的 print() 函数、用于输入的 input() 函数，以及用于生成一系列整数的 range() 函数。这些都是 Python 内置的标准函数，可以直接使用。除了可以直接使用的标准函数外，Python 还支持自定义函数。即通过将一段有规律的、重复的代码定义为函数，来达到一次编写、多次调用的目的。使用函数可以提高代码的重复利用率。

7.1.1 创建一个函数

创建函数也称为定义函数，可以理解为创建一个具有某种用途的工具。创建函数使用 def 关键字实现，具体的语法格式如下。

```
def functionname([parameterlist]):
    ['''comments''']
    [functionbody]
```

参数说明如下。

❑ functionname：函数名称，在调用函数时使用。

❑ parameterlist：可选参数，用于指定向函数中传递的参数。如果有多个参数，各参数间使用逗号 "," 分隔。如果不指定，则表示该函数没有参数。在调用时，也不指定参数。

即使函数没有参数，也必须保留一对空的圆括号 "( )"，否则将显示图 7-1 所示的 "语法错误" 对话框。

图 7-1　"语法错误" 对话框

❑ '''comments'''：可选参数，表示为函数指定注释，注释的内容通常是说明该函数的功能、要传递的参数的作用等，可以为用户提供友好提示和帮助。

在定义函数时，如果指定了'''comments'''参数，那么在调用函数时，输入函数名称及左侧的圆括号，就会显示该函数的帮助信息，如图 7-2 所示。这些帮助信息就是通过定义的注释提供的。

如果在输入函数名称和左侧括号后，没有显示帮助信息，应检查函数本身是否有误，检查方法可以是在未调用该函数时先按快捷键〈F5〉执行一遍代码。

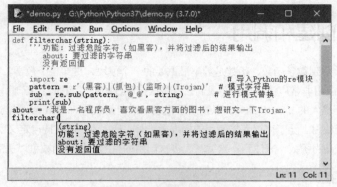

图 7-2 调用函数时显示帮助信息

❑ functionbody：可选参数，用于指定函数体，即该函数被调用后要执行的功能代码。如果函数有返回
值，可以使用 return 语句返回。

函数体 "functionbody" 和注释 """comments""" 相对于 def 关键字必须保持一定的缩进。

例如，定义一个根据身高、体重计算 BMI 指数的函数 fun_bmi()，该函数包括 3 个参数，分别用于指定姓
名、身高和体重，再根据公式 "BMI=体重/（身高×身高）" 计算 BMI 指数，并输出结果，代码如下。

```python
def fun_bmi(person,height,weight):
    '''功能：根据身高和体重计算BMI指数
        person：姓名
        height：身高，单位：米
        weight：体重，单位：千克
    '''
    print(person + "的身高: " + str(height) + "米 \t 体重: " + str(weight) + "千克")
    bmi=weight/(height*height)                # 用于计算BMI指数
    print(person + "的BMI指数为: "+str(bmi))   # 输出BMI指数
    # 判断身材是否合理
    if bmi<18.5:
        print("您的体重过轻 ~@_@~")
    if bmi>=18.5 and bmi<24.9:
        print("正常范围，注意保持 (-_-)")
    if bmi>=24.9 and bmi<29.9:
        print("您的体重过重 ~@_@~")
    if bmi>=29.9:
        print("肥胖 ^@_@^")
```

运行上面的代码，将不显示任何内容，也不会抛出异常，因为 fun_bmi()函数还没有被调用。

7.1.2 调用函数

调用函数也就是执行函数。如果把创建函数理解为创建一个具有某种用途的工具，那么调用函数就相当于
使用该工具。调用函数的基本语法格式如下。

```
functionname([parametersvalue])
```

参数说明如下。

❑ functionname：要调用的函数名称，必须是已经创建好的。

❑ parametersvalue：可选参数，用于指定各个参数的值。如果需要传递多个参数值，则各参数值间使用逗号"，"分隔。如果该函数没有参数，直接写一对圆括号即可。

例如，调用在 7.1.1 节创建的 fun_bmi()函数，可以使用下面的代码。

```
fun_bmi("匿名",1.76,50)          # 计算匿名的BMI指数
```

调用 fun_bmi()函数后，将显示图 7-3 所示的结果。

图 7-3　调用 fun_bmi( )函数的结果

7.2　参数传递

在调用函数时，大多数情况下，主调函数和被调用函数之间有数据传递关系，这就是有参数的函数形式。函数参数的作用是传递数据给函数使用，函数利用接收的数据进行具体的操作处理。

函数参数在定义函数时放在函数名称后面的一对圆括号中，如图 7-4 所示。

图 7-4　函数参数

7.2.1　了解形式参数和实际参数

在使用函数时，经常会用到形式参数（形参）和实际参数（实参）。两者都叫作参数，二者之间的区别我们先通过作用来进行理解，再通过一个比喻进行理解。

了解形式参数和实际参数

1. 通过作用理解

形式参数和实际参数在作用上的区别如下。

❑ 形式参数：在定义函数时，函数名后面括号中的参数为"形式参数"，也称形参。

❑ 实际参数：在调用一个函数时，函数名后面括号中的参数为"实际参数"，也就是函数的调用者提供给函数的参数，也称实参。

通过图 7-5 可以更好地理解二者的区别。

图 7-5　形式参数与实际参数

　　根据实参的不同类型，可以分为将实参的值传递给形参和将实参的引用传递给形参两种情况。其中，当实参为不可变对象时，进行的是值传递；当实参为可变对象时，进行的是引用传递。实际上，值传递和引用传递的基本区别就是：进行值传递后，改变形参的值，实参的值不变；而进行引用传递后，改变形参的值，实参的值也一同改变。

> 　　【例 7-1】在 IDLE 中创建 Python 文件，名称为 function.py，演示值传递与引用传递的区别。（实例位置：资源包\MR\源码\第 7 章\7-1）

　　定义一个名称为 demo 的函数，然后为 demo()函数传递一个字符串类型的变量作为参数（代表值传递），并在函数调用前后分别输出该字符串变量，再为 demo()函数传递一个列表类型的变量作为参数（代表引用传递），并在函数调用前后分别输出该列表。代码如下。

```python
# 定义函数
def demo(obj):
    print("原值: ",obj)
    obj += obj
#调用函数
print("=========值传递========")
mot = "唯有在被追赶的时候，你才能真正地奔跑。"
print("函数调用前: ",mot)
demo(mot)   #采用不可变对象——字符串
print("函数调用后: ",mot)
print("=========引用传递 ========")
list1 =  ['大鱼海棠','半壶纱','战台风']
print("函数调用前: ",list1)
demo(list1)   #采用可变对象——列表
print("函数调用后: ",list1)
```

上面代码的执行结果如下。

```
=========值传递========
函数调用前:   唯有在被追赶的时候，你才能真正地奔跑。
原值:   唯有在被追赶的时候，你才能真正地奔跑。
函数调用后:   唯有在被追赶的时候，你才能真正地奔跑。
=========引用传递 ========
函数调用前:   ['大鱼海棠', '半壶纱', '战台风']
原值:   ['大鱼海棠', '半壶纱', '战台风']
函数调用后:   ['大鱼海棠', '半壶纱', '战台风', '大鱼海棠', '半壶纱', '战台风']
```

　　从上面的执行结果可以看出：在进行值传递时，改变形参的值后，实参的值不改变；在进行引用传递时，改变形参的值后，实参的值也发生改变。

2. 通过一个比喻来理解形参和实参

　　函数定义时参数列表中的参数就是形参，而函数调用时传递进来的参数就是实参，就像为剧本选演员一样，剧本的角色相当于形参，而演角色的演员就相当于实参。

7.2.2　位置参数

　　位置参数也称必备参数，必须按照正确的顺序传到函数中，即调用时的数量和位置必须和定义时是一样的。下面分别进行介绍。

位置参数

1. 数量必须与定义时一致

　　在调用函数时，指定的实际参数的数量必须与形式参数的数量一致，否则将抛出 TypeError 异常，提示缺少必要的位置参数。

例如，定义了一个函数 fun_bmi(person,height,weight)，该函数中有 3 个参数，而在调用时只传递两个参数，代码如下。

```
fun_bmi("路人甲",1.83)          # 计算路人甲的BMI指数
```

运行时，将抛出图 7-6 所示的异常信息。

图 7-6　缺少必要的参数时抛出的异常

从图 7-6 所示的异常信息中可以看出，抛出的异常类型为 TypeError，具体的意思是"fun_bmi()函数缺少一个必要的位置参数 weight"。

2. 位置必须与定义时一致

在调用函数时，指定的实参的位置必须与形参的位置一致，否则可能抛出 TypeError 异常。如果指定的实参与形参的位置不一致，但是它们的数据类型一致，那么就不会抛出异常，而是产生结果与预期不符的问题。

例如，调用 fun_bmi(person,height,weight)函数，将第 2 个参数和第 3 个参数位置调换，代码如下。

```
fun_bmi("路人甲",60,1.83)          # 计算路人甲的BMI指数
```

函数调用后，将显示图 7-7 所示的结果。从结果中可以看出，虽然没有抛出异常，但是得到的结果与预期不符。

图 7-7　结果与预期不符

说明　由于调用函数时，传递的实际参数的位置与形式参数的位置不一致并不总会抛出异常，所以在调用函数时一定要确定好位置，否则产生 bug 不容易发现。

7.2.3　关键字参数

关键字参数

关键字参数是指使用形参的名字来确定输入的参数值。通过该方式指定实参时，不再需要与形参的位置完全一致，只要将参数名写正确即可。这样可以避免记忆参数位置的麻烦，使得函数的调用和参数传递更加灵活方便。

例如，调用 fun_bmi(person,height,weight)函数，通过关键字参数指定各个实际参数，代码如下。

```
fun_bmi( height = 1.83, weight = 60, person = "路人甲")          # 计算路人甲的BMI指数
```

函数调用后，将显示以下结果。

```
路人甲的身高：1.83米      体重：60千克
路人甲的BMI指数为：17.916330735465376
```

您的体重过轻 ~@_@~

从上面的结果可以看出，虽然在指定实际参数时顺序与定义函数时不一致，但是运行结果与预期是一致的。

7.2.4 为参数设置默认值

为参数设置默认值

调用函数时，如果没有指定某个参数将抛出异常，因此，在定义函数时，最好直接指定形式参数的默认值。这样，当没有传入参数时，会直接使用定义函数时设置的默认值。定义带有默认值参数的函数语法格式如下。

```
def functionname(…,[parameter1 = defaultvalue1]):
    [functionbody]
```

参数说明如下。

- ❑ functionname：函数名称，在调用函数时使用。
- ❑ parameter1 = defaultvalue1：可选参数，用于指定向函数中传递的参数，并为该参数设置默认值为 defaultvalue1。
- ❑ functionbody：可选参数，用于指定函数体，即该函数被调用后要执行的功能代码。

在定义函数时，指定默认的形参必须在所有参数的最后，否则将产生语法错误。

在 Python 中，可以使用"函数名._defaults_"查看函数的默认值参数的当前值，其结果是一个元组。例如，显示上面定义的 fun_bmi( )函数的默认值参数的当前值，可以使用"fun_bmi._defaults_"，结果为"('路人',)"。

另外，使用可变对象作为函数参数的默认值时，多次调用可能会导致意料之外的情况。

【例 7-2】在 IDLE 中创建 Python 文件，名称为 function_none.py，实现定义带默认值的参数。（实例位置：资源包\MR\源码\第 7 章\7-2）

编写一个名称为 demo 的函数，并为其设置一个带默认值的参数，代码如下。

```
def demo(obj=[]):    # 定义函数并为参数obj指定默认值
    print("obj的值：",obj)
    obj.append(1)
```

调用 demo()函数，代码如下。

```
demo()    #调用函数
```

将显示以下结果。

```
obj的值：  []
```

连续两次调用 demo()函数，并且都不指定实际参数，代码如下。

```
demo()    #调用函数
demo()    #调用函数
```

将显示以下结果。

```
obj的值：  []
obj的值：  [1]
```

这显然不是我们想要的结果。为了防止出现这种情况，最好使用 None 作为可变对象的默认值，这时还需要加上必要的检查代码。修改后的代码如下。

```
def demo(obj=None):
```

```
    if obj==None:
        obj = []
    print("obj的值: ",obj)
    obj.append(1)
```

这时再连续两次调用 demo() 函数, 将显示以下运行结果。

```
obj的值:  []
obj的值:  []
```

说明 在定义函数时, 为形式参数设置默认值要牢记一点: 默认参数必须指向不可变对象。

7.2.5 可变参数

可变参数

在 Python 中, 还可以定义可变参数。可变参数也称不定长参数, 即传入函数中的实际参数可以是零个、一个、两个或任意个。

定义可变参数时, 主要有两种形式, 一种是 *parameter, 另一种是 **parameter。下面分别进行介绍。

1. *parameter

这种形式表示接收任意多个实际参数并将其放到一个元组中。

【例 7-3】在 IDLE 中创建 Python 文件, 名称为 function_param.py, 实现定义可以接收任意多个实际参数的函数。(实例位置: 资源包\MR\源码\第 7 章\7-3)

定义一个函数, 让其可以接收任意多个实际参数, 代码如下。

```
def printplayer(*name):   # 定义输出我喜欢的NBA球员的函数
    print('\n我喜欢的NBA球员有: ')
    for item in name:
        print(item)   # 输出球员名字
```

调用 3 次上面的函数, 分别指定不同个实际参数, 代码如下。

```
printplayer('邓肯')
printplayer('邓肯', '乔丹', '吉诺比利', '帕克')
printplayer('邓肯', '大卫·罗宾逊', '卡特', '鲍文')
```

执行结果如图 7-8 所示。

图 7-8　让函数具有可变参数

如果想要使用一个已经存在的列表作为函数的可变参数, 可以在列表的名称前加 "*"。例如下面的代码。

```
param = ['邓肯', '吉诺比利', '帕克']   # 定义一个列表
```

```
printplayer(*param)                                    # 通过列表指定函数的可变参数
```
通过上面的代码调用 printplayer()函数后，将显示以下运行结果。

我喜欢的NBA球员有：
邓肯
吉诺比利
帕克

2. **parameter

这种形式表示接收任意多个像关键字参数一样显式赋值的实际参数，并将其放到一个字典中。

【例 7-4】在 IDLE 中创建 Python 文件，名称为 function_param.py，实现定义可以接收任意多个显式赋值的实际参数的函数。（实例位置：资源包\MR\源码\第 7 章\7-4）

定义一个函数，让其可以接收任意多个显式赋值的实际参数，代码如下。

```
def printsign(**sign):                         # 定义输出姓名和绰号的函数
    print()                                    # 输出一个空行
    for key, value in sign.items():            # 遍历字典
        print("[" + key + "] 的绰号是: " + value)  # 输出组合后的信息
```
调用两次 printsign()函数，代码如下。

```
printsign(邓肯='石佛', 罗宾逊='海军上将')
printsign(吉诺比利='妖刀', 帕克='跑车', 鲍文='鲍三叔')
```
执行结果如下：

[邓肯] 的绰号是：石佛
[罗宾逊] 的绰号是：海军上将

[吉诺比利] 的绰号是：妖刀
[帕克] 的绰号是：跑车
[鲍文] 的绰号是：鲍三叔

如果想要使用一个已经存在的字典作为函数的可变参数，可以在字典的名称前加 "**"。例如下面的代码。

```
dict1 = {'邓肯': '石佛', '罗宾逊': '海军上将','吉诺比利':'妖刀'}   # 定义一个字典
printsign(**dict1)                                           # 通过字典指定函数的可变参数
```
通过上面的代码调用 printsign()函数后，将显示以下运行结果。

[邓肯] 的绰号是：石佛
[罗宾逊] 的绰号是：海军上将
[吉诺比利] 的绰号是：妖刀

7.3 返回值

返回值

到目前为止，我们创建的函数都只是为我们做一些事，做完了就结束。但实际上，有时还需要对事情的结果进行获取。这类似于主管向职员下达命令，职员去做，最后需要将结果报告给主管。为函数设置返回值的作用就是将函数的处理结果返回给调用它的程序。

在 Python 中，可以在函数体内使用 return 语句为函数指定返回值。该返回值可以是任意类型，并且无论 return 语句出现在函数的什么位置，只要该语句得到执行，就会直接结束函数的执行。

return 语句的语法格式如下。

```
result = return [value]
```
参数说明如下。

❑ result：用于保存返回结果。如果返回一个值，那么 result 中保存的就是返回的一个值，该值可以是任意类型。如果返回多个值，那么 result 中保存的是一个元组。

❑ value：可选参数，用于指定要返回的值，可以返回一个值，也可返回多个值。

说明 当函数中没有 return 语句或省略了 return 语句的参数时，将返回 None，即返回空值。

【例 7-5】在 IDLE 中创建 Python 文件，名称为 function_return.py，实现调用函数并获取返回值。（实例位置：资源包\MR\源码\第 7 章\7-5）

定义一个函数，用来根据用户输入的球员名称获取其绰号，然后在函数体外调用该函数，并获取返回值，代码如下。

```
def fun_checkout(name):
    nickName=""
    if  name == "邓肯":              # 如果输入的是邓肯
        nickName = "石佛"
    elif name == "吉诺比利":          # 如果输入的是吉诺比利
        nickName = "妖刀"
    elif name == "罗宾逊":            # 如果输入的是罗宾逊
        nickName = "海军上将"
    else:
        nickName = "无法找到您输入的信息"
    return nickName                 # 返回球员对应的绰号
# *****************************调用函数*****************************#
while True:
    name= input("请输入NBA球员名称：")   # 接收用户输入
    nickname= fun_checkout(name)        # 调用函数
    print("球员：", name, "绰号：", nickname) # 显示球员及对应绰号
```

运行结果如图 7-9 所示。

图 7-9 获取函数的返回值

7.4 变量的作用域

变量的作用域是指程序代码能够访问该变量的区域，如果超出该区域，在访问时就会出现错误。在程序中，一般会根据变量的"有效范围"将变量分为"全局变量"和"局部变量"。

7.4.1 局部变量

局部变量是指在函数内部定义并使用的变量，它只在函数内部有效。所以，如果在函数外部使用函数内部定义的变量，就会抛出 NameError 异常。

例如，定义一个名称为 f_demo 的函数，在该函数内部定义一个变量 message（称

局部变量

为局部变量），并为其赋值，然后输出该变量，最后在函数体外再次输出 message 变量，代码如下。

```
def f_demo():
    message = '唯有在被追赶的时候，你才能真正地奔跑。'
    print('局部变量message =',message)          # 输出局部变量的值
f_demo()                                        # 调用函数
print('局部变量message =',message)              # 在函数体外输出局部变量的值
```

运行上面的代码将显示图 7-10 所示的异常。

图 7-10　要访问的变量不存在

7.4.2　全局变量

全局变量

与局部变量对应，全局变量为能够作用于函数内外的变量。全局变量主要有以下两种情况。

（1）如果一个变量在函数外定义，那么它不仅可以在函数外访问，在函数内也可以访问。在函数体以外定义的变量是全局变量。

例如，定义一个全局变量 message，然后再定义一个函数，在该函数内输出全局变量 message 的值，代码如下。

```
message = '唯有在被追赶的时候，你才能真正地奔跑。'    # 全局变量
def f_demo():
    print('函数体内：全局变量message =',message)      # 在函数体内输出全局变量的值
f_demo()                                           # 调用函数
print('函数体外：全局变量message =',message)         # 在函数体外输出全局变量的值
```

运行上面的代码，将显示以下内容。

```
函数体内：全局变量message = 唯有在被追赶的时候，你才能真正地奔跑。
函数体外：全局变量message = 唯有在被追赶的时候，你才能真正地奔跑。
```

说明

当局部变量与全局变量重名时，对函数体内的变量进行赋值后，不影响函数体外的变量。

（2）在函数体内定义变量并使用 global 关键字修饰后，该变量变为全局变量。在函数体外也可以访问到该变量，并且在函数体内还可以对其进行修改。

【例 7-6】在 IDLE 中创建 Python 文件，名称为 function_var.py，实现调用函数并获取返回值。（实例位置：资源包\MR\源码\第 7 章\7-6）

定义两个同名的全局变量和局部变量，并输出它们的值，代码如下。

```
message = '唯有在被追赶的时候，你才能真正地奔跑。'         # 全局变量
print('函数体外：message =',message)                    # 在函数体外输出全局变量的值
def f_demo():
    message = '命运给予我们的不是失望之酒，而是机会之杯。'  # 局部变量
    print('函数体内：message =',message)                 # 在函数体内输出局部变量的值
f_demo()    # 调用函数
```

```
    print('函数体外: message =',message)                         # 在函数体外输出全局变量的值
```

执行上面的代码后，将显示以下内容。

```
函数体外: message = 唯有在被追赶的时候，你才能真正地奔跑。
函数体内: message = 命运给予我们的不是失望之酒，而是机会之杯。
函数体外: message = 唯有在被追赶的时候，你才能真正地奔跑。
```

从上面的结果中可以看出，在函数内部定义的变量即使与全局变量重名，也不影响全局变量的值。那么想要在函数体内部改变全局变量的值，需要在定义局部变量时，使用 global 关键字修饰。例如，将上面的代码修改为以下内容。

```
message = '唯有在被追赶的时候，你才能真正地奔跑。'                    # 全局变量
print('函数体外: message =',message)                             # 在函数体外输出全局变量的值
def f_demo():
    global message                                            # 将message声明为全局变量
    message = '命运给予我们的不是失望之酒，而是机会之杯。'            # 全局变量
    print('函数体内: message =',message)                        # 在函数体内输出全局变量的值
f_demo()   # 调用函数
print('函数体外: message =',message)                             # 在函数体外输出全局变量的值
```

执行上面的代码后，将显示以下内容。

```
函数体外: message = 唯有在被追赶的时候，你才能真正地奔跑。
函数体内: message = 命运给予我们的不是失望之酒，而是机会之杯。
函数体外: message = 命运给予我们的不是失望之酒，而是机会之杯。
```

从上面的结果中可以看出，在函数体内部修改了全局变量的值。

 尽管 Python 允许全局变量和局部变量重名，但是在实际开发时，不建议这么做，因为这样容易让代码混乱，很难分清哪些是全局变量，哪些是局部变量。

7.5　匿名函数

匿名函数

匿名函数（lambda）是指没有名字的函数，应用在需要一个函数，但是又不想费神去命名这个函数的场合。通常情况下，这样的函数只使用一次。在 Python 中，使用 lambda 表达式创建匿名函数，其语法格式如下。

```
result = lambda [arg1 [,arg2,…,argn]]:expression
```

参数说明如下。

- ❑ result：用于调用 lambda 表达式。
- ❑ [arg1 [,arg2,…,argn]]：可选参数，用于指定要传递的参数列表，多个参数间使用逗号"，"分隔。
- ❑ expression：必选参数，用于指定一个实现具体功能的表达式。如果有参数，那么在该表达式中将应用这些参数。

 使用 lambda 表达式时，参数可以有多个，用逗号"，"分隔，但是表达式只能有一个，即只能返回一个值。而且也不能出现其他非表达式语句（如 for 或 while）。

【例 7-7】在 IDLE 中创建 Python 文件，名称为 function_lambda.py，实现调用函数并获取返回值。（实例位置：资源包\MR\源码\第 7 章\7-7）

定义一个计算圆面积的函数，常规的代码如下。

```
import math                    # 导入math模块
def circlearea(r):            # 计算圆面积的函数
    result = math.pi*r*r      # 计算圆面积
    return result             # 返回圆的面积
r = 10                        # 半径
print('半径为',r,'的圆面积为：',circlearea(r))
```

执行上面的代码后，将显示以下内容。

```
半径为 10 的圆面积为： 314.1592653589793
```

使用 lambda 表达式的代码如下。

```
import math                              # 导入math模块
r = 10                                   # 半径
result = lambda r:math.pi*r*r            # 计算圆的面积的lambda表达式
print('半径为',r,'的圆面积为：',result(r))
```

执行上面的代码后，将显示以下内容。

```
半径为 10 的圆面积为： 314.1592653589793
```

从上面的示例可以看出：虽然使用 lambda 表达式比使用自定义函数的代码减少了一些，但是在使用 lambda 表达式时需要定义一个变量，用于调用该 lambda 表达式。例如，将上面代码中的最后两行代码修改为以下代码。

```
print(lambda r:math.pi*r*r )  # 计算圆的面积的lambda表达式
```

将输出如下结果。

```
<function <lambda> at 0x0000000002FDD510>
```

 lambda 的首要用途是指定短小的回调函数。

7.6 常用 Python 内置函数

Python 中内置了很多常用的函数，开发人员可以直接使用，常用的 Python 内置函数如表 7-1 所示。

常用 Python
内置函数

表 7-1 常用的 Python 内置函数

内置函数	作用
dict()	用于创建一个字典
help()	用于查看函数或模块用途的详细说明
dir()	不带参数时，返回当前范围内的变量、方法和定义的类型列表；带参数时，返回参数的属性、方法列表。如果参数包含方法 __dir__()，该方法将被调用。如果参数不包含 __dir__()，该方法将最大限度地收集参数信息
hex()	用于将十进制整数转换成十六进制数，以字符串形式表示
next()	返回迭代器的下一个项目
divmod()	把除数和余数运算结果结合起来，返回一个包含商和余数的元组(a // b, a % b)
id()	用于获取对象的内存地址
sorted()	对所有可迭代的对象进行排序操作
ascii()	返回一个表示对象的字符串，但是对于字符串中的非 ASCII 字符则返回通过 repr() 函数使用 \x、\u 或 \U 编码的字符

续表

内置函数	作用
oct()	将一个整数转换成八进制字符串
bin()	返回一个整数（int）或者长整数（long int）的二进制数
open()	用于打开一个文件
str()	将对象转化为适于人阅读的形式
sum()	对序列进行求和计算
filter()	用于过滤序列，过滤掉不符合条件的元素，返回由符合条件元素组成的新列表
format()	格式化字符串
len()	返回对象（字符、列表、元组等）长度或项目个数
list()	用于将元组转换为列表
range()	返回的是一个可迭代对象（类型是对象）
zip()	用于将可迭代的对象作为参数，将对象中对应的元素打包成一个个元组，然后返回由这些元组组成的对象
compile()	将一个字符串编译为字节代码
map()	根据提供的函数对指定序列做映射
reversed()	返回一个反转的迭代器
round()	返回浮点数的四舍五入值

小 结

本章首先介绍了自定义函数的相关技术，包括如何创建并调用一个函数，以及如何进行参数传递和指定函数的返回值等，在这些技术中，应该重点掌握如何通过不同的方式为函数传递参数，以及什么是形式参数和实际参数，并注意区分；然后又介绍了变量的作用域和匿名函数，其中，变量的作用域应重点掌握，以防止因命名混乱而导致 bug 的产生，对匿名函数简单了解即可。

上机指导

本实例将编写一个根据出生日期判断星座的函数，并且调用该函数根据输入的出生日期输出对应的星座。程序运行结果如图 7-11 所示。

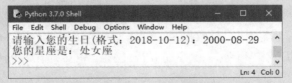

图 7-11　根据出生日期判断星座

开发步骤如下。

（1）创建 Python 文件，在该文件中，定义一个根据出生日期判断星座的函数。具体代码如下。

```
def function(birthday):
    # 以1月20日开始（水瓶座），根据星座的日期间隔，按顺序建立星座列表
```

```
        sdate = (20, 19, 21, 20, 21, 22, 23, 23, 23, 24, 23, 21)
        # 根据星座出现的先后顺序，建立星座列表，列表中"摩羯座"出现两次，放到列表最前和最后
        sstar = ("摩羯座","水瓶座", "双鱼座", "白羊座", "金牛座", "双子座", "巨蟹座", "狮子座",
"处女座", "天秤座", "天蝎座", "射手座", "摩羯座")
        # 要求用户输入日期，以 "-" 分割，注意不能使用中文符号
        instr= birthday.split("-")    # 把输入的日期以 "-" 分割成年、月、日
        year = int(instr[0])          # 转换出年
        month = int(instr[1])         # 转换出月
        date = int(instr[2])          # 转换出日
        if date >= sdate[month-1]:    # 如果日期大于等于日期列表中对应的前一个间隔日期
            print("您的星座是: " + sstar[month ] ) # 输出月份数字对应的星座列表的星座
        else:
            print("您的星座是: " + sstar[month-1]) # 输出月份数字对应的星座列表的前一个星座
```
（2）应用 input( )函数输入一个出生日期，然后调用 function( )函数判断并输出该出生日期对应的星座，代码如下。
```
indate = input("请输入您的生日(格式：2018-10-12): ")
function(indate)  # 调用函数
```

习 题

7-1　形式参数和实际参数有哪些区别？

7-2　什么是位置参数和关键字参数？

7-3　为参数设置默认值有哪些注意事项？

7-4　什么是可变参数？Python 中提供了哪两种可变参数？

7-5　如何为函数设置返回值？

7-6　什么是局部变量和全局变量？

7-7　如何使用匿名函数？

第8章

模块

8.1 模块概述

模块概述

模块的英文是 Module，可以认为模块是一盒（箱）主题积木，通过它可以拼出某一主题的东西。这与函数不同，一个函数相当于一块积木，而一个模块可以包括很多函数，也就是很多块积木，所以说一个模块相当于一盒积木。

在 Python 中，一个扩展名为.py 的文件就称为一个模块。通常情况下，我们把能够实现某一特定功能的代码放置在一个文件中作为一个模块，从而方便其他程序和脚本导入并使用。另外，使用模块也可以避免函数名和变量名冲突。

经过前面的学习，我们知道 Python 代码可以写在一个文件中。但是随着程序变大，为了便于维护，需要将其分为多个文件，这样可以提高代码的可维护性。另外，使用模块还可以提高代码的可重用性，即编写好一个模块后，只要是实现该功能的程序，都可以导入这个模块。

8.2 自定义模块

在 Python 中，自定义模块有两个作用：一个是规范代码，让代码更易于阅读；另一个是方便其他程序使用已经编写好的代码，提高开发效率。实现自定义模块主要分为两步，一是创建模块，二是导入模块。下面分别进行介绍。

8.2.1 创建模块

创建模块

创建模块可以将模块中相关的代码（变量定义和函数定义等）编写在一个单独的文件中，并且将该文件命名为"模块名+.py"的形式，也就是说，创建模块，实际就是创建一个.py 文件。

（1）创建模块时，设置的模块名尽量不要与 Python 自带的标准模块名称相同。

（2）模块文件的扩展名必须是.py。

8.2.2 使用 import 语句导入模块

创建模块后，就可以在其他程序中使用该模块了。要使用模块需要先以模块的形式加载模块中的代码，这可以使用 import 语句实现。import 语句的基本语法格式如下。

```
import modulename [as alias]
```
其中，modulename 为要导入模块的名称；[as alias]为给模块起的别名，通过该别名也可以使用模块。

例如，导入一个名称为 bmi 的模块，并执行该模块中的 fun_bmi()函数，代码如下。

```
import bmi        # 导入bmi模块
bmi.fun_bmi()     # 执行模块中的fun_bmi()函数
```

说明

在调用模块中的变量、函数或者类时，需要在变量名、函数名或者类名前添加"模块名."作为前缀。例如，上面代码中的 bmi.fun_bmi( )，表示调用 bmi 模块中的 fun_bmi( )函数。

如果模块名比较长不容易记住，可以在导入模块时，使用 as 关键字为其设置一个别名，然后通过这个别名来调用模块中的变量、函数和类等。例如，将上面导入模块的代码修改为以下内容。

```
import bmi as m                          # 导入bmi模块并设置别名为m
```

然后，在调用 bmi 模块中的 fun_bmi()函数时，可以使用下面的代码。

```
m.fun_bmi("尹一伊",1.75,120)              # 执行模块中的fun_bmi()函数
```

使用 import 语句还可以一次导入多个模块，在导入多个模块时，模块名之间使用逗号 "，" 进行分隔。例如，分别创建了 test.py、tips.py 和 differenttree.py 3 个模块文件，想要将这 3 个模块全部导入，可以使用下面的代码。

```
import test,tips,differenttree
```

8.2.3 使用 from...import 语句导入模块

使用 from...import
语句导入模块

在使用 import 语句导入模块时，每执行一条 import 语句都会创建一个新的命名空间（namespace），并且在该命名空间中执行与.py 文件相关的所有语句。在执行时，需在具体的变量、函数和类名前加上 "模块名." 前缀。如果不想在每次导入模块时都创建一个新的命名空间，则可以使用 from...import 语句将具体的定义导入当前的命名空间。使用 from...import 语句导入模块后，不需要再添加前缀，直接通过具体的变量、函数和类名等访问即可。

说明

命名空间可以理解为记录对象名字和对象的对应关系的空间。目前 Python 的命名空间大部分都是通过字典来实现的。其中，key 是标识符，value 是具体的对象。例如，key 是变量的名字，value 则是变量的值。

from...import 语句的语法格式如下。

```
from modelname import member
```

参数说明如下。

❑ modelname：模块名称，区分字母大小写，需要和定义模块时设置的模块名称的大小写保持一致。
❑ member：用于指定要导入的变量、函数或者类等。可以同时导入多个定义，各个定义之间使用逗号 "，" 分隔。如果想导入全部定义，也可以使用通配符 "*" 代替。

说明

在导入模块时，如果使用通配符 "*" 导入全部定义后，想查看具体导入了哪些定义，可以通过显示 dir( )函数的值来查看。例如，执行 print(dir( ))语句后将显示类似下面的内容。

```
['__annotations__', '__builtins__', '__doc__', '__file__', '__loader__', '__name__', '__package__', '__spec__', 'change', 'getHeight', 'getWidth']
```

其中 change、getHeight 和 getWidth 就是我们导入的定义。

例如，通过下面的 3 条语句都可以从模块导入指定的定义。

```
from test import getInfo                 # 导入test模块的getInfo()函数
from test import getInfo,showInfo        # 导入test模块的getInfo()和showInfo()函数
from test import *                       # 导入test模块的全部定义（包括变量和函数）
```

注意

在使用 from…import 语句导入模块中的定义时，需要保证所导入的内容在当前的命名空间中是唯一的，否则将出现冲突，后导入的同名变量、函数或者类会覆盖先导入的。这时就需要使用 import 语句进行导入。

8.2.4　模块搜索目录

当使用 import 语句导入模块时，默认情况下，会按照以下顺序进行查找。

（1）在当前目录（即执行的 Python 脚本文件所在目录）下查找。

（2）到 PYTHONPATH（环境变量）下的每个目录中查找。

（3）到 Python 的默认安装目录下查找。

以上各个目录的具体位置保存在标准模块 sys 的 sys.path 变量中。可以通过以下代码输出具体的目录。

```
import sys                # 导入标准模块sys
print(sys.path)           # 输出具体目录
```

例如，在 IDLE 窗口中，执行上面的代码，将显示图 8-1 所示的结果。

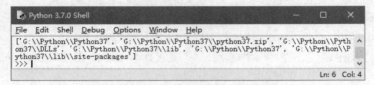

图 8-1　在 IDLE 窗口中查看具体目录

如果要导入的模块不在图 8-1 所示的目录中，那么在导入模块时，将显示图 8-2 所示的异常提示信息。

图 8-2　找不到要导入的模块

 使用 import 语句导入模块时，模块名是区分字母大小写的。

这时，我们可以通过以下 3 种方式添加指定的目录到 sys.path 中。

1. 临时添加

临时添加即在导入模块的 Python 文件中添加。例如，需要将"E:\program\Python\Code\demo"目录添加到 sys.path 中，可以使用下面的代码。

```
import sys                                          # 导入标准模块sys
sys.path.append('E:\program\Python\Code\demo')
```

执行上面的代码后，再输出 sys.path 的值，将得到以下结果。

```
['E:\\program\\Python\\Code', 'G:\\Python\\Python36\\python36.zip', 'G:\\Python\\
Python36\\DLLs', 'G:\\Python\\Python36\\lib', 'G:\\Python\\Python36', 'G:\\Python\\Python36\\
lib\\site-packages', 'E:\\program\\Python\\Code\\demo']
```

可以在上面的结果中看到新添加的目录。

 通过该方法添加的目录只在执行当前文件的窗口中有效，窗口关闭后即失效。

2. 增加.pth 文件（推荐）

在 Python 安装目录下的 Lib\site-packages 子目录中（例如，笔者的 Python 安装在 G:\Python\Python36 目录下，那么该路径为 G:\Python\Python36\Lib\site-packages）创建一个扩展名为.pth 的文件，文件名任意。这里创建一个 mrpath.pth 文件，在该文件中添加要导入模块所在的目录。例如，将模块目录 "E:\program\Python\Code\demo" 添加到 mrpath.pth 文件，添加后的代码如下。

```
#  .pth文件是我创建的路径文件（这里为注释）
E:\program\Python\Code\demo
```

 创建.pth 文件后，需要重新打开要执行的导入模块的 Python 文件，否则新添加的目录不起作用。

 说明 通过该方法添加的目录只在当前版本的 Python 中有效。

3. 在 PYTHONPATH 环境变量中添加

打开"环境变量"对话框，如果没有 PYTHONPATH 系统环境变量，则需要先创建一个，否则直接选中 PYTHONPATH 变量，再单击"编辑"按钮，并且在弹出对话框的"变量值"文本框中添加新的模块目录。例如，创建系统环境变量 PYTHONPATH，并指定模块所在目录为"E:\program\ Python\Code\demo;"，如图 8-3 所示。

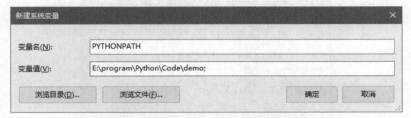

图 8-3　在环境变量中添加 PYTHONPATH 环境变量

 在环境变量中添加模块目录后，需要重新打开要执行的导入模块的 Python 文件，否则新添加的目录不起作用。

 说明 配置环境变量的方法参见 1.2.2 节配置 Path 变量的步骤，区别在于将变量名称设置为 PYTHONPATH，将值设置为要添加的路径。

通过该方法添加的目录可以在不同版本的 Python 中共享。

8.3　以主程序的形式执行

以主程序的形式执行

下面将通过一个具体的实例演示如何以主程序的形式执行。

【例 8-1】演示以主程序的形式执行。（实例位置：资源包\MR\源码\第 8 章\8-1）

　　创建一个模块，名称为 christmastree，在该模块中首先定义一个全局变量，然后创建一个名称为 fun_christmastree 的函数，最后通过 print()函数输出一些内容。代码如下。

```
pinetree = '我是一棵松树'  # 定义一个全局变量（松树）
def fun_christmastree():                                    # 定义函数
    '''功能: 一个梦
        无返回值
    '''
    pinetree = '挂上彩灯、礼物……我变成一棵圣诞树 @^.^@ \n'      # 定义局部变量
    print(pinetree)                                        # 输出局部变量的值
''' ******************************函数体外********************************** '''
print('\n下雪了……\n')
print('=============== 开始做梦…… =============\n')
fun_christmastree()                                         # 调用函数
print('=============== 梦醒了…… =============\n')
pinetree = '我身上落满雪花, ' + pinetree + ' -_- '           # 为全局变量赋值
print(pinetree)                                             # 输出全局变量的值
```

　　在与 christmastree 模块同级的目录下，创建一个名称为 main.py 的文件，在该文件中，导入 christmastree 模块，再通过 print()函数输出模块中的全局变量 pinetree 的值，代码如下。

```
import christmastree                          # 导入differenttree模块
print('全局变量的值为: ',christmastree.pinetree)
```

　　执行上面的代码，将显示图 8-4 所示的内容。

图 8-4　导入模块并输出模块中定义的全局变量的值

　　从图 8-4 所示的运行结果可以看出，导入模块后，不仅输出了全局变量的值，而且模块中原有的测试代码也被执行了。这个结果显然不是我们想要的。那么如何只输出全局变量的值呢？实际上，可以在模块中，将原本直接执行的测试代码放在一个 if 语句中。因此，可以将模块 christmastree 的代码修改为以下内容。

```
pinetree = '我是一棵松树'  # 定义一个全局变量（松树）
def fun_christmastree():  # 定义函数
    '''功能: 一个梦
        无返回值
    '''
    pinetree = '挂上彩灯、礼物……我变成一棵圣诞树 @^.^@ \n'  # 定义局部变量赋值
    print(pinetree)  # 输出局部变量的值
''' ***********************判断是否以主程序的形式运行*********************** '''
if __name__ == '__main__':
    print('\n下雪了……\n')
    print('=============== 开始做梦…… =============\n')
    fun_christmastree()  # 调用函数
    print('=============== 梦醒了…… =============\n')
    pinetree = '我身上落满雪花, ' + pinetree + ' -_- '  # 为全局变量赋值
```

```
    print(pinetree)    # 输出全局变量的值
```

再次执行导入模块的 main.py 文件，将显示图 8-5 所示的结果。从执行结果中可以看出测试代码并没有执行。

此时，如果执行 christmastree.py 文件，将显示图 8-6 所示的结果。

图 8-5　在模块中加入以主程序的形式执行的判断　　　　图 8-6　以主程序的形式执行的结果

 说明 每个模块的定义中都包括一个记录模块名称的变量__name__，程序可以检查该变量，以确定它们在哪个模块中执行。如果一个模块不是被导入其他程序中执行，那么它可能在解释器的顶级模块中执行。顶级模块的__name__变量的值为__main__。

8.4　Python 中的包

使用模块可以避免函数和变量重名引发的冲突。那么，如果模块名重复应该怎么办呢？Python 提出了包（Package）的概念。包是一个分层次的目录结构，它将一组功能相近的模块组织在一个目录下。这样，既可以起到规范代码的作用，又能避免模块重名引起的冲突。

 说明 对包的简单理解就是"文件夹"，只不过在该文件夹下必须存在一个名称为"__init__.py"的文件。

8.4.1　Python 程序的包结构

在实际项目开发时，通常情况下，开发人员会创建多个包用于存放不同类的文件。例如，开发一个网站时，可以创建图 8-7 所示的包结构。

Python 程序的
包结构

图 8-7　一个 Python 项目的包结构

> **说明** 从图 8-7 可见，开发人员先创建了一个名称为 shop 的项目，然后在该项目下创建了 3 个包（admin、home 和 templates）和一个名为 manage.py 的文件，最后在每个包中又创建了相应的模块。

8.4.2　创建和使用包

下面将分别介绍如何创建和使用包。

1. 创建包

创建包实际上就是创建一个文件夹，并且在该文件夹中创建一个名称为
"__init__.py"的 Python 文件。在 __init__.py 文件中，可以不编写任何代码，也可以编写一些 Python 代码。在 __init__.py 文件中所编写的代码，在导入包时会自动执行。

创建和使用包

> **说明** __init__.py 文件是一个模块文件，模块名为对应的包名。例如，在 settings 包中创建的 __init__.py 文件，对应的模块名为 settings。

例如，在 E 盘根目录下创建一个名称为 settings 的包，可以按照以下步骤进行。

（1）在计算机的 E 盘根目录下，创建一个名称为 settings 的文件夹。

（2）在 IDLE 中，创建一个名称为"__init__.py"的文件，保存在 E:\settings 文件夹下，并且在该文件中不写任何内容，然后返回资源管理器，如图 8-8 所示。

图 8-8　创建 __init__.py 文件

至此，名称为 settings 的包就创建完毕了。

2. 使用包

创建包以后，就可以在包中创建相应的模块，然后使用 import 语句从包中加载模块。从包中加载模块通常有以下 3 种方式。

（1）通过"import + 完整包名 + 模块名"形式加载指定模块。

"import + 完整包名 + 模块名"形式是指：假如有一个名称为 settings 的包，该包下有一个名称为 size 的模块，那么要导入 size 模块，可以使用下面的代码。

```
import settings.size
```

通过该方式导入模块后，在使用时需要使用完整的名称。例如，在已经创建的 settings 包中创建一个名称为 size 的模块，并且在该模块中定义两个变量，代码如下。

```
width = 800                                    # 宽度
height = 600                                   # 高度
```

通过"import + 完整包名 + 模块名"形式导入 size 模块后，在调用 width 和 height 变量时，就需要在变量名前加"settings.size."前缀。对应的代码如下。

```
import settings.size                  # 导入settings包下的size模块
if __name__=='__main__':
    print('宽度: ',settings.size.width)
    print('高度: ',settings.size.height)
```

执行上面的代码后，将显示以下内容。

```
宽度: 800
高度: 600
```

（2）通过"from + 完整包名 + import + 模块名"形式加载指定模块。

"from + 完整包名 + import + 模块名"形式是指：假如有一个名称为 settings 的包，该包下有一个名称为 size 的模块，那么要导入 size 模块，可以使用下面的代码。

```
from settings import size
```

通过该方式导入模块后，在使用时不需要带包前缀，但是需要带模块名。例如，想通过"from + 完整包名 + import + 模块名"形式导入上面已经创建的 size 模块，并且调用 width 和 height 变量，就可以通过下面的代码实现。

```
from settings import size      # 导入settings包下的size模块
if __name__=='__main__':
    print('宽度: ',size.width)
    print('高度: ',size.height)
```

执行上面的代码后，将显示以下内容。

```
宽度: 800
高度: 600
```

（3）通过"from + 完整包名 + 模块名+ import + 定义名"形式加载指定模块。

"from + 完整包名+ 模块名+ import + 定义名"形式是指：假如有一个名称为 settings 的包，在该包下有一个名称为 size 的模块，那么要导入 size 模块中的 width 和 height 变量，可以使用下面的代码。

```
from settings.size import width,height
```

通过该方式导入模块的函数、变量或类后，在使用时直接用函数、变量或类名即可。例如，想通过"from + 完整包名+ 模块名+ import + 定义名"形式导入上面已经创建的 size 模块的 width 和 height 变量，并输出，就可以通过下面的代码实现。

```
# 导入settings包下size模块中的width和height变量
from settings.size import width,height
if __name__=='__main__':
    print('宽度: ', width)       # 输出宽度
    print('高度: ', height)      # 输出高度
```

执行上面的代码后，将显示以下内容。

```
宽度: 800
高度: 600
```

 说明 在通过"from + 完整包名 + 模块名+ import + 定义名"形式加载指定模块时，可以使用 "*"代替定义名，表示加载该模块下的全部定义。

【例 8-2】在指定包中创建通用的设置和获取尺寸的模块。（实例位置：资源包\MR\源码\第 8 章\8-2）

创建一个名称为 settings 的包，在该包下创建一个名称为 size 的模块，通过该模块实现设置和获取尺寸的通用功能。具体步骤如下。

（1）在 settings 包中，创建一个名称为 size 的模块，在该模块中，定义两个保护类型的全局变量，分别代表宽度和高度，然后定义一个 change()函数，用于修改两个全局变量的值，再定义两个函数，分别用于获取宽度和高度，具体代码如下。

```
_width = 800              # 定义保护类型的全局变量（宽度）
_height = 600             # 定义保护类型的全局变量（高度）
def change(w,h):
    global _width         # 全局变量（宽度）
    _width = w            # 重新给宽度赋值
    global _height        # 全局变量（高度）
    _height = h           # 重新给高度赋值
def getWidth():           # 获取宽度的函数
    global _width
    return _width
def getHeight():          # 获取高度的函数
    global _height
    return _height
```

（2）在 settings 包的上一层目录中创建一个名称为 main.py 的文件，在该文件中导入 settings 包下的 size 模块的全部定义，并且调用 change()函数重新设置宽度和高度，然后再分别调用 getWidth()和 getHeight() 函数获取修改后的宽度和高度，具体代码如下。

```
from settings.size import *      # 导入size模块下的全部定义
if __name__=='__main__':
    change(1920,1280)            # 调用change()函数改变尺寸
    print('宽度: ',getWidth())    # 输出宽度
    print('高度: ',getHeight())   # 输出高度
```

执行上面的代码后，将显示图 8-9 所示的结果。

图 8-9　输出修改后的尺寸

8.5　引用其他模块

在 Python 中，除了可以自定义模块外，还可以引用其他模块，主要包括使用标准模块和第三方模块。下面分别进行介绍。

导入和使用标准模块

8.5.1　导入和使用标准模块

Python 自带了很多实用的模块，称为标准模块（也可以称为标准库）。我们可以直接使用 import 语句将标准模块导入 Python 文件使用。例如，导入标准模块 random（用于生成随机数），可以使用下面的代码。

```
import random              # 导入标准模块random
```

说明

在导入标准模块时，也可以使用 as 关键字为其指定别名。通常情况下，如果模块名比较长，则可以为其设置别名。

导入标准模块后，可以通过模块名调用其提供的函数。例如，导入 random 模块后，就可以调用其 randint( ) 函数生成一个指定范围的随机整数。生成一个 0~10（包括 0 和 10）的随机整数的代码如下。

```
import random              # 导入标准模块random
print(random.randint(0,10))    # 输出0~10的随机整数
```

执行上面的代码，输出 0~10 中的任意一个整数。

除了 random 模块外，Python 还提供了 200 多个内置的标准模块，涵盖了 Python 运行时服务、文字模式匹配、操作系统接口、数学运算、对象永久保存、网络和 Internet 脚本，及 GUI 建构等方面。Python 常用的内置标准模块如表 8-1 所示。

表 8-1　Python 常用的内置标准模块

模块名	描述
sys	与 Python 解释器及其环境操作相关
time	提供与时间相关的各种函数
os	提供访问操作系统服务功能
calendar	提供与日期相关的各种函数
urllib	用于读取来自网络（服务器）的数据
json	用于使用 JSON 序列化和反序列化对象
re	用于在字符串中执行正则表达式匹配和替换
math	提供标准算术运算函数
decimal	用于进行精确控制运算精度、有效数位和四舍五入操作的十进制运算
shutil	用于进行高级文件操作，如复制、移动和重命名等
logging	提供灵活的记录事件、错误、警告和调试信息的功能
tkinter	使用 Python 进行 GUI 编程

除了表 8-1 所列出的标准模块外，Python 还提供了很多标准模块，读者可以在 Python 的帮助文档中查看。具体方法是：打开 Python 安装路径下的 Doc 目录，在该目录中的扩展名为.chm 的文件（如 python370.chm）即为 Python 的帮助文档。打开该文件，找到图 8-10 所示的位置进行查看即可。

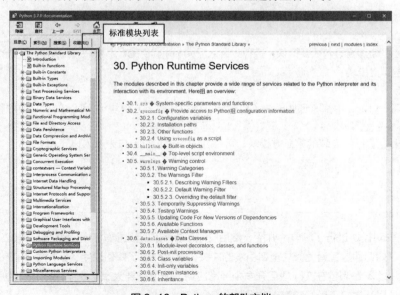

图 8-10　Python 的帮助文档

8.5.2 第三方模块的下载与安装

第三方模块的
下载与安装

在进行 Python 程序开发时，除了可以使用 Python 内置的标准模块外，还有很多第三方模块可以使用。这些第三方模块可以在 Python 官方推出的网站中找到。

第三方模块需要先下载并安装，然后就可以像使用标准模块一样导入并使用了。本节主要介绍如何下载和安装。下载和安装第三方模块可以使用 Python 提供的 pip 命令实现。pip 命令的语法格式如下。

```
pip <command> [modulename]
```

参数说明如下。

❑ command：用于指定要执行的命令。常用的参数值有 install（用于安装第三方模块）、uninstall（用于卸载已经安装的第三方模块）、list（用于显示已经安装的第三方模块）等。

❑ modulename：可选参数，用于指定要安装或者卸载的模块名，当 command 为 install 或者 uninstall 时不能省略。

例如，安装第三方 numpy 模块（用于科学计算），可以在命令提示符窗口中输入以下代码。

```
pip install numpy
```

执行上面的代码，将在线安装 numpy 模块，安装完成后，将显示图 8-11 所示的结果。

```
命令提示符                                                    —    □    ×

Microsoft Windows [版本 10.0.17134.165]
(c) 2018 Microsoft Corporation。保留所有权利。

C:\Users\Administrator>pip install numpy
Looking in indexes: http://pypi.douban.com/simple
Collecting numpy
  Downloading http://pypi.doubanio.com/packages/8b/8a/5edea6c9759b9c569542ad4da07bba0c03ffe7
cfb15d8bbe59b417e99a84/numpy-1.15.0-cp37-none-win_amd64.whl (13.5MB)
    100% |                                              | 13.5MB 175kB/s
Installing collected packages: numpy
Successfully installed numpy-1.15.0

C:\Users\Administrator>
```

图 8-11　在线安装 numpy 模块

说明 大型程序可能需要导入很多模块，推荐先导入 Python 提供的标准模块，然后再导入第三方模块，最后导入自定义模块。

如果想要查看 Python 中都有哪些模块（包括标准模块和第三方模块），可以在 IDLE 中输入以下命令。

```
help('modules')
```

如果只是想要查看已经安装的第三方模块，可以在命令提示符窗口中输入以下命令。

```
pip list
```

小　结

本章首先对模块进行了简要的介绍；然后介绍了如何自定义模块，也就是自己开发一个模块；接下来介绍了如何通过包避免模块重名引发的冲突；最后介绍了如何使用 Python 内置的标准模块和第三方模块。本章内容在实际项目开发中经常应用，所以需要大家认真学习，并做到融会贯通，为以后进行项目开发打下良好的基础。

上机指导

本实例将使用 random 模块模拟大乐透号码生成器。选号规则为：前区在 1~35 的范围内随机产生不重复的 5 个号码，后区在 1~12 的范围内随机产生不重复的 2 个号码。程序运行结果如图 8-12 所示。

图 8-12　大乐透号码生成器

开发步骤如下。

（1）创建 MyModular 模块，并且在该模块下创建 __init__.py 文件，在该文件中，创建生成大乐透号码的函数 Great_lotto( )。用该函数根据大乐透号码规则生成一组大乐透号码并返回。具体代码如下。

```
# 导入随机模块
import random
# 大乐透号码生成
def Great_lotto(times):
    # 创建返回的号码空列表
    Greatnumber = []
    # 根据随机注释循环
    for i in range(0,times):
        #创建空列表
        numbers = []
        # 创建数字为1到35的红色球列表
        roselist = list(range(1, 36))
        # 在红球列表中选取5个元素，生成红色球
        numberred=random.sample(roselist, 5)
        # 创建数字为1到12的蓝色球列表
        bulelist=list(range(1,13))
        # 在蓝色球列表中选取2个蓝色球，生成蓝色球
        numberbulle=random.sample(bulelist, 2)
        # 按照大小号排序红球
        numberred.sort()
        # 按照大小号排序蓝球
        numberbulle.sort()
        # 蓝球红球组成随机的号码列表
        numbers=numberred+numberbulle
        # 循环随机的号码
        for n in range(len(numbers)):
            # 判断号码是否<10
            if numbers[n]<10:
```

```
          # 当号码小于10的时候在数字前添加0
          numbers[n]='0'+str(numbers[n])
     # 添加到返回的号码列表中
     Greatnumber.append(numbers)
  # 返回得到的数据
  return Greatnumber
```

　　（2）在和目录 MyModular 同级处创建 Python 文件，名称为 lottery.py，用于导入步骤（1）编写的生成大乐透号码的模块，并且循环生成 5 注大乐透号码输出到页面中。代码如下。

```
# 导入模块
import MyModular
print('大乐透号码生成器')
# 提示用户输入要随机大乐透的数量并获取输入的内容
time=input('请输入要生成的大乐透号码注数：')
# 根据注数获取大乐透号码
Greatnumber=MyModular.Great_lotto(int(time))
# 循环输出每个号码
for i in range(0,int(time)):
    # 输出号码
    print(Greatnumber[i][0],Greatnumber[i][1],Greatnumber[i][2],Greatnumber[i][3],
          Greatnumber[i][4],"\t",Greatnumber[i][5],Greatnumber[i][6])
```

习 题

8-1　什么是模块？模块的作用是什么？

8-2　请写出两种导入模块的语句格式。

8-3　请写出使用 import 语句导入模块时搜索目录的顺序。

8-4　判断是否以主程序的形式运行的语句是什么？

8-5　在 Python 中如何创建包？

8-6　从包中加载模块通常有哪几种方式？

8-7　安装第三方模块的命令是什么？

第9章

面向对象程序设计

9.1　面向对象概述

面向对象概述

　　面向对象（Object Oriented，OO）是一种设计思想。从 20 世纪 60 年代面向对象的概念被提出到现在，它已经发展成一种比较成熟的编程思想，并且逐步成为目前软件开发领域的主流技术。我们经常听说的面向对象编程（Object Oriented Programming，OOP）就是主要针对大型软件设计而提出的，它可以使软件设计更加灵活，并且能更好地进行代码复用。

　　面向对象中的对象（Object），通常是指客观世界中存在的对象，这个对象具有唯一性，对象之间各不相同，各有各的特点，每一个对象都有自己的运动规律和内部状态。对象与对象之间又是可以相互联系、相互作用的。另外，对象也可以是一个抽象的事物，例如，可以从圆形、正方形、三角形等图形中抽象出"简单图形"这个事物，简单图形就是一个对象，它有自己的属性和行为，图形中边的个数是它的属性，图形的面积也是它的属性，输出图形的面积就是它的行为。概括地讲，面向对象技术是一种从组织结构上模拟客观世界的方法。

9.1.1　对象

　　对象是一个抽象概念，表示任意存在的事物。世间万物皆对象！现实世界中，随处可见的种种事物就是对象，对象是事物存在的实体，如一个人。

　　通常将对象划分为两个部分，即静态部分与动态部分。静态部分被称为"属性"，任何对象都具备自身属性，这些属性不仅是客观存在的，而且是不能被忽视的，如人的性别。动态部分指的是对象的行为，即对象执行的动作，如人在行走。

> 说明
>
> 在 Python 中，一切都是对象，即不仅是具体的事物称为对象，字符串、函数等也都是对象。这说明 Python 从设计之初就是面向对象的。

9.1.2　类

　　类是封装对象的属性和行为的载体，反过来说，具有相同属性和行为的一类实体被称为类。例如，把雁群比作大雁类，那么大雁类具备喙、翅膀和爪等属性，觅食、飞行和睡觉等行为，而一只要从北方飞往南方的大雁则被视为大雁类的一个对象。

　　在 Python 语言中，类是一种抽象概念，如定义一个大雁类（Geese），在该类中，可以定义每个对象共有的属性和方法。而一只要从北方飞往南方的大雁则是大雁类的一个对象，对象是类的实例。类的具体实现将在 9.2 节进行详细介绍。

9.1.3　面向对象程序设计的特点

　　面向对象程序设计具有三大基本特征：封装、继承和多态。下面分别进行描述。

1. 封装

　　封装是面向对象编程的核心思想，将对象的属性和行为封装起来，其载体就是类，类通常会对客户隐藏其实现细节，这就是封装的思想。例如，用户使用计算机，只需要使用手指敲击键盘就可以实现一些功能，而无须知道计算机内部是如何工作的。

　　采用封装思想保证了类内部数据结构的完整性，使用类的用户不能直接看到类中的数据结构，而只能执行类允许公开的功能，这样就避免了外部对内部数据的影响，提高了程序的可维护性。

2. 继承

矩形、菱形、平行四边形和梯形等都是四边形。因为它们具有共同的特征：拥有 4 个边。只要将四边形这个概念适当延伸，就会得到上述图形。以平行四边形为例，如果把平行四边形看作四边形的延伸，那么平行四边形就复用了四边形的属性和行为，同时添加了平行四边形特有的属性和行为，如平行四边形的对边平行且相等。Python 中，可以把平行四边形类看作继承四边形类后产生的类，并且将类似于平行四边形的类称为子类，将类似于四边形的类称为父类或超类。值得注意的是，在阐述平行四边形和四边形的关系时，可以说平行四边形是特殊的四边形，但不能说四边形是平行四边形。同理，Python 中可以说子类的实例都是父类的实例，但不能说父类的实例都是子类的实例。

综上所述，继承是实现重复利用的重要手段，子类通过继承复用了父类的属性和行为，又添加了子类特有的属性和行为。

3. 多态

将父类对象应用于子类的特征就是多态。比如创建一个螺丝类，螺丝类有两个属性：粗细和螺纹密度；然后再创建两个类，一个是长螺丝类，另一个短螺丝类，并且它们都继承了螺丝类。这样长螺丝类和短螺丝类不仅具有相同的特征（粗细相同，且螺纹密度也相同），还具有不同的特征（一个长，一个短，长的可以用来固定大型支架，短的可以用来固定生活中的家具）。综上所述，一个螺丝类衍生出不同的子类，子类继承父类特征的同时，也具备了自己的特征，并且能够实现不同的效果，这就是多态化的结构。

9.2 类的定义和使用

在 Python 中，类表示具有相同属性和方法的对象的集合。在使用类时，需要先定义类，然后再创建类的实例，通过类的实例就可以访问类中的属性和方法了。下面进行具体介绍。

9.2.1 定义类

在 Python 中，类的定义使用 class 关键字来实现，语法如下。

定义类

```
class ClassName:
    '''类的帮助信息'''        # 类文档字符串
    statement               # 类体
```

参数说明如下。

- ❑ ClassName：用于指定类名，一般使用大写字母开头，如果类名包括两个单词，第二个单词的首字母也大写，这种命名方法也称为"驼峰式命名法"，这是惯例。当然，也可根据自己的习惯命名，但是一般建议按照惯例来命名。
- ❑ '''类的帮助信息'''：用于指定类的文档字符串，定义该字符串后，在创建类的对象时，输入类名和左侧的 "（" 后，将显示该信息。
- ❑ statement：类体，主要由类变量（或类成员）、方法和属性等定义语句组成。如果在定义类时没想好类的具体功能，也可以在类体中直接使用 pass 语句代替。

例如，下面以大雁为例声明一个类，代码如下。

创建类的实例

```
class Geese:
    '''大雁类'''
    pass
```

9.2.2 创建类的实例

定义完类后，并不会真正创建一个实例。这有点像汽车的设计图。设计图可以告诉你汽车看上去怎么样，但设计图本身不是一个汽车。你不能开走它，它只能用于制造真正的汽车，而且可以使用它制造很多汽车。那么如何创建实例呢？

class 语句本身并不创建该类的任何实例。在类定义完成以后，可以创建类的实例，即实例化该类的对象。创建类的实例的语法如下。

```
ClassName(parameterlist)
```

其中，ClassName 是必选参数，用于指定具体的类；parameterlist 是可选参数，当创建一个类时没有创建 __init__()方法（该方法将在 9.2.3 节进行详细介绍），或者__init__()方法只有一个 self 参数时，parameterlist 可以省略。

例如，创建 9.2.1 节定义的 Geese 类的实例，可以使用下面的代码。

```
wildGoose = Geese()      # 创建大雁类的实例
print(wildGoose)
```

执行上面的代码后，将显示类似下面的内容。

```
<__main__.Geese object at 0x0000000002F47AC8>
```

从上面的执行结果中可以看出，wildGoose 是 Geese 类的实例。

Python 中创建实例不使用 new 关键字，这是它与其他面向对象的编程语言的区别。

9.2.3 魔术方法——__init__()

在创建类后，可以手动创建一个__init__()方法。该方法是一个特殊的方法，类似 Java 中的构造方法。每当创建一个类的新实例时，Python 都会自动执行它。__init__()方法必须包含一个 self 参数，并且它必须是第一个参数。self 参数是一个指向实例本身的引用，用于访问类中的属性和方法。方法调用时会自动传递实际参数 self。因此，当__init__()方法只有一个参数时，在创建类的实例时就不需要指定实际参数了。

魔术方法——
__init__()

说明

在__init__()方法的名称中，开头和结尾处是双下画线（中间没有空格），这是一种约定，旨在区分 Python 的默认方法和普通方法。

【例 9-1】声明大雁类，并且创建 __init__()方法，代码如下。（实例位置：资源包\MR\源码\第 9 章\9-1）

```
class Geese:
    '''大雁类'''
    def __init__(self):          # 构造方法
        print("我是大雁类！")
wildGoose = Geese()              # 创建大雁类的实例
```

运行上面的代码，将输出以下内容。

```
我是大雁类!
```

从上面的运行结果可以看出，在创建大雁类的实例时，虽然没有为__init__()方法指定参数，但是该方法会自动执行。

说明

在为类创建__init__()方法时，在开发环境中运行下面的代码。

```
class Geese:
    '''大雁类'''
    def __init__():                      # 构造方法
        print("我是大雁类! ")
wildGoose = Geese()                      # 创建大雁类的实例
```

运行结果如图 9-1 所示。该异常的解决方法是在第 3 行代码的括号中添加 self。

图 9-1　缺少 self 参数时抛出的异常

在 __init__()方法中，除了 self 参数外，还可以自定义一些参数，注意参数间使用逗号 "，" 进行分隔。

【例 9-2】创建 __init__()方法，并且为其传递 3 个参数，分别是 beak、wing 和 claw。代码如下。（实例位置：资源包\MR\源码\第 9 章\9-2）

```
class Geese:
    '''大雁类'''
    def __init__(self,beak,wing,claw):            # 构造方法
        print("我是大雁类! 我有以下特征: ")
        print(beak)                               # 输出喙的特征
        print(wing)                               # 输出翅膀的特征
        print(claw)                               # 输出爪子的特征
beak_1 = "喙的基部较高，长度和头部的长度几乎相等; "   # 喙的特征
wing_1 = "翅膀长而尖; "                            # 翅膀的特征
claw_1 = "爪子是蹼状的。"                          # 爪子的特征
wildGoose = Geese(beak_1,wing_1,claw_1)           # 创建大雁类的实例
```

执行上面的代码，将显示图 9-2 所示的运行结果。

图 9-2　创建 __init__()方法时，指定 3 个参数

9.2.4　创建类的成员并访问

创建类的成员并访问

类的成员主要由实例方法和数据成员组成。在类中创建了类的成员后，可以通过类的实例进行访问。下面进行详细介绍。

1. 创建实例方法并访问

实例方法是指在类中定义的函数。该函数是一种在类的实例上操作的函数。同 __init__()方法一样，实例方法的第一个参数必须是 self，并且必须包含一个 self 参数。创建实例方法的语法格式如下。

```
def functionName(self,parameterlist):
```

```
       block
```

参数说明如下。

- ❑ functionName：用于指定方法名，一般使用小写字母开头。
- ❑ self：必要参数，表示类的实例，其名称可以是 self 以外的单词，使用 self 只是一个惯例而已。
- ❑ parameterlist：用于指定除 self 参数以外的参数，各参数间使用逗号"，"进行分隔。
- ❑ block：方法体，实现的具体功能。

说明 实例方法和 Python 中的函数的主要区别就是，函数实现的是某个独立的功能，而实例方法实现的是类中的一个行为，是类的一部分。

实例方法创建完成后，可以通过类的实例名称和点（.）操作符进行访问。具体的语法格式如下所示。

```
instanceName.functionName(parametervalue)
```

其中，instanceName 为类的实例名称；functionName 为要调用的方法名称；parametervalue 表示为方法指定对应的实际参数，其值的个数与创建实例方法中 parameterlist 的个数相同。

2. 创建数据成员并访问

数据成员是指在类中定义的变量，即属性，根据定义位置，又可以分为类属性和实例属性。下面分别进行介绍。

（1）类属性是指定义在类中，并且在函数体外的属性。类属性可以在类的所有实例之间共享，也就是在所有实例化的对象中公用。

说明 类属性可以通过类名称或实例名访问。

【例 9-3】定义一个雁类 Geese，在该类中定义 3 个类属性，用于记录雁类的特征，代码如下。（实例位置：资源包\MR\源码\第 9 章\9-3）

```
class Geese:
    '''雁类'''
    neck = "脖子较长；"                     # 定义类属性（脖子）
    wing = "振翅频率高；"                   # 定义类属性（翅膀）
    leg = "腿位于身体的中心支点，行走自如。"  # 定义类属性（腿）
    def __init__(self):                      # 实例方法（相当于构造方法）
        print("我属于雁类！我有以下特征：")
        print(Geese.neck)                    # 输出脖子的特征
        print(Geese.wing)                    # 输出翅膀的特征
        print(Geese.leg)                     # 输出腿的特征
```

创建上面的类 Geese，然后创建该类的实例，代码如下。

```
geese = Geese()                             # 实例化一个雁类的对象
```

应用上面的代码创建 Geese 类的实例后，将显示以下内容。

我是雁类！我有以下特征：
脖子较长；
振翅频率高；
腿位于身体的中心支点，行走自如。

（2）实例属性是指定义在类的方法中的属性，只作用于当前实例。

【例 9-4】定义一个雁类 Geese，在该类的__init__()方法中定义 3 个实例属性，用于记录雁类的特征，代码如下。（实例位置：资源包\MR\源码\第 9 章\9-4）

```python
class Geese:
    '''雁类'''
    def __init__(self):                              # 实例方法（相当于构造方法）
        self.neck = "脖子较长；"                        # 定义实例属性（脖子）
        self.wing = "振翅频率高；"                      # 定义实例属性（翅膀）
        self.leg = "腿位于身体的中心支点，行走自如。"     # 定义实例属性（腿）
        print("我属于雁类！我有以下特征：")
        print(self.neck)                              # 输出脖子的特征
        print(self.wing)                              # 输出翅膀的特征
        print(self.leg)                               # 输出腿的特征
```

创建上面的类 Geese，然后创建该类的实例，代码如下。

```python
geese = Geese()                                      # 实例化一个雁类的对象
```

应用上面的代码创建 Geese 类的实例后，将显示以下内容。

我是雁类！我有以下特征：
脖子较长；
振翅频率高；
腿位于身体的中心支点，行走自如。

 说明

实例属性只能通过实例名访问。如果通过类名访问实例属性，将抛出图 9-3 所示的异常。

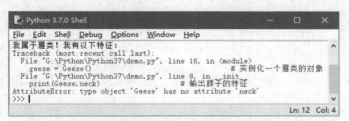

图 9-3　通过类名访问实例属性抛出的异常

实例属性也可以通过实例名称修改，与类属性不同，通过实例名称修改实例属性后，并不影响该类的另一个实例中相应的实例属性的值。

【例 9-5】定义一个雁类 Geese，并在__init__()方法中定义一个实例属性，然后创建两个 Geese 类的实例，并且修改第一个实例的实例属性，最后分别输出定义的实例属性，代码如下。（实例位置：资源包\MR\源码\第 9 章\9-5）

```python
class Geese:
    '''雁类'''
    def __init__(self):                              # 实例方法（相当于构造方法）
        self.neck = "脖子较长。"                        # 定义实例属性（脖子）
        print(self.neck)                              # 输出脖子的特征
goose1 = Geese()                                     # 创建Geese类的实例1
goose2 = Geese()                                     # 创建Geese类的实例2
goose1.neck = "脖子没有天鹅的长。"                       # 修改实例属性
```

```
print("goose1的neck属性: ",goose1.neck)
print("goose2的neck属性: ",goose2.neck)
```

运行上面的代码，将显示以下内容。

```
脖子较长。
脖子较长。
goose1的neck属性:  脖子没有天鹅的长。
goose2的neck属性:  脖子较长。
```

9.2.5　访问限制

访问限制

在类的内部可以定义属性和方法，而在类的外部则可以直接调用属性或方法来操作数据，从而隐藏了类内部的复杂逻辑。但是 Python 并没有对属性和方法的访问权限进行限制。为了保证类内部的某些属性或方法不被外部所访问，可以在属性或方法名前面添加单下画线（_foo）、双下画线（__foo）或首尾加双下画线（__foo__），从而限制访问权限。其中，单下画线、双下画线、首尾双下画线的作用如下。

❑ __foo__：首尾双下画线表示定义特殊方法，一般是系统定义名字，如__init__()。

❑ _foo：以单下画线开头的是 protected（保护）类型的成员，只允许类本身和子类进行访问，但不能使用"from module import *"语句导入。

【例 9-6】创建一个 Swan 类，定义保护属性_neck_swan，并在__init__()方法中访问该属性，然后创建 Swan 类的实例，并通过实例名输出保护属性_neck_swan，代码如下。（实例位置：资源包\MR\源码\第 9 章\9-6）

```
class Swan:
    '''天鹅类'''
    _neck_swan = '天鹅的脖子很长。'                # 定义保护属性
    def __init__ (self):
        print("__init__():", Swan._neck_swan)     # 在实例方法中访问保护属性
swan = Swan()                                      # 创建Swan类的实例
print("直接访问:" , swan._neck_swan)               # 保护属性可以通过实例名访问
```

执行下面的代码，将显示以下内容。

```
__init__(): 天鹅的脖子很长。
直接访问: 天鹅的脖子很长。
```

从上面的运行结果中可以看出：保护属性可以通过实例名访问。

❑ __foo：双下画线表示 private（私有）类型的成员，只允许定义该方法的类本身进行访问，而且也不能通过类的实例进行访问，但是可以通过"类的实例名.类名__×××"方式访问。

【例 9-7】创建一个 Swan 类，定义私有属性__neck_swan，并在__init__()方法中访问该属性，然后创建 Swan 类的实例，并通过实例名输出私有属性__neck_swan，代码如下。（实例位置：资源包\MR\源码\第 9 章\9-7）

```
class Swan:
    '''天鹅类'''
    __neck_swan = '天鹅的脖子很长。'                          # 定义私有属性
    def __init__(self):
        print("__init__():", Swan.__neck_swan)              # 在实例方法中访问私有属性
swan = Swan()                                                # 创建Swan类的实例
print("加入类名:" , swan._Swan__neck_swan)   # 私有属性，可以通过"实例名.类名__×××"方式访问
print("直接访问:" , swan.__neck_swan)                        # 私有属性不能通过实例名访问，出错
```

执行上面的代码后，将输出图 9-4 所示的结果。

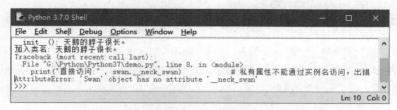

图 9-4　访问私有属性

从上面的运行结果可以看出：私有属性可以通过"类名.属性名"方式访问，也可以通过"实例名.类名__×××"方式访问，但是不能直接通过"实例名.属性名"方式访问。实际上，这种形式是 Python 对所有以双下画线开头的属性进行的变形，形成一个新名称"_类名__×××"。通过这个名称可以访问和改变私有属性的值，但是由于这种变形只发生在定义类时，在方法执行时不会发生，所以通过它不能改变方法中调用的私有属性的值。

9.3　属性

本节介绍的属性（property）与 9.2.4 节介绍的类属性和实例属性不同。9.2.4 节介绍的属性返回所存储的值，而本节要介绍的属性则是一种特殊的属性，访问时将计算它的值。另外，该属性还可以为属性添加安全保护机制。下面分别进行介绍。

9.3.1　创建用于计算的属性

在 Python 中，可以通过@property（装饰器）将一个方法转换为属性，从而实现用于计算的属性。将方法转换为属性后，可以直接通过方法名来访问方法，而不需要再添加一对圆括号"()"，这样可以让代码更加简洁。

通过@property 创建用于计算的属性的语法格式如下。

```
@property
def methodname(self):
    block
```

参数说明如下。

❑ methodname：用于指定方法名，该名称一般使用小写字母开头，最后将作为创建的属性名。

❑ self：必要参数，表示类的实例。

❑ block：方法体，实现的具体功能。方法体通常以 return 语句结束，用于返回计算结果。

> 【例 9-8】定义一个矩形类，在__init__()方法中定义两个实例属性，然后再定义一个计算矩形面积的方法，并应用@property 将其转换为属性，最后创建类的实例，并访问转换后的属性，代码如下。（实例位置：资源包\MR\源码\第 9 章\9-8）

```
class Rect:
    def __init__(self,width,height):
        self.width = width              # 矩形的宽
        self.height = height            # 矩形的高
    @property                           # 将方法转换为属性
    def area(self):                     # 计算矩形的面积的方法
        return self.width*self.height   # 返回矩形的面积
rect = Rect(800,600)                    # 创建类的实例
```

```
print("面积为: ",rect.area)                    # 输出属性的值
```
运行上面的代码，将显示以下运行结果。
```
面积为：480000
```

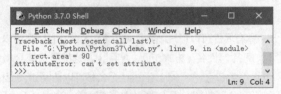

通过@property 转换后的属性不能重新赋值，如果对其重新赋值，将抛出图 9-5 所示的异常。

图 9-5 AttributeError 异常

9.3.2 为属性添加安全保护机制

为属性添加安全
保护机制

在 Python 中，默认情况下，创建的类属性或实例是可以在类体外进行修改的。如果想要限制其不能在类体外修改，可以将其设置为私有的，但设置为私有后，在类体外也不能直接通过 "实例名.属性名" 方式获取它的值。如果想要创建一个可以读取，但不能修改的属性，那么可以使用@property 实现只读属性。

【例 9-9】创建一个电视节目类 TVshow，再创建一个 show 属性，用于显示当前播放的电视节目，代码如下。（实例位置：资源包\MR\源码\第 9 章\9-9）

```
class TVshow:    # 定义电视节目类
    def __init__(self,show):
        self.__show = show
    @property                              # 将方法转换为属性
    def show(self):                        # 定义show()方法
        return self.__show                 # 返回私有属性的值
tvshow = TVshow("正在播放《战狼2》。")      # 创建类的实例
print("默认: ",tvshow.show)                # 获取属性值
```
执行上面的代码，将显示以下内容。
```
默认：正在播放《战狼2》。
```
通过上面的方法创建的 show 属性是只读的，尝试修改该属性的值，再重新获取。在上面代码的下方添加以下代码。
```
tvshow.show = "正在播放《红海行动》。"       # 修改属性值
print("修改后: ",tvshow.show)              # 获取属性值
```
运行后，将显示图 9-6 所示的运行结果。其中的异常就是修改属性时抛出的异常。

图 9-6 修改属性时抛出的异常

通过修改不仅可以将属性设置为只读，而且可以为属性设置拦截器，即允许对属性进行修改，但修改时受到一定的约束。

9.4 继承

编写类并不是每次都要从空白开始。当要编写的类和另一个已经存在的类之间存在一定的继承关系时，可以通过继承来达到代码复用的目的，提高开发效率。下面将介绍如何在 Python 中实现继承。

9.4.1 继承的基本语法

继承是面向对象编程最重要的特性之一，它源于人们认识客观世界的过程，是自然界普遍存在的一种现象。例如，我们每一个人都从祖辈和父母那里继承了一些体貌特征，但是每个人又不同于父母，因为每个人身上都存在自己的一些特性，这些特性是独有的，在父母身上并没有体现。在程序设计中实现继承，表示这个类拥有它继承的类的所有公有成员或者受保护成员。在面向对象编程中，被继承的类称为父类或基类，新的类称为子类或派生类。

继承的基本语法

通过继承不仅可以实现代码的复用，还可以梳理类与类之间的关系。在 Python 中，可以在类定义语句中类名右侧使用一对圆括号将要继承的基类名称括起来，从而实现类的继承。具体的语法格式如下。

```
class ClassName(baseclasslist):
    '''类的帮助信息'''          # 类文档字符串
    statement                  # 类体
```

参数说明如下。

❑ ClassName：用于指定类名。

❑ baseclasslist：用于指定要继承的基类，可以有多个，类名之间用逗号 "," 分隔。如果不指定，将使用所有 Python 对象的根类 object。

❑ '''类的帮助信息'''：用于指定类的文档字符串，定义该字符串后，在创建类的对象时，输入类名和左侧的 "(" 后，将显示该信息。

❑ statement：类体，主要由类变量（或类成员）、方法和属性等定义语句组成。如果在定义类时没想好类的具体功能，也可以在类体中直接使用 pass 语句代替。

【例 9-10】创建水果基类及其派生类。（实例位置：资源包\MR\源码\第 9 章\9-10）

定义一个水果类 Fruit（作为基类），并在该类中定义一个类属性（用于保存水果默认的颜色）和一个 harvest() 方法，然后创建 Apple 类和 Orange 类，都继承自 Fruit 类，最后创建 Apple 类和 Orange 类的实例，并调用 harvest() 方法（在基类中编写），代码如下。

```python
class Fruit:                              # 定义水果类（基类）
    color = "绿色"                        # 定义类属性
    def harvest(self, color):
        print("水果是: " + color + "的! ")  # 输出的是形式参数color
        print("水果已经收获……")
        print("水果原来是: " + Fruit.color + "的! ")  # 输出的是类属性color
class Apple(Fruit):                       # 定义苹果类（派生类）
    color = "红色"
    def __init__(self):
        print("我是苹果。")
class Orange(Fruit):                      # 定义橘子类（派生类）
    color = "橙色"
```

```
    def __init__(self):
        print("\n我是橘子。")
apple = Apple()                                    # 创建类的实例（苹果）
apple.harvest(apple.color)                         # 调用基类的harvest()方法
orange = Orange()                                  # 创建类的实例（橘子）
orange.harvest(orange.color)                       # 调用基类的harvest()方法
```

执行上面的代码，将显示图 9-7 所示的运行结果。从该运行结果中可以看出：虽然在 Apple 类和 Orange 类中没有 harvest()方法，但是 Python 允许派生类访问基类的方法。

图 9-7　创建水果基类及其派生类的结果

9.4.2　方法重写

方法重写

基类的成员都会被派生类继承，当基类中的某个方法不完全适用于派生类时，就需要在派生类中重写父类的这个方法，这和 Java 中的方法重写是一样的。

在【例 9-10】中，基类中定义的 harvest()方法无论派生类是什么水果都显示"水果……"，如果想要针对不同水果给出不同的提示，可以在派生类中重写 harvest()方法。例如，在创建派生类 Orange 时，重写 harvest()方法的代码如下。

```
class Orange(Fruit):                               # 定义橘子类（派生类）
    color = "橙色"
    def __init__(self):
        print("\n我是橘子。")
    def harvest(self, color):
        print("橘子是: " + color + "的! ")         # 输出的是形式参数color
        print("橘子已经收获……")
        print("橘子原来是: " + Fruit.color + "的! ")  # 输出的是类属性color
```

添加 harvest()方法后（即在【例 9-10】中添加上面代码中的第 5~8 行），再次运行程序，将显示图 9-8 所示的运行结果。

图 9-8　重写 Orange 类的 harvest( )方法的结果

9.4.3 派生类中调用基类的__init__( )方法

派生类中调用基类
的__init__()方法

在派生类中定义__init__()方法时，不会自动调用基类的__init__()方法。例如，定义一个 Fruit 类，在__init__()方法中创建类属性 color，然后在 Fruit 类中定义一个 harvest()方法，在该方法中输出类属性 color 的值，再创建继承自 Fruit 类的 Apple 类，最后创建 Apple 类的实例，并调用 harvest()方法，代码如下。

```
class Fruit:  # 定义水果类（基类）
    def __init__(self,color = "绿色"):
        Fruit.color = color        # 定义类属性
    def harvest(self):
        print("水果原来是: " + Fruit.color + "的! ")   # 输出的是类属性color
class Apple(Fruit):  # 定义苹果类（派生类）
    def __init__(self):
        print("我是苹果。")
apple = Apple()  # 创建类的实例（苹果）
apple.harvest()  # 调用基类的harvest()方法
```

执行上面的代码后，将显示图 9-9 所示的异常信息。

图 9-9 基类的__init__( )方法未执行出现的异常信息

因此，要在派生类中使用基类的__init__()方法，必须要进行初始化，即需要在派生类中使用 super()函数调用基类的__init__()方法。例如，在上面代码的第 8 行的下方添加以下代码。

```
super().__init__()                                    # 调用基类的__init__()方法
```

在添加上面的代码时，一定要注意缩进的正确性。

小 结

本章主要对 Python 面向对象程序设计进行了详细的介绍: 首先介绍了面向对象的概念和特点; 然后详细介绍了如何在 Python 中定义类、使用类，以及 property 属性的应用; 最后介绍了继承的相关内容。虽然本章对面向对象的概念介绍得很全面、很详细，但要想真正明白面向对象思想，必须多动手实践，多动脑思考，注意平时积累。希望读者通过自己的努力，能有所收获。

上机指导

本实例将使用类和对象实现一个银行账户的资金交易管理，包括存款、取款和退出系统功能。程序运行结果如图 9-10 所示。

图 9-10　银行账户资金交易管理运行结果

开发步骤如下。

（1）创建 Python 文件，在该文件中，定义一个银行类 Bank，并且在该类中定义一个实例属性 balance（用于保存账户余额）和两个方法，一个是存款的方法 deposit( )，另一个是取款的方法 withdrawl( )。具体代码如下。

```python
class Bank:
    def __init__(self):
        """初始化"""
        self.balance = 1000 # 账户余额
    def deposit(self):
        """存款"""
        amount = float(input('请输入存款金额：'))
        self.balance += amount
        print("转入",amount,"元 余额为",self.balance)
    def withdrawl(self):
        """取款"""
        amount = float(input('请输入取款金额：'))
        # 判断余额
        if amount > self.balance:
            print('余额不足')
        else:
            self.balance -= amount
            print("取款",amount,"元 余额为",self.balance)
```

（2）编写自定义函数 show_menu( )，用于显示菜单，代码如下。

```python
def show_menu():
    """显示菜单"""
    menu = '''菜单
    0：退出
    1：存款
    2：取款
    '''
    print(menu)
```

（3）创建程序入口。首先显示菜单，并且提供菜单操作方法，然后实例化 Bank 类的对象，再根据用户选择的菜单项调用 Bank 类的相应方法，执行存款或取款操作。代码如下。

```python
if __name__ == "__main__":
    show_menu()   #显示菜单
    num = float(input('请根据菜单输入操作编号：'))   # 选择要进行的操作
    bank = Bank()   # 实例化类的对象
    while num!= 0 :
```

```
    if num == 1:
        bank.deposit()   # 存款操作
    elif num == 2:
        bank.withdrawl()   # 取款操作
    else:
        print('您的输入有误！')
    num = float(input('\n请根据菜单输入操作编号：'))
print('您已退出系统')
```

习 题

9-1　什么是面向对象？

9-2　简述面向对象程序设计的特点。

9-3　什么是__init__( )方法？

9-4　在属性或方法名前面添加单下画线、双下画线或首尾加双下画线的作用分别是什么？

9-5　如何实现类的继承？

第10章

文件与文件夹操作

本章要点

- 创建、打开和关闭文件
- with语句的使用
- 向文件中写入内容
- 读取文件
- 创建、删除、遍历目录
- 删除文件
- 重命名文件和目录
- 获取文件基本信息

10.1 基本文件操作

Python 中内置了文件（File）对象。使用者首先通过内置的 open()函数创建一个文件对象，然后通过该对象提供的方法进行一些基本文件操作。例如，可以使用文件对象的 write()方法向文件中写入内容，以及使用 close()方法关闭文件等。下面将介绍如何应用 Python 的文件对象进行基本文件操作。

10.1.1 创建和打开文件

在 Python 中，想要操作文件需要先创建或者打开指定的文件并创建文件对象，这可以通过内置的 open()函数实现。open()函数的基本语法格式如下。

创建和打开文件

```
file = open(filename[,mode[,buffering]])
```

参数说明如下。

- ❑ file：被创建的文件对象。
- ❑ filename：要创建或打开的文件的名称，需要使用单引号或双引号括起来。如果要打开的文件和当前文件在同一个目录下，那么直接写文件名即可，否则需要指定完整路径。例如，要打开当前路径下的名称为 status.txt 的文件，可以使用"status.txt"。
- ❑ mode：可选参数，用于指定文件的打开模式。其参数值如表 10-1 所示。默认的打开模式为只读（即 r）。

表 10-1　mode 参数的参数值说明

值	说明	注意
R	以只读模式打开文件。文件的指针将会放在文件的开头	文件必须存在
rb	以二进制方式打开文件，并且采用只读模式。文件的指针将会放在文件的开头。一般用于非文本文件，如图片、声音等	
r+	打开文件后，可以读取文件内容，也可以写入新的内容覆盖原有内容（从文件开头进行覆盖）	
rb+	以二进制方式打开文件，并且采用读写模式。文件的指针将会放在文件的开头。一般用于非文本文件，如图片、声音等	
w	以只写模式打开文件	文件存在，则将其覆盖，否则创建新文件
wb	以二进制方式打开文件，并且采用只写模式。一般用于非文本文件，如图片、声音等	
w+	打开文件后，先清空原有内容，使其变为一个空的文件，对这个空文件有读写权限	
wb+	以二进制方式打开文件，并且采用读写模式。一般用于非文本文件，如图片、声音等	
a	以追加模式打开一个文件。如果该文件已经存在，文件指针将放在文件的末尾（即新内容会被写在已有内容之后），否则，创建新文件用于写入	
ab	以二进制方式打开文件，并且采用追加模式。如果该文件已经存在，文件指针将放在文件的末尾（即新内容会被写在已有内容之后），否则，创建新文件用于写入	
a+	以读写模式打开文件。如果该文件已经存在，文件指针将放在文件的末尾（即新内容会被写在已有内容之后），否则，创建新文件用于读写	

续表

值	说明	注意
ab+	以二进制方式打开文件，并且采用追加模式。如果该文件已经存在，文件指针将放在文件的末尾（即新内容会被写在已有内容之后），否则，创建新文件用于读写	

❑ buffering：可选参数，用于指定读写文件的缓冲模式。值为 0 表示不缓存；值为 1 表示缓存；值大于 1 表示缓冲区的大小。默认为缓存模式。

open()函数经常实现以下几个功能。

1. 打开一个不存在的文件时先创建该文件

在默认的情况下，使用 open()函数打开一个不存在的文件，会抛出图 10-1 所示的异常。

图 10-1　打开的文件不存在时抛出的异常

要解决图 10-1 所示的错误，主要有以下两种方法。

❑ 在当前目录下（即与执行的文件相同的目录）创建一个名称为 status.txt 的文件。

❑ 在调用 open()函数时，指定 mode 的参数值为 w、w+、a、a+。这样，当要打开的文件不存在时，就可以创建新的文件了。

例如，使用 open()函数创建并打开一个名称为 message.txt 的文件，且输出一条提示信息，代码如下。

```
print("\n","="*10,"蚂蚁庄园动态","="*10)
file = open('message.txt','w')              # 创建并打开保存蚂蚁庄园动态信息的文件
print("\n 即将显示……\n")
```

运行上面的代码，将显示图 10-2 所示的结果，同时在当前 Python 文件所在的目录下创建一个名称为 message.txt 的文件，该文件没有任何内容。

图 10-2　创建并打开一个文本文件

2. 以二进制方式打开文件

使用 open()函数不仅可以以文本的形式打开文本文件，而且可以以二进制方式打开非文本文件，如图片文件、音频文件、视频文件等。例如，创建一个名称为 picture.png 的图片文件，如图 10-3 所示，并且应用 open()函数以二进制方式打开该文件。

以二进制方式打开该文件并输出创建的对象，代码如下。

```
file = open('picture.png','rb')    # 以二进制方式打开图片文件
print(file)                        # 输出创建的对象
```

执行上面的代码后，将显示图 10-4 所示的运行结果。

图 10-3　创建的图片文件

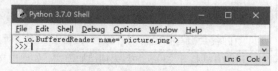

图 10-4　以二进制方式打开图片文件

从图 10-4 中可以看出，创建的是一个 BufferedReader 对象。该对象生成后，可以再应用其他的第三方模块进行处理。例如，上面的 BufferedReader 对象是通过打开图片文件实现的，那么就可以将其传入第三方

的图像处理库 PIL 的 Image 模块的 open() 函数，以便对图片进行处理（如调整大小等）。

3. 打开文件时指定编码方式

在使用 open() 函数打开文件时，默认采用 GBK 编码，当被打开的文件不是采用 GBK 编码时，将抛出图 10-5 所示的异常。

图 10-5 抛出 Unicode 解码异常

解决该问题的方法有两种，一种是直接修改文件的编码，另一种是在打开文件时指定编码方式。推荐采用后一种方法。下面重点介绍如何在打开文件时指定编码方式。

在调用 open() 函数时，通过添加 encoding='utf-8' 参数即可实现将编码指定为 UTF-8。如果想要指定其他编码，可以将单引号中的内容替换为想要指定的编码。

例如，打开采用 UTF-8 编码保存的 notice.txt 文件，可以使用下面的代码。

```
file = open('notice.txt','r',encoding='utf-8')
```

10.1.2 关闭文件

关闭文件

打开文件后，需要及时关闭，以免对文件造成不必要的破坏。关闭文件可以使用文件对象的 close() 方法实现。close() 方法的语法格式如下。

```
file.close()
```

其中，file 为打开的文件对象。

例如，关闭打开的文件对象，可以使用下面的代码。

```
file.close()        # 关闭文件对象
```

 说明

close() 方法先刷新缓冲区中还没有写入的信息，然后关闭文件，这样可以将没有写入文件的内容写入文件。在关闭文件后，便不能再进行写入操作了。

10.1.3 打开文件时使用 with 语句

打开文件时使用 with 语句

打开文件后，要及时将其关闭。如果忘记关闭可能会带来意想不到的问题。另外，如果在打开文件时抛出了异常，那么将导致文件不能被及时关闭。为了更好地避免此类问题发生，可以使用 Python 提供的 with 语句，从而实现在处理文件时，无论是否抛出异常，都能保证在 with 语句执行完毕后关闭已经打开的文件。with 语句的基本语法格式如下。

```
with expression as target:
    with-body
```

参数说明如下。

- □ expression：用于指定一个表达式，这里可以是打开文件的 open() 函数。
- □ target：用于指定一个变量，并且将 expression 的结果保存到该变量中。
- □ with-body：用于指定 with 语句体，其中可以包含执行 with 语句后相关的一些操作语句。如果不想执行任何语句，可以直接使用 pass 语句代替。

例如，在打开文件时使用 with 语句，修改后的代码如下。

```
print("\n","="*10,"Python经典应用","="*10)
with open('message.txt','w') as file:     # 创建或打开保存Python经典应用信息的文件
    pass
print("\n 即将显示……\n")
```

10.1.4 写入文件内容

写入文件内容

前面虽然创建并打开了一个文件，但是该文件中并没有任何内容，它的大小是 0KB。Python 的文件对象提供了 write() 方法，可以向文件中写入内容。write() 方法的语法格式如下。

```
file.write(string)
```

其中，file 为打开的文件对象；string 为要写入的字符串。

调用 write() 方法向文件中写入内容的前提是，打开文件时，指定的打开模式为 w（可写）或者 a（追加），否则，将抛出图 10-6 所示的异常。

图 10-6　没有写入权限时抛出的异常

【例 10-1】　向蚂蚁庄园动态文件写入一条信息。（实例位置：资源包\MR\源码\第 10 章\10-1）

在 IDLE 中创建一个名称为 antmanor_message_w.py 的文件，然后在该文件中，首先应用 open() 函数以写方式创建并打开一个文件，然后调用 write() 方法向该文件中写入一条动态信息，再调用 close() 方法关闭文件，代码如下。

```
print("\n","="*10,"蚂蚁庄园动态","="*10)
file = open('message.txt','w')          # 创建并打开保存蚂蚁庄园动态信息的文件
# 写入一条动态信息
file.write("你使用了1张加速卡，小鸡撸起袖子开始双手吃饲料，进食速度大大加快。\n")
print("\n 写入了一条动态……\n")
file.flush()                            # 关闭文件对象
```

执行上面的代码，将显示图 10-7 所示的结果，同时在 antmanor_message_w.py 文件所在的目录下创建一个名称为 message.txt 的文件，并且在该文件中写入文字"你使用了 1 张加速卡，小鸡撸起袖子开始双手吃饲料，进食速度大大加快。"。

图 10-7　向蚂蚁庄园动态文件写入一条信息

在写入文件后，一定要调用 close( )方法关闭文件，否则写入的内容不会保存到文件中。这是因为当我们在写入文件内容时，操作系统不会立刻把数据写入磁盘，而是先缓存起来，只有调用 close( )方法时，操作系统才会把没有写入的数据全部写入磁盘。

在向文件中写入内容后，如果不想马上关闭文件，也可以调用文件对象提供的 flush() 方法，把缓冲区的内容写入文件。这样也能保证数据被全部写入磁盘。

读取文件

10.1.5 读取文件

在 Python 中打开文件后，除了可以写入或添加内容，还可以读取文件中的内容。读取文件内容主要分为以下几种情况。

1. 读取指定字符

文件对象提供了 read()方法读取指定个数的字符。其语法格式如下。

```
file.read([size])
```

其中，file 为打开的文件对象；size 为可选参数，用于指定要读取的字符个数，如果省略则一次性读取所有内容。

调用 read( )方法读取文件内容的前提是，打开文件时，指定的打开模式为 r（只读）或者 r+（读写），否则，将抛出图 10-8 所示的异常。

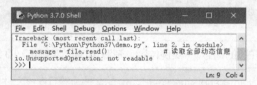

图 10-8　没有读取权限时抛出的异常

例如，要读取 message.txt 文件中的前 9 个字符，可以使用下面的代码。

```
with open('message.txt','r') as file:  # 打开文件
    string = file.read(9)               # 读取前9个字符
    print(string)
```

假设 message.txt 的文件内容如下。

```
Python的强大，强大到你无法想象！！！
```

执行上面的代码将显示以下结果。

```
Python的强大
```

使用 read()方法读取文件时，是从文件的开头读取的。如果想要读取部分内容，可以先使用文件对象的 seek()方法将文件的指针移动到新的位置，再应用 read()方法读取。seek()方法的基本语法格式如下。

```
file.seek(offset[,whence])
```

参数说明如下。

- ❑ file：表示已经打开的文件对象。
- ❑ offset：用于指定移动的字符个数，其具体位置与 whence 有关。
- ❑ whence：用于指定从什么位置开始计算。值为 0 表示从文件头开始计算，值为 1 表示从当前位置开始计算，值为 2 表示从文件尾开始计算，默认值为 0。

对于 whence 参数，如果在打开文件时，没有使用 b 模式（即 rb），那么只允许从文件头开始计算相对位置，从文件尾计算时就会抛出图 10-9 所示的异常。

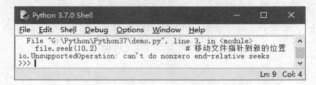

图 10-9　抛出 io.UnsupportedOperation 异常

例如，想要从文件的第 14 个字符开始读取 8 个字符，可以使用下面的代码。

```python
with open('message.txt','r') as file:      # 打开文件
    file.seek(14)                          # 移动文件指针到新的位置
    string = file.read(8)                  # 读取8个字符
    print(string)
```

假设 message.txt 的文件内容如下。

Python的强大，强大到你无法想象！！！

执行上面的代码将显示以下结果。

强大到你无法想象

在使用 seek( )方法时，offset 的值是按一个汉字或全角标点占两个字符、一个英文字母或数字占一个字符计算的。这与 read( )方法不同。

【例 10-2】 显示蚂蚁庄园的动态。（实例位置：资源包\MR\源码\第 10 章\10-2）

在 IDLE 中创建一个名称为 antmanor_message_r.py 的文件，然后在该文件中，先应用 open( )函数以只读方式打开一个文件，再调用 read( )方法读取全部动态信息，并输出，代码如下。

```python
print("\n","="*25,"蚂蚁庄园动态","="*25,"\n")
with open('message.txt','r') as file:    # 打开保存蚂蚁庄园动态信息的文件
    message = file.read()                # 读取全部动态信息
    print(message)                       # 输出动态信息
    print("\n","="*29,"over","="*29,"\n")
```

执行上面的代码，将显示图 10-10 所示的结果。

图 10-10　显示蚂蚁庄园的动态

2. 读取一行

在使用 read( )方法读取文件时，如果文件很大，一次读取全部内容到内存容易造成内存不足，所以通常会

采用逐行读取。文件对象提供了 readline()方法用于每次读取一行数据。readline()方法的基本语法格式如下。

```
file.readline()
```

其中，file 为打开的文件对象。同 read()方法一样，打开文件时，也需要指定打开模式为 r（只读）或者 r+（读写）。

> **【例 10-3】** 逐行显示蚂蚁庄园动态。（实例位置：资源包\MR\源码\第 10 章\10-3）

在 IDLE 中创建一个名称为 antmanor_message_rl.py 的文件，然后在该文件中，先应用 open()函数以只读方式打开一个文件，再应用 while 语句创建一个循环，在该循环中调用 readline()方法读取一条动态信息并输出，另外还需要判断内容是否已经读取完毕，如果读取完毕应用 break 语句跳出循环，代码如下。

```python
print("\n","="*26,"蚂蚁庄园动态","="*26,"\n")
with open('message.txt','r') as file:      # 打开保存蚂蚁庄园动态信息的文件
    number = 0       # 记录行号
    while True:
        number += 1
        line = file.readline()
        if line =='':
            break    # 跳出循环
        print(number,line,end= "\n")         # 输出一行内容
print("\n","="*30,"over","="*30,"\n")
```

执行上面的代码，将显示图 10-11 所示的结果。

图 10-11　逐行显示蚂蚁庄园动态

3. 读取全部行

读取全部行的作用同调用 read()方法时不指定 size 类似，只不过读取全部行时，返回的是一个字符串列表，每个元素为文件的一行内容。读取全部行，使用的是文件对象的 readlines()方法，其语法格式如下。

```
file.readlines()
```

其中，file 为打开的文件对象。同 read()方法一样，打开文件时，也需要指定打开模式为 r（只读）或者 r+（读写）。

例如，通过 readlines()方法读取 message.txt 文件中的所有内容，并输出读取结果，代码如下。

```python
print("\n","="*20,"Python经典应用","="*20,"\n")
with open('message.txt','r') as file:        # 打开保存Python经典应用信息的文件
    message = file.readlines()               # 读取全部信息
    print(message)                           # 输出信息
    print("\n","="*25,"over","="*25,"\n")
```

执行上面的代码，将显示图 10-12 所示的运行结果。

图 10-12　readlines( )方法的返回结果

从该运行结果中可以看出，readlines()方法的返回值为一个字符串列表。在这个字符串列表中，每个元素记录一行内容。文件比较大时，采用这种方法输出读取的文件内容会很慢。这时可以将列表的内容逐行输出。例如，代码可以修改为以下内容。

```python
print("\n","="*20,"Python经典应用","="*20,"\n")
with open('message.txt','r') as file:            # 打开保存Python经典应用信息的文件
    messageall = file.readlines()                # 读取全部信息
    for message in messageall:
        print(message)                           # 输出一条信息
print("\n","="*25,"over","="*25,"\n")
```

执行结果如图 10-13 所示。

图 10-13　将列表的内容逐行输出

10.2　目录操作

目录也称文件夹，用于分层保存文件。通过目录可以分门别类地存放文件，也可以快速找到想要的文件。Python并没有提供直接操作目录的函数或者对象，目录操作需要使用内置的 os 和 os.path 模块实现。

 os 模块是 Python 内置的与操作系统功能和文件系统相关的模块。该模块中的语句的执行结果通常与操作系统有关，在不同操作系统上运行，可能会得到不一样的结果。

常用的目录操作主要有判断目录是否存在、创建目录、删除目录和遍历目录等，下面将进行详细介绍。

 本章的内容都是以 Windows 操作系统为例进行介绍的，所以代码的执行结果也都是在 Windows 操作系统下显示的。

10.2.1 os 和 os.path 模块

Python 中内置了 os 模块及其子模块 os.path 用于对目录或文件进行操作。在使用 os 模块或者 os.path 模块时，需要先应用 import 语句将其导入。

os 和 os.path 模块

导入 os 模块可以使用下面的代码。

```
import os
```

说明 导入 os 模块后，也可以使用其子模块 os.path。

导入 os 模块后，可以使用该模块提供的通用变量获取与系统有关的信息。常用的变量有以下几个。

❑ name：用于获取操作系统类型。

例如，在 Windows 操作系统下输出 os.name，将显示图 10-14 所示的结果。

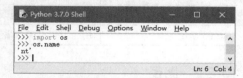

图 10-14 输出 os.name 的结果

说明 输出 os.name 的结果为 nt 表示是 Windows 操作系统，结果为 posix 表示是 Linux、UNIX 操作系统或 macOS。

❑ linesep：用于获取当前操作系统上的换行符。

例如，在 Windows 操作系统下输出 os.linesep，将显示图 10-15 所示的结果。

❑ sep：用于获取当前操作系统所使用的路径分隔符。

例如，在 Windows 操作系统下输出 os.sep，将显示图 10-16 所示的结果。

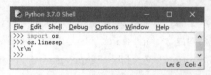

图 10-15 输出 os.linesep 的结果

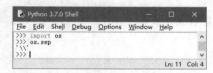

图 10-16 输出 os.sep 的结果

os 模块还提供了一些操作目录的函数，如表 10-2 所示。

表 10-2 os 模块提供的与目录相关的函数

函数	说明
getcwd()	返回当前的工作目录
listdir(path)	返回指定路径下的文件和目录信息
mkdir(path [,mode])	创建目录
makedirs(path1/path2/…[,mode])	创建多级目录
rmdir(path)	删除目录
removedirs(path1/path2/…)	删除多级目录
chdir（path）	把 path 设置为当前工作目录
walk(top[,topdown[,onerror]])	遍历目录树，该方法返回一个元组，包括所有路径名、所有目录列表和文件列表 3 个元素

os.path 模块也提供了一些操作目录的函数，如表 10-3 所示。

表 10-3　os.path 模块提供的与目录相关的函数

函数	说明
abspath(path)	用于获取文件或目录的绝对路径
exists(path)	用于判断目录或者文件是否存在，如果存在返回 True，否则返回 False
join(path, name)	将目录与目录或者目录与文件名拼接起来
splitext()	分离文件名和扩展名
basename(path)	从一个目录中提取文件名
dirname(path)	从一个路径中提取文件路径，不包括文件名
isdir(path)	用于判断是否为路径

10.2.2　路径

路径

用于定位一个文件或者目录的字符串被称为一个路径。程序开发通常涉及两种路径，一种是相对路径，另一种是绝对路径。

1. 相对路径

在学习相对路径之前，需要先了解什么是当前工作目录。当前工作目录是指当前文件所在的目录。在 Python 中，可以通过 os 模块提供的 getcwd()函数获取当前工作目录。例如，在 E:\program\Python\Code 目录下的文件 demo.py 中，编写以下代码。

```python
import os
print(os.getcwd())    # 输出当前工作目录
```

执行上面的代码后，将显示以下路径，该路径就是当前工作目录。

```
E:\program\Python\Code
```

相对路径就是依赖于当前工作目录的。如果当前工作目录下有一个名称为 message.txt 的文件，那么在打开这个文件时，就可以直接写上文件名，这时采用的就是相对路径，message.txt 文件的实际路径就是当前工作目录 "E:\program\Python\Code" +相对路径 "message.txt"，即 "E:\program\Python\Code\message.txt"。

如果当前工作目录下有一个子目录 demo，并且在该子目录下保存着文件 message.txt，那么在打开这个文件时就可以写上 "demo/message.txt"，例如下面的代码。

```python
with open("demo/message.txt") as file:          # 通过相对路径打开文件
    pass
```

在 Python 中，指定文件路径时需要对路径分隔符 "\" 进行转义，即将路径中的 "\" 替换为 "\\"。例如，相对路径 "demo\message.txt" 需要使用 "demo\\message.txt" 代替。另外，也可以将路径分隔符 "\" 用 "/" 代替。

在指定文件路径时，也可以在表示路径的字符串前面加上字母 r（或 R），那么该字符串将原样输出，这时路径中的分隔符就不需要再转义了。例如，上面的代码也可以修改为以下内容。

```python
with open(r"demo\message.txt") as file:          # 通过相对路径打开文件
    pass
```

2. 绝对路径

绝对路径是指文件的实际路径，它不依赖于当前工作目录。在 Python 中，可以通过 os.path 模块提供的 abspath()函数获取一个文件的绝对路径。abspath()函数的基本语法格式如下。

```
os.path.abspath(path)
```

其中，path 为要获取绝对路径的相对路径，可以是文件也可以是目录。

例如，要获取相对路径"demo\message.txt"的绝对路径，可以使用下面的代码。

```
import os
print(os.path.abspath(r"demo\message.txt"))                    # 获取绝对路径
```

如果当前工作目录为"E:\program\Python\Code"，那么将得到以下结果。

```
E:\program\Python\Code\demo\message.txt
```

3. 拼接路径

如果想要将两个或者多个路径拼接到一起组成一个新的路径，可以使用 os.path 模块提供的 join()函数实现。join()函数基本语法格式如下。

```
os.path.join(path1[,path2[,…]])
```

其中，path1、path2 代表要拼接的文件路径，这些路径间使用逗号进行分隔。如果要拼接的路径中没有一个绝对路径，那么最后拼接出来的将是一个相对路径。

使用 os.path.join( )函数拼接路径时，并不会检测该路径是否真实存在。

例如，需要将"E:\program\Python\Code"和"demo\message.txt"路径拼接到一起，可以使用下面的代码。

```
import os
print(os.path.join("E:\program\Python\Code","demo\message.txt"))    # 拼接字符串
```

执行上面的代码，将得到以下结果。

```
E:\program\Python\Code\demo\message.txt
```

在使用 join( )函数时，如果要拼接的路径中存在多个绝对路径，那么以从左到右为序最后出现的路径为准，并且该路径之前的参数都将被忽略。例如下面的代码。

```
import os
# 拼接字符串
print(os.path.join("E:\\code","E:\\python\\mr","Code","C:\\","demo"))
```

把两个路径拼接为一个路径时，不要直接使用字符串拼接，而要使用 os.path.join( )函数，这样可以正确处理不同操作系统的路径分隔符。

10.2.3 判断目录是否存在

在 Python 中，有时需要判断给定的目录是否存在，这时可以使用 os.path 模块提供的 exists()函数实现。exists()函数的基本语法格式如下。

判断目录是否存在

```
os.path.exists(path)
```

其中，path 为要判断的目录，可以采用绝对路径，也可以采用相对路径。

返回值：如果给定的路径存在，则返回 True，否则返回 False。

例如，要判断绝对路径"C:\demo"是否存在，可以使用下面的代码。

```
import os
print(os.path.exists("C:\\demo"))                    # 判断目录是否存在
```

执行上面的代码，如果在 C 盘根目录下没有 demo 子目录，则返回 False，否则返回 True。

> **说明**　os.path.exists( )函数除了可以判断目录是否存在，还可以判断文件是否存在。例如，如果将上面代码中的"C:\\demo"替换为"C:\\demo\\test.txt"，则用于判断 C:\demo\test.txt 文件是否存在。

10.2.4　创建目录

创建目录

在 Python 中，os 模块提供了两个创建目录的函数，一个用于创建一级目录，另一个用于创建多级目录。下面分别进行介绍。

1. 创建一级目录

创建一级目录是指一次只能创建一级目录，在 Python 中，可以使用 os 模块提供的 mkdir()函数实现。通过该函数只能创建指定路径中的最后一级目录，如果该目录的上一级不存在，则抛出 FileNotFoundError 异常。mkdir()函数的基本语法格式如下。

```
os.mkdir(path, mode=0o777)
```

参数说明如下。

❑　path：用于指定要创建的目录，可以使用绝对路径，也可以使用相对路径。

❑　mode：用于指定数值模式，默认值为 0777。该参数在非 UNIX 操作系统上无效或被忽略。

例如，在 Windows 操作系统上创建 C:\demo 目录，可以使用下面的代码。

```
import os
os.mkdir("C:\\demo")       # 创建C:\demo目录
```

执行上面的代码后，将在 C 盘根目录下创建 demo 目录，如图 10-17 所示。

图 10-17　创建 demo 目录成功

如果所创建路径已经存在，将抛出 FileExistsError 异常，例如，将上面的示例代码再执行一次，将抛出图 10-18 所示的异常。

图 10-18　创建 demo 目录失败

要解决上面的问题，可以在创建目录前先判断指定的目录是否存在，只有当目录不存在时才创建。具体代码如下。

```
import os
path = "C:\\demo"                  # 指定要创建的目录
if not os.path.exists(path):       # 判断目录是否存在
    os.makedirs(path)              # 创建目录
    print("目录创建成功！")
else:
    print("该目录已经存在！")
```

执行上面的代码，将显示"该目录已经存在！"。

如果指定的目录有多级，而且最后一级的上级目录中有不存在的，则抛出 FileNotFoundError 异常，并且目录创建不成功。要解决该问题可以使用创建多级目录的方法。

2. 创建多级目录

使用 mkdir()函数只能创建一级目录，如果想创建多级目录，可以使用 os 模块提供的 makedirs()函数，该函数用于采用递归的方式创建目录。makedirs()函数的基本语法格式如下。

```
os.makedirs(name, mode=0o777)
```

参数说明如下。

❑ name：用于指定要创建的目录，可以使用绝对路径，也可以使用相对路径。

❑ mode：用于指定数值模式，默认值为 0777。该参数在非 UNIX 操作系统上无效或被忽略。

例如，在 Windows 操作系统上，在刚刚创建的 C:\demo 目录下再创建子目录 test\dir\mr（对应的目录为：C:\demo\test\dir\mr），可以使用下面的代码。

```
import os
os. makedirs ("C:\\demo\\test\\dir\\mr ")     # 创建C:\demo\test\dir\mr目录
```

执行上面的代码后，将在 C:\demo 目录下创建子目录 test，并且在 test 目录下再创建子目录 dir，在 dir 目录下再创建子目录 mr。创建后的目录结构如图 10-19 所示。

图 10-19　创建多级目录的结果

10.2.5　删除目录

删除目录可以使用 os 模块提供的 rmdir()函数实现。通过 rmdir()函数删除目录时，只有要删除的目录为空才起作用。rmdir()函数的基本语法格式如下。

```
os.rmdir(path)
```

其中，path 为要删除的目录，可以使用相对路径，也可以使用绝对路径。

删除目录

例如，要删除刚刚创建的 C:\demo\test\dir\mr 目录，可以使用下面的代码。

```
import os
os.rmdir("C:\\demo\\test\\dir\\mr")    # 删除C:\demo\test\dir\mr目录
```

执行上面的代码后，将删除 C:\demo\test\dir 目录下的 mr 目录。

> 如果要删除的目录不存在，那么将抛出"FileNotFoundError: [WinError 3] 系统找不到指定的路径……。"异常。因此，在执行 os.rmdir( )函数前，建议先判断该路径是否存在，可以使用 os.path.exists( )函数判断。具体代码如下。
>
> ```
> import os
> path = "C:\\demo\\test\\dir\\mr"            # 指定要创建的目录
> if os.path.exists(path):                     # 判断目录是否存在
>     os.rmdir("C:\\demo\\test\\dir\\mr")      # 删除目录
>     print("目录删除成功！")
> else:
> print("该目录不存在！")
> ```

使用 rmdir()函数只能删除空的目录，如果想要删除非空目录，则需要使用 Python 内置的标准模块 shutil 的 rmtree()函数实现。例如，要删除不为空的"C:\\demo\\test"目录，可以使用下面的代码。

```
import shutil
shutil.rmtree("C:\\demo\\test")     # 删除C:\demo目录下的test子目录及其内容
```

10.2.6 遍历目录

遍历目录

遍历在古汉语中的意思是全部走遍，到处周游。在 Python 中，遍历就是把指定的目录下的全部目录（包括子目录）及文件"走"一遍。在 Python 中，os 模块的 walk()函数用于实现遍历目录的功能。walk()函数的基本语法格式如下。

```
os.walk(top[, topdown][, onerror][, followlinks])
```

参数说明如下。

❑ top：用于指定要遍历内容的根目录。

❑ topdown：可选参数，用于指定遍历的顺序。如果值为 True，表示自上而下遍历（即先遍历根目录）；如果值为 False，表示自下而上遍历（即先遍历最后一级子目录）。默认值为 True。

❑ onerror：可选参数，用于指定错误处理方式，默认为忽略，如果不想忽略也可以指定一个错误处理函数。通常情况下采用默认。

❑ followlinks：可选参数，默认情况下，walk()函数不会向下转换成解析到目录的符号链接，将该参数值设置为 True，表示用于指定在支持的系统上访问由符号链接指向的目录。

返回值：返回一个包括 3 个元素（dirpath, dirnames, filenames）的元组生成器对象。其中，dirpath 表示当前遍历的路径，是一个字符串；dirnames 表示当前路径下包含的子目录，是一个列表；filenames 表示当前路径下包含的文件，也是一个列表。

【例 10-4】 遍历指定目录。（实例位置：资源包\MR\源码\第 10 章\10-4）

要遍历指定目录"E:\program\Python\Code\01"，可以使用下面的代码。

```
import os                      # 导入os模块
tuples = os.walk("E:\\program\\Python\\Code\\01")   # 遍历"E:\program\Python\Code\01"目录
for tuple1 in tuples:          # 通过for循环输出遍历结果
    print(tuple1 ,"\n")        # 输出每一级目录的元组
```

如果"E:\program\Python\Code\01"目录下有图 10-20 所示的内容,执行上面的代码,将显示图 10-21 所示的结果。

图 10-20 指定目录

图 10-21 遍历指定目录的结果

 walk( )函数只在 UNIX 操作系统和 Windows 操作系统中有效。

10.3 高级文件操作

Python 内置的 os 模块除了可以对目录进行操作,还可以对文件进行一些高级操作,具体函数及其说明如表 10-4 所示。

表 10-4 os 模块提供的与文件相关的函数

函数	说明
access(path,accessmode)	判断对文件是否有指定的访问权限(读取/写入/执行权限)。accessmode 的值是 R_OK(读取)、W_OK(写入)、X_OK(执行)或 F_OK(存在)。如果有指定的权限,则返回 1,否则返回 0
chmod(path,mode)	修改 path 指定文件的访问权限
remove(path)	删除 path 指定的文件路径
rename(src,dst)	将文件或目录 src 重命名为 dst
stat(path)	返回 path 指定文件的信息
startfile(path [, operation])	使用关联的应用程序打开 path 指定的文件

下面将对常用的操作进行详细介绍。

10.3.1 删除文件

Python 没有内置删除文件的函数,但是在内置的 os 模块中提供了删除文件的函数 remove(),该函数的基本语法格式如下。

删除文件

```
os. remove(path)
```
其中,path 为要删除的文件路径,可以使用相对路径,也可以使用绝对路径。

例如,要删除当前工作目录下的 mrsoft.txt 文件,可以使用下面的代码。

```
import os                          # 导入os模块
```

```
os.remove("mrsoft.txt")      # 删除当前工作目录下的mrsoft.txt文件
```

执行上面的代码后，如果在当前工作目录下存在 mrsoft.txt 文件，即可将其删除，否则将显示图 10-22 所示的异常信息。

```
Traceback (most recent call last):
  File "F:\program\Python\Code\demo.py", line 2, in <module>
    os.remove("mrsoft11.txt")   # 删除当前工作目录下的mrsoft.txt文件
FileNotFoundError: [WinError 2] 系统找不到指定的文件。: 'mrsoft11.txt'
>>>
```

图 10-22　要删除的文件不存在的异常信息

为了避免出现以上的异常信息，可以在删除文件前先判断文件是否存在，只有文件存在时才执行删除操作。具体代码如下。

```python
import os                        # 导入os模块
path = "mrsoft.txt"              # 要删除的文件
if os.path.exists(path):         # 判断文件是否存在
    os.remove(path)              # 删除文件
    print("文件删除完毕! ")
else:
    print("文件不存在! ")
```

执行上面的代码，如果 mrsoft.txt 不存在，则显示以下内容。

```
文件不存在!
```

否则将显示以下内容，同时文件将被删除。

```
文件删除完毕!
```

10.3.2　重命名文件和目录

os 模块提供了重命名文件和目录的函数 rename()，如果指定的路径是文件，则重命名文件，如果指定的路径是目录，则重命名目录。rename()函数的基本语法格式如下。

重命名文件和目录

```
os.rename(src,dst)
```

其中，src 用于指定要进行重命名的目录或文件；dst 用于指定重命名后的目录或文件。

同删除文件一样，在进行文件或目录重命名时，如果指定的目录或文件不存在，也将抛出 FileNotFoundError 异常，所以在进行文件或目录重命名时，也建议先判断文件或目录是否存在，只有存在时才进行重命名操作。

【例 10-5】 重命名文件。（实例位置：资源包\MR\源码\第 10 章\10-5）

将 "C:\demo\test\dir\mr\mrsoft.txt" 文件重命名为 "C:\demo\test\dir\mr\mr.txt"，可以使用下面的代码。

```python
import os                                    # 导入os模块
src = "C:\\demo\\test\\dir\\mr\\mrsoft.txt"  # 要重命名的文件
dst = "C:\\demo\\test\\dir\\mr\\mr.txt"      # 重命名后的文件
if os.path.exists(src):                      # 判断文件是否存在
    os.rename(src,dst)                       # 重命名文件
    print("文件重命名完毕! ")
else:
    print("文件不存在! ")
```

执行上面的代码，如果 C:\demo\test\dir\mr\mrsoft.txt 文件不存在，则显示以下内容。

```
文件不存在!
```

否则将显示以下内容，同时文件被重命名。

文件重命名完毕!

使用 rename()函数重命名目录与重命名文件的方法基本相同,只要把原来的文件路径替换为目录即可。例如,想要将当前目录下的 demo 目录重命名为 test,可以使用下面的代码。

```python
import os                        # 导入os模块
src = "demo"                     # 要重命名的目录为当前目录下的demo
dst = "test"                     # 重命名后的目录名为test
if os.path.exists(src):          # 判断目录是否存在
    os.rename(src,dst)           # 重命名目录
    print("目录重命名完毕! ")
else:
    print("目录不存在! ")
```

在使用 rename( )函数重命名目录时,只能修改最后一级的目录名称,否则将抛出图 10-23 所示的异常。

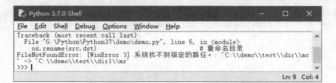

图 10-23　重命名的不是最后一级目录时抛出的异常

10.3.3　获取文件基本信息

获取文件基本信息

在计算机上创建文件后,该文件本身就会包含一些信息,如文件的最后一次访问时间、最后一次修改时间、文件大小等基本信息。通过 os 模块的 stat()函数可以获取文件的这些基本信息。stat()函数的基本语法如下。

```python
os.stat(path)
```

其中,path 为要获取基本信息的文件的路径,可以是相对路径,也可以是绝对路径。

stat()函数的返回值是一个对象,该对象包含表 10-5 所示的属性。通过访问这些属性可以获取文件的基本信息。

表 10-5　stat( )函数返回的对象的常用属性

属性	说明	属性	说明
st_mode	保护模式	st_dev	设备名
st_ino	索引号	st_uid	用户 ID
st_nlink	硬链接号(被链接数目)	st_gid	组 ID
st_size	文件大小,单位为字节	st_atime	最后一次访问时间
st_mtime	最后一次修改时间	st_ctime	最后一次状态变化的时间(系统不同返回结果也不同,例如,在 Windows 操作系统下返回的是文件的创建时间)

【例 10-6】 获取文件基本信息。(实例位置:资源包\MR\源码\第 10 章\10-6)

获取 message.txt 文件的文件路径、大小和最后一次修改时间,代码如下。

```python
import os                                      # 导入os模块
```

```
if os.path.exists("message.txt"):                    # 判断文件是否存在
    fileinfo = os.stat("message.txt")                # 获取文件基本信息
    print("文件完整路径: ", os.path.abspath("message.txt")) # 获取文件的完整路径
    # 输出文件的基本信息
    print("文件大小: ",fileinfo.st_size," 字节")
    print("最后一次修改时间: ",fileinfo.st_mtime)
```

运行结果如图 10-24 所示。

图 10-24　获取文件基本信息

 说明

图 10.24 中获取到的修改时间是一长串数字，可以使用 time 模块中的 strftime 行数对其进行格式化，将其转换为我们平时看到的日期时间形式，如：2018-08-01 23:59:59。

小 结

　　本章首先介绍了如何应用 Python 自带的函数进行基本文件操作；然后介绍了如何应用 Python 内置的 os 模块及其子模块 os.path 进行目录相关的操作；最后介绍了如何应用 os 模块进行高级文件操作，如删除文件、重命名文件和目录，以及获取文件基本信息等。本章介绍的这些内容都是 Python 中进行文件操作的基础，在实际开发中，为了实现更为高级的功能通常会借助其他的模块。例如，要进行文件压缩和解压缩可以使用 shutil 模块。这些内容本章没有涉及，读者可以在掌握了本章介绍的知识后，自行查找相关学习资源。

上机指导

　　网店为了快速回答买家问题，设置了自动回复的功能，即当有买家咨询时，系统会先使用提前设定好的内容进行回复。本实例将实现模拟网店客服的自动回复功能，程序运行结果如图 10-25 所示。

图 10-25　模拟网店客服自动回复

开发步骤如下。

　　（1）编写一个文本文件，命名为 reply.txt，在该文件中保存提前设定好的自动回复内容，关键字和回复内容之间使用 | 分隔，例如，可以在该文件中保存以下内容。

订单|如果您有任何订单问题，可以登录账号，点击"我的订单"，查看订单详情
物流|如果您有任何物流问题，可以登录账号，点击"我的订单"，查看商品物流
账户|如果您有任何账户问题，可以联系客服，电话：××××-×××××××××
支付|如果您有任何支付问题，可以联系客服，qq：×××××××××

（2）创建 Python 文件，在该文件中编写查找回复内容的函数 find_answer( )。该函数将以只读方式打开文件，并且循环读取每一行的内容，如果发现匹配的关键字，就返回对应的回复内容。代码如下。

```python
def find_answer(question):
    with open('reply.txt','r') as f :  # 以只读方式打开文件
        while True:                     # 循环
            line = f.readline()  # 读取一行内容
            if not line:           # 如果没有内容
                break              # 退出循环
            keyword = line.split("|")[0]  # 分割字符串并获取关键字
            reply = line.split("|")[1]    # 分割字符串并获取回复内容
            if keyword in question :      # 查找关键字
                return reply             # 返回对应的回复内容
        return False
```

（3）创建程序入口，循环获取并判断是否有对应的回复内容，如果有，则输出，并且再次循环提问，直到输入 bye 时，退出。代码如下。

```python
if __name__ == '__main__':
    # 输入问题
    question = input('Hi,你好,请陈述您的问题: ')
    # 文件中匹配
    while True:
        if question == 'bye':
            break
        reply = find_answer(question)
        if not reply:
            question = input('您可以问一些与订单、账户和支付相关的内容（退出请输入bye）: ')
        else :
            print(reply)
            question = input('您可以问一些与订单、账户和支付相关的内容（退出请输入bye）: ')
    print('再见')
```

习 题

10-1 Python 中如何创建并打开文件？

10-2 打开文件时如何指定使用的编码？

10-3 Python 提供了哪几种读取文件的方法？

10-4 Python 中如何拼接路径？

10-5 如何实现遍历目录？

PART 11

第11章

异常处理与程序调试

本章要点

- 异常的概念
- 捕获异常的try…except语句
- try…except…else语句的应用
- try…except…finally语句的应用
- 使用raise语句抛出异常
- 使用IDLE进行程序调试
- 使用assert语句调试程序

11.1 异常概述

异常概述

在程序运行过程中，经常会出现各种各样的错误，这些错误统称为"异常"。这些异常有的是开发者一时疏忽将关键字敲错导致的，这类错误多数显示为"SyntaxError: invalid syntax（无效的语法）"，这将直接导致程序不能运行。这类异常是显式的，在开发阶段很容易发现。还有一类异常是隐式的，通常和使用者的操作有关。

【例 11-1】 执行除法运算。（实例位置：资源包\MR\源码\第 11 章\11-1）

在 IDLE 中创建一个名称为 division_num.py 的文件，然后在该文件中定义一个除法运算的函数 division()，该函数要求输入被除数和除数，代码如下。

```
def division():
    num1 = int(input("请输入被除数："))  # 用户输入提示，并记录
    num2 = int(input("请输入除数："))
    result = num1//num2  # 执行除法运算
    print(result)
if __name__ == '__main__':
    division()# 调用函数
```

运行程序，如果输入的除数为 0，将得到图 11-1 所示的结果。

图 11-1　抛出 ZeroDivisionError 异常

产生 ZeroDivisionError（除数为 0 错误）的根源在算术表达式"110/0"中，0 作为除数出现，所以正在执行的程序被中断（第 4 行及以后的代码都不会被执行）。

除了 ZeroDivisionError 异常外，Python 中还有很多种异常。表 11-1 所示为 Python 中常见的异常。

表 11-1　Python 中常见的异常

异常	描述
NameError	尝试访问一个没有声明的变量引发的错误
IndexError	索引超出序列范围引发的错误
IndentationError	缩进错误
ValueError	传入的值错误
KeyError	请求一个不存在的字典关键字引发的错误
IOError	输入/输出错误（如要读取的文件不存在）
ImportError	无法找到模块或无法在模块中找到相应的名称引发的错误
AttributeError	尝试访问未知的对象属性引发的错误

续表

异常	描述
TypeError	类型不合适引发的错误
MemoryError	内存不足引发的错误
ZeroDivisionError	除数为 0 引发的错误

表 11-1 所示的异常并不需要记住，只要简单了解即可。

11.2 异常处理语句

在程序开发时，有些错误并不是每次运行都会出现。比如 11.1 节中的示例，只要输入的数据符合程序的要求，程序就可以正常运行，但如果输入的数据不符合程序要求，程序就会抛出异常并停止运行。因此，应尽量在开发程序时对可能导致异常的情况进行处理。下面将详细介绍 Python 中提供的异常处理语句。

11.2.1 try…except 语句

Python 提供了 try…except 语句捕获并处理异常。在使用时，把可能产生异常的代码放在 try 语句块中，把处理结果放在 except 语句块中，当 try 语句块中的代码出现

try…except 语句

错误，就会执行 except 语句块中的代码，如果 try 语句块中的代码没有错误，那么 except 语句块将不会执行。具体的语法格式如下。

```
try:
    block1
except [ExceptionName [as alias]]:
    block2
```

参数说明如下。

❑ block1：表示可能出现错误的代码块。
❑ ExceptionName [as alias]：可选参数，用于指定要捕获的异常。其中，ExceptionName 表示要捕获的异常名称，如果在其右侧加上 [as alias]，则表示为当前的异常指定一个别名，通过该别名，可以记录异常的具体内容。

在使用 try…except 语句捕获异常时，如果在 except 后面不指定异常名称，则表示捕获全部异常。

❑ block2：表示进行异常处理的代码块，可以输出固定的提示信息，也可以通过别名输出异常的具体内容。

使用 try…except 语句捕获异常后，当程序出错时，输出错误信息后，程序会继续执行。

【例 11-2】 对除法运算的异常进行处理。（实例位置：资源包\MR\源码\第 11 章\11-2）

在执行除法运算时，对可能出现的异常进行处理，代码如下。

```
def division():
    num1 = int(input("请输入被除数："))          # 用户输入提示，并记录
    num2 = int(input("请输入除数："))
    result = num1//num2                          # 执行除法运算
    print(result)
if __name__ == '__main__':
    try:                                         # 捕获异常
        division()                               # 调用除法运算的函数
    except ZeroDivisionError:                    # 处理异常
        print("输入错误：除数不能为0")            # 输出错误原因
```

目前，我们只处理了除数为 0 的情况，如果输入的不是数字会是什么结果呢？再次运行上面的实例，输入被除数 qq，将得到图 11-2 所示的结果。

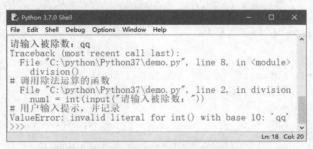

图 11-2　输入的不是数字时抛出的异常

从图 11-2 中可以看出，程序中要求输入数值，而实际输入的是字符串，则抛出 ValueError（传入的值错误）异常。要解决该问题，可以在【例 11-2】的代码中，为 try...except 语句再添加一个 except 语句，用于处理抛出 ValueError 异常的情况。修改后的代码如下。

```
def division():
    num1 = int(input("请输入被除数："))          # 用户输入提示，并记录
    num2 = int(input("请输入除数："))
    result = num1//num2                          # 执行除法运算
    print(result)
if __name__ == '__main__':
    try:                                         # 捕获异常
        division()                               # 调用除法运算的函数
    except ZeroDivisionError:                    # 处理异常
        print("输入错误：除数不能为0")            # 输出错误原因
    except ValueError as e:                      # 处理非数值的情况
        print("输入错误：", e)
```

再次运行程序，输入的被除数为字符串时，不再直接抛出异常，而是显示较友好的提示，如图 11-3 所示。

图 11-3　输入的不是数字时显示友好的提示

在捕获异常时，如果需要同时处理多个异常，可以在 except 语句后面使用一对圆括号将可能出现的异常名称括起来，多个异常名称之间使用逗号分隔。如果想要显示具体的出错原因，则再加上 as 指定一个别名。

11.2.2　try…except…else 语句

try…except…else
语句

Python 中还有另一种异常处理结构，即 try…except…else 语句，也就是在原来 try…except 语句的基础上再添加一个 else 子句，用于指定当 try 语句块中没有发现异常时要执行的语句块。当 try 语句中发现异常时，该语句块中的内容将不被执行。例如，对【例 11-2】进行修改，实现在执行除法运算时，若 division()函数在执行后没有抛出异常，则输出文字"程序执行完成……"，代码如下。

```python
def division():
    num1 = int(input("请输入被除数："))        # 用户输入提示，并记录
    num2 = int(input("请输入除数："))
    result = num1//num2                        # 执行除法运算
    print(result)
if __name__ == '__main__':
    try:                                       # 捕获异常
        division()                             # 调用除法运算的函数
    except ZeroDivisionError:                  # 处理异常
        print("输入错误：除数不能为0")          # 输出错误原因
    # 添加处理非数值的情况的代码
    except ValueError as e:                    # 处理非数值的情况
        print("输入错误： ", e)
    else:                                      # 没有抛出异常时执行
        print("程序执行完成……")
```

执行代码，将显示图 11-4 所示的运行结果。

图 11-4　没有抛出异常时提示相应信息

11.2.3　try…except…finally 语句

try…except…finally
语句

完整的异常处理语句应该包含 finally 代码块，通常情况下，无论程序中有无异常产生，finally 代码块中的代码都会被执行。其基本格式如下。

```python
try:
    block1
except [ExceptionName [as alias]]:
    block2
finally:
    block3
```

理解 try…except…finally 语句并不难，它只是比 try…except 语句多了一个 finally 子句，如果程序中有一些在任何情形中都必须执行的代码，那么就可以将它们放在 finally 语句的区块中。

说明

使用 except 子句是为了允许处理异常。无论是否引发了异常，使用 finally 子句都可以执行清理代码。如果分配了有限的资源（如打开文件），则应将释放这些资源的代码放置在 finally 子句中。

再次对【例 11-2】进行修改，实现无论 division()函数在执行时是否抛出异常，都输出文字"释放资源，并关闭。"。修改后的代码如下。

```
def division():
    num1 = int(input("请输入被除数："))        # 用户输入提示，并记录
    num2 = int(input("请输入除数："))
    result = num1//num2                         # 执行除法运算
    print(result)
if __name__ == '__main__':
    try:                                        # 捕获异常
        division()                              # 调用除法运算的函数
    except ZeroDivisionError:                   # 处理异常
        print("输入错误：除数不能为0")           # 输出错误原因
    # 添加处理非数值的情况的代码
    except ValueError as e:                     # 处理非数值的情况
        print("输入错误：", e)
    # 添加else子句
    else:                                       # 没有抛出异常时执行
        print("程序执行完成……")
    # 添加finally代码块
    finally:                                    # 无论是否抛出异常都执行
        print("释放资源，并关闭。")
```

执行代码，将显示图 11-5 所示的运行结果。

至此，已经介绍了异常处理语句的 try…except、try…except…else 和 try…except…finally 等形式。下面通过图 11-6 说明异常处理语句的各个子句的执行关系。

图 11-5　没有抛出异常时提示相应信息

图 11-6　异常处理语句的不同子句的执行关系

11.2.4　使用 raise 语句抛出异常

如果某个函数或方法可能会产生异常，但不想在当前函数或方法中处理这个异常，则可以使用 raise 语句在函数或方法中抛出异常。raise 语句的基本格式如下。

```
raise [ExceptionName[(reason)]]
```

其中，ExceptionName[(reason)]为可选参数，用于指定抛出的异常名称，以及异常信息的相关描述，如果省略，就会把当前的异常原样抛出。

使用 raise 语句
抛出异常

> **说明** ExceptionName(reason)参数中的(reason)也可以省略，如果省略，则在抛出异常时，不附带任何描述信息。

【例 11-3】 使用 raise 语句抛出"除数不能为 0"的异常。（实例位置：资源包\MR\源码\第 11 章\11-3）

在执行除法运算时，在 division()函数中实现当除数为 0 时，应用 raise 语句抛出一个 ValueError 异常，再在最后一行语句的下方添加 except 语句处理 ValueError 异常，代码如下。

```python
def division():
    num1 = int(input("请输入被除数："))  # 用户输入提示，并记录
    num2 = int(input("请输入除数："))
    if num2 == 0:
        raise ValueError("除数不能为0")
    result = num1//num2  # 执行除法运算
    print(result)
if __name__ == '__main__':
    try:  # 捕获异常
        division()  # 调用函数
    except ZeroDivisionError:  # 处理异常
        print("\n出错了：除数不能为0！")
    except ValueError as e:  # 处理ValueError异常
        print("输入错误：", e)  # 输出错误原因
```

执行上面的代码，当输入的除数为 0 时，将显示图 11-7 所示的结果。

图 11-7　抛出"除数不能为 0"的异常

11.3　程序调试

程序开发免不了出错，有语法方面的，也有逻辑方面的。语法方面的错误比较好检测，因为程序会直接停止运行，并且给出错误提示。而逻辑错误就不太容易被发现了，因为程序可能会继续执行下去，但结果是错误的。所以作为一名开发者，必须掌握一定的程序调试方法。

程序调试

11.3.1　使用自带的 IDLE 进行程序调试

多数的集成开发工具都提供了程序调试功能。例如，我们一直在使用的 IDLE 也提供了程序调试功能。使用 IDLE 进行程序调试的基本步骤如下。

（1）打开 IDLE，在主菜单上选择"Debug"→"Debugger"命令，将打开"Debug Control"窗口（此时该窗口是空白的），同时 IDLE 窗口中将显示"[DEBUG ON]"（表示已经处于调试状态），如图 11-8 所示。

（2）在 IDLE 窗口中，选择"File"→"Open"命令，打开要调试的文件，然后添加需要的断点。

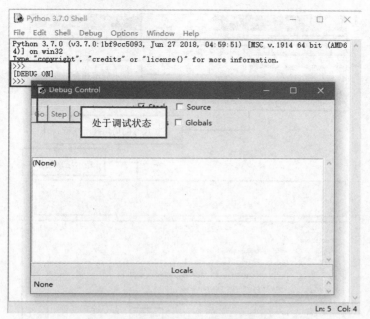

图 11-8　处于调试状态的 IDLE 窗口

说
明　**断点的作用：设置断点后，程序执行到断点时会暂时中断执行，但可以随时继续。**

　　添加断点的方法是：在想要添加断点的行上单击鼠标右键，在弹出的快捷菜单中选择 "Set Breakpoint" 命令。添加断点的行将带有底纹标记，如图 11-9 所示。

图 11-9　添加断点

说
明　**如果想要删除已经添加的断点，可以选中已经添加断点的行，然后单击鼠标右键，在弹出的快捷菜单中选择 "Clear Breakpoint" 命令。**

　　（3）添加所需的断点（添加断点的原则是：程序执行到这个位置时，想要查看某些变量的值，就在这个位置添加一个断点）后，按快捷键<F5>，执行程序。这时 "Debug Control" 窗口中将显示程序的执行信息，选中 "Globals" 复选框，将显示全局变量，默认只显示局部变量。此时的 "Debug Control" 窗口如图 11-10 所示。

图 11-10　显示程序的执行信息

（4）图 11-10 所示的调试工具栏提供了 5 个工具按钮。这里单击"Go"按钮继续执行程序，直到所设置的第一个断点。由于在示例代码.py 文件中，第一个断点之前需要获取用户的输入，所以需要先在 IDLE 窗口中输入除数和被除数。输入后"Debug Control"窗口中的数据将发生变化，如图 11-11 所示。

图 11-11　显示执行到第一个断点时的变量信息

在调试工具栏中的 5 个按钮的作用为："Go"按钮用于执行跳至断点操作；"Step"按钮用于进入要执行的函数；"Over"按钮表示单步执行；"Out"按钮表示跳出所在的函数；"Quit"按钮表示结束调试。

 在调试过程中，如果所设置的断点处有其他函数调用，可以单击"Step"按钮进入函数内部，当确定该函数没有问题时，可以单击"Out"按钮跳出该函数。如果在调试的过程中已经发现产生问题的原因，需要进行修改，可以直接单击"Quit"按钮结束调试。另外，如果调试的目的不是很明确（即不确认问题的位置），也可以直接单击"Step"按钮进行单步执行，这样可以清晰地观察程序的执行过程和数据的变化，方便找出问题。

（5）继续单击"Go"按钮，将执行到下一个断点，查看变量的变化，直到全部断点都执行完毕。调试工具栏上的按钮将变为不可用状态，如图 11-12 所示。

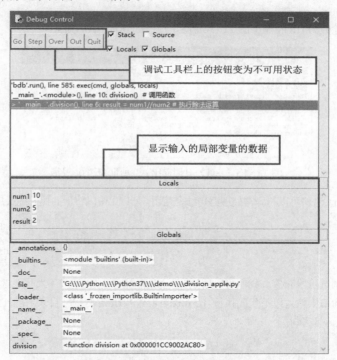

图 11-12　全部断点均执行完毕

（6）程序调试完毕后，可以关闭"Debug Control"窗口，此时在 IDLE 窗口中将显示"[DEBUG OFF]"（表示已经结束调试）。

11.3.2　使用 assert 语句调试程序

在程序开发过程中，除了使用开发工具自带的调试工具进行调试外，还可以在代码中通过 print( )函数将可能出现问题的变量输出进行查看，但是这种方法会产生很多无用信息，调试之后还需要将其删除，比较麻烦。所以，Python 还提供了另外的方法：使用 assert 语句调试。

assert 的中文意思是断言，它一般用于对程序某个时刻必须满足的条件进行验证。assert 语句的基本语法如下。

```
assert expression [,reason]
```

参数说明如下。

❑ expression：条件表达式。如果该表达式的值为真，则什么都不做；如果值为假，则抛出 AssertionError
异常。

❑ reason：可选参数，用于对判断条件进行描述。

> **【例 11-4】** 演示使用 assert 语句调试程序。（实例位置：资源包\MR\源码\第 11 章\11-4）

在执行除法运行的 division()函数中，使用 assert 语句调试程序，代码如下。

```python
def division():
    num1 = int(input("请输入被除数：")) # 用户输入提示，并记录
    num2 = int(input("请输入除数："))
    assert num2 != 0, "除数不能为0"  # 应用断言调试
    result = num1//num2 # 执行除法运算
    print(result)
if __name__ == '__main__':
    division()  # 调用函数
```

运行程序，输入除数为 0，将抛出图 11-13 所示的 AssertionError 异常。

图 11-13　除数为 0 时抛出 AssertionError 异常

通常情况下，assert 语句可以和异常处理语句结合使用。所以，可以将上面代码的最后一行修改为以下内容。

```python
try:
    division()                                    # 调用函数
except AssertionError as e:                       # 处理AssertionError异常
    print("\n输入有误：",e)
```

assert 语句只在调试阶段有效。我们可以通过在 python 命令中加入-O（大写）参数来关闭 assert 语句。
例如，在命令提示符窗口中输入以下代码执行 E:\program\Python\Code 目录下的 Demo.py 文件，即关闭
Demo.py 文件中的 assert 语句。

```
E:
cd E:\program\Python\Code
python -O Demo.py
```

小　结

　　本章主要对异常处理语句和两种程序调试方法进行了详细讲解，在讲解过程中，重点讲解了如何
使用异常处理语句捕获和抛出异常，以及如何使用自带的 IDLE 工具进行程序调试；另外，还介绍了
如何使用断言语句进行调试。程序调试和异常处理在程序开发过程中起着非常重要的作用，一个完善
的程序必然会对可能出现的所有异常进行处理，并进行调试，以保证程序的可用性。通过学习本章，
读者应掌握 Python 中异常处理语句的使用方法，并能根据需要对开发的程序进行调试。

上机指导

使用 raise 语句可以抛出自定义异常信息，而使用 try…except 语句可以捕获异常信息。本实例要求使用这两条语句实现登录信息校验功能，程序运行结果如图 11-14 所示。

开发步骤如下。

（1）创建 Python 文件，在该文件中定义函数，名称为 login。在该函数内，通过 input( ) 函数获取输入的用户名和密码，并且对其进行判断，如果不符合要求，则通过 raise 语句抛出异常，代码如下。

图 11-14　登录信息校验

```python
def login():
    '''
    功能：验证用户名和密码是否合法
    规则：用户名长度3~8；密码长度8~18，并且都只能由数字和字母组成
    '''
    user = input("请输入用户名：")   # 获取用户名
    # 判断用户名
    if not(2 < len(user) < 9):
        raise Exception("用户名长度不是3~8个字符！")
    # 是否由字母和数字组成
    elif not user.isdigit() and not user.isalpha() and not user.isalnum():
        raise Exception("用户名只能由字母和数字组成！")
    pwd = input("请输入密码：")         # 获取密码
    # 判断密码
    if not(7 < len(pwd) < 19):
        raise Exception("密码长度不是8~18个字符！")
    # 是否由字母和数字组成
    elif not pwd.isdigit() and not pwd.isalpha() and not pwd.isalnum():
        raise Exception("密码只能由字母和数字组成！")
```

（2）编写程序入口，调用 login( )函数进行登录信息校验，使用 try…except 语句捕获异常，并显示相应的提示信息。代码如下。

```python
if __name__ == '__main__':
    try:  # 捕获异常
        login()  # 调用函数
    except Exception as e:  # 处理异常
        print("\n出错了：",e)
```

习 题

11-1　请列举出至少 4 种 Python 中常见的异常。

11-2　Python 中提供了哪几种异常处理语句？

11-3　在 IDLE 中如何添加和删除断点？

11-4　"Debug Control" 窗口的调试工具栏上各按钮的作用分别是什么？

11-5　Python 中 assert 语句的作用是什么？

第12章

Pygame游戏编程

本章要点

- 什么是Pygame
- 如何安装Pygame模块
- Pygame的常用模块
- 使用Pygame开发游戏的基本步骤

12.1　初识 Pygame

　　Pygame 是跨平台的 Python 模块，专为开发包含图像、声音的电子游戏而设计。该模块在 SDL（Simple DirectMedia Layer）基础上创建，允许实时开发电子游戏而无须被 C 语言或更低级的汇编语言束缚。基于这样一个设想，所有需要的游戏功能和理念（主要是图像方面）都完全简化为游戏逻辑本身，所有的资源结构都可以由高级语言（如 Python）提供。

12.1.1　安装 Pygame

　　在 Pygame 的官网中可以查找 Pygame 相关文档。Pygame 的安装非常简单，只需要如下一行命令。

安装 Pygame

```
pip  install pygame
```

运行结果如图 12-1 所示。

图 12-1　安装 Pygame

接下来，检测一下 Pygame 是否安装成功。打开 IDLE，输入如下命令。

```
import pygame
pygame.ver
```

如果运行结果如图 12-2 所示，则说明安装成功。

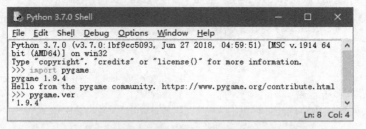

图 12-2　查看 Pygame 版本以检测是否安装成功

12.1.2　Pygame 常用模块

　　Pygame 开发游戏的优势在于不需要过多考虑底层相关内容，可以把工作重心放在游戏逻辑上。Pygame 中集成了很多和底层相关的模块，如访问显示设备、管理事件、使用字体等。Pygame 常用模块如表 12-1 所示。

Pygame 常用模块

表 12-1　Pygame 常用模块

模块名	功能
pygame.cdrom	访问光驱
pygame.cursors	加载光标
pygame.display	访问显示设备
pygame.draw	绘制形状、线和点
pygame.event	管理事件
pygame.font	使用字体
pygame.image	加载和存储图片
pygame.joystick	使用游戏手柄或者与其类似的东西
pygame.key	读取键盘按键
pygame.mixer	声音
pygame.mouse	鼠标
pygame.movie	播放视频
pygame.music	播放音频
pygame.overlay	访问高级视频叠加
pygame.rect	管理矩形区域
pygame.sndarray	操作声音数据
pygame.sprite	操作移动图像
pygame.surface	管理图像和屏幕
pygame.surfarray	管理点阵图像数据
pygame.time	管理时间和帧信息
pygame.transform	缩放和移动图像

【例 12-1】 创建一个 Pygame 窗口。（实例位置：资源包\MR\源码\第 12 章\12-1）

使用 Pygame 的 display 模块和 event 模块创建一个 Pygame 窗口，代码如下。

```
# -*- coding:utf-8 -*-
import sys                              # 导入sys模块
import pygame                           # 导入Pygame模块

pygame.init()                          # 初始化Pygame
size = width, height = 320, 240        # 设置窗口
screen = pygame.display.set_mode(size) # 显示窗口

# 执行死循环，确保窗口一直显示
while True:
    # 检查事件
    for event in pygame.event.get():   # 遍历所有事件
        if event.type == pygame.QUIT:  # 如果单击关闭窗口，则退出
            pygame.quit()              # 退出Pygame
            sys.exit()
```

运行结果如图 12-3 所示。

图 12-3　Pygame 窗口

12.2　Pygame 基本使用

Pygame 基本使用

Pygame 有很多模块，每个模块中又有很多方法，在此不能够逐一讲解。所以，我们通过一个实例来学习 Pygame，然后再分解代码，讲解代码中的模块。

【例 12-2】 制作一个"跳跃的小球"游戏。（实例位置：资源包\MR\源码\第 12 章\12-2）

创建一个游戏窗口，然后在窗口内创建一个小球。以一定的速度移动小球，当小球碰到游戏窗口的边缘时，小球弹回，继续移动。可以按照如下步骤实现该功能。

（1）创建一个游戏窗口，宽和高分别设置为 640 像素和 480 像素。代码如下。

```
import sys                          # 导入sys模块
import pygame                       # 导入Pygame模块


pygame.init()                       # 初始化Pygame
size = width, height = 640, 480     # 设置窗口
screen = pygame.display.set_mode(size)  # 显示窗口
```

上述代码中，首先导入 Pygame 模块，然后调用 init()方法初始化 Pygame 模块。接下来，设置窗口的宽和高，最后使用 display 模块显示窗口。display 模块的常用方法如表 12-2 所示。

表 12-2　display 模块的常用方法

方法名	功能
pygame.display.init	初始化 display 模块
pygame.display.quit	退出 display 模块
pygame.display.get_init	如果 display 模块已经被初始化，则返回 True
pygame.display.set_mode	初始化一个准备显示的界面
pygame.display.get_surface	获取当前的 Surface 对象
pygame.display.flip	更新整个待显示的 Surface 对象显示到屏幕上
pygame.display.update	更新部分内容显示到屏幕上

（2）运行上述代码，会出现一个一闪而过的黑色窗口，这是因为程序执行完成后，会自动关闭。如果想让窗口一直显示，需要使用 while True 语句让程序一直执行。此外，还需要设置关闭按钮。具体代码如下。

```
# -*- coding:utf-8 -*-
```

```
import sys                                  # 导入sys模块
import pygame                               # 导入Pygame模块

pygame.init()                               # 初始化Pygame
size = width, height = 640, 480             # 设置窗口
screen = pygame.display.set_mode(size)      # 显示窗口

# 执行死循环，确保窗口一直显示
while True:
    # 检查事件
    for event in pygame.event.get():
        if event.type == pygame.QUIT:       # 如果单击关闭窗口，则退出
            pygame.quit()                   # 退出Pygame
            sys.exit()
```

上述代码中，添加了轮询事件检测。pygame.event.get()能够获取事件队列，使用 for...in 遍历事件，然后根据 type 属性判断事件类型。这里的事件处理方式与图形用户界面（Graphical User Interface, GUI）类似，如 pygame.QUIT 表示关闭 Pygame 窗口事件，pygame.KEYDOWN 表示键盘按下事件，pygame.MOUSEBUTTONDOWN 表示鼠标单击事件。

（3）在窗口中添加小球。我们先准备好一张图片 ball.png，然后加载该图片，最后将图片显示在窗口中，具体代码如下。

```
# -*- coding:utf-8 -*-
import sys                          # 导入sys模块
import pygame                       # 导入Pygame模块

pygame.init()                       # 初始化Pygame
size = width, height = 640, 480             # 设置窗口
screen = pygame.display.set_mode(size)      # 显示窗口
color = (0, 0, 0)                           # 设置颜色

ball = pygame.image.load("ball.png")        # 加载图片
ballrect = ball.get_rect()                  # 获取矩形区域

# 执行死循环，确保窗口一直显示
while True:
    # 检查事件
    for event in pygame.event.get():
        if event.type == pygame.QUIT:       # 如果单击关闭窗口，则退出
            pygame.quit()                   # 退出Pygame
            sys.exit()

    screen.fill(color)                      # 填充颜色
    screen.blit(ball, ballrect)             # 将图片画到窗口上
    pygame.display.flip()                   # 更新全部显示
```

上述代码中使用 image 模块的 load()方法加载图片，返回值 ball 是一个 Surface 对象。Surface 对象是用来代表图片的，可以对一个 Surface 对象进行涂画、变形、复制等各种操作。事实上，屏幕也只是一个 Surface 对象，pygame.display.set_mode 就返回了一个屏幕 Surface 对象。将 ball 这个 Surface 对象画到 screen Surface 对象需要使用 blit()方法，最后使用 display 模块的 flip()方法更新整个待显示的 Surface 对象到屏幕上。Surface 对象的常用方法如表 12-3 所示。

表 12-3 Surface 对象的常用方法

方法名	功能
pygame.Surface.blit	将一个图像显示到另一个图像上
pygame.Surface.convert	转换图像的像素格式
pygame.Surface.convert_alpha	转化图像的像素格式，包含 alpha 通道的转换
pygame.Surface.fill	使用颜色填充 Surface
pygame.Surface.get_rect	获取 Surface 的矩形区域

运行上述代码，结果如图 12-4 所示。

图 12-4 在窗口中添加小球

（4）下面该让小球动起来了。ball.get_rect()方法返回值 ballrect 是一个 Rect 对象，该对象有一个 move( ) 函数可以用于移动矩形。move(x, y)函数有两个参数，第一个参数是 x 轴方向移动的距离，第二个参数是 y 轴方向移动的距离。窗体左上角坐标为(0, 0)，如果使用 move(100, 50)，效果如图 12-5 所示。

图 12-5 移动后的坐标位置

为实现小球不停地移动，将 move() 函数添加到 while 循环内，具体代码如下。

```python
# -*- coding:utf-8 -*-
import sys                                  # 导入sys模块
import pygame                               # 导入Pygame模块

pygame.init()                              # 初始化Pygame
size = width, height = 640, 480            # 设置窗口
screen = pygame.display.set_mode(size)     # 显示窗口
color = (0, 0, 0)  # 设置颜色

ball = pygame.image.load("ball.png")       # 加载图片
ballrect = ball.get_rect()                 # 获取矩形区域

speed = [5,5]                              # 设置移动的x轴、y轴距离
# 执行死循环，确保窗口一直显示
while True:
    # 检查事件
    for event in pygame.event.get():
        if event.type == pygame.QUIT:      # 如果单击关闭窗口，则退出
            pygame.quit()                  # 退出Pygame
            sys.exit()

    ballrect = ballrect.move(speed)        # 移动小球
    screen.fill(color)                     # 填充颜色
    screen.blit(ball, ballrect)            # 将图片画到窗口上
    pygame.display.flip()                  # 更新全部显示
```

（5）运行上述代码，会发现小球在屏幕中一闪而过。小球并没有真正消失，而是移动到了窗口之外，此时需要添加碰撞检测的功能。当小球与窗口任一边缘发生碰撞，则更改小球的移动方向。具体代码如下。

```python
# -*- coding:utf-8 -*-
import sys                                  # 导入sys模块
import pygame                               # 导入Pygame模块

pygame.init()                              # 初始化Pygame
size = width, height = 640, 480            # 设置窗口
screen = pygame.display.set_mode(size)     # 显示窗口
color = (0, 0, 0)   # 设置颜色

ball = pygame.image.load("ball.png")       # 加载图片
ballrect = ball.get_rect()                 # 获取矩形区域

speed = [5,5]                              # 设置移动的x轴、y轴距离
# 执行死循环，确保窗口一直显示
while True:
    # 检查事件
    for event in pygame.event.get():
        if event.type == pygame.QUIT:      # 如果单击关闭窗口，则退出
            pygame.quit()                  # 退出Pygame
            sys.exit()

    ballrect = ballrect.move(speed)        # 移动小球
```

```
      # 碰到左右边缘
      if ballrect.left < 0 or ballrect.right > width:
          speed[0] = -speed[0]
      # 碰到上下边缘
      if ballrect.top < 0 or ballrect.bottom > height:
          speed[1] = -speed[1]

      screen.fill(color)                       # 填充颜色
      screen.blit(ball, ballrect)              # 将图片画到窗口上
      pygame.display.flip()                    # 更新全部显示
```

上述代码中，添加了碰撞检测功能。如果碰到左右边缘，更改 x 轴数据为负数；如果碰到上下边缘，更改 y 轴数据为负数。运行结果如图 12-6 所示。

图 12-6　小球不停地跳跃

（6）运行上述代码，会发现好像有多个小球在飞快移动，这是因为运行上述代码的时间非常短，导致肉眼观察出现错觉，因此需要添加一个"时钟"来控制程序运行的时间。这时就需要使用 Pygame 的 time 模块。使用 Pygame 时钟之前，必须先创建 Clock 对象的一个实例，然后在 while 循环中设置运行一次的时间。具体代码如下。

```
# -*- coding:utf-8 -*-
import sys                                      # 导入sys模块
import pygame                                   # 导入Pygame模块

pygame.init()                                   # 初始化Pygame
size = width, height = 640, 480                 # 设置窗口
screen = pygame.display.set_mode(size)          # 显示窗口
color = (0, 0, 0)                               # 设置颜色

ball = pygame.image.load("ball.png")            # 加载图片
ballrect = ball.get_rect()                      # 获取矩形区域

speed = [5,5]                                    # 设置移动的x轴、y轴距离
clock = pygame.time.Clock()                     # 设置时钟
# 执行死循环，确保窗口一直显示
while True:
    clock.tick(60)                              # 每秒执行60次
    # 检查事件
```

```
for event in pygame.event.get():
    if event.type == pygame.QUIT:          # 如果单击关闭窗口，则退出
        pygame.quit()                      # 退出Pygame
        sys.exit()


ballrect = ballrect.move(speed)            # 移动小球
# 碰到左右边缘
if ballrect.left < 0 or ballrect.right > width:
    speed[0] = -speed[0]
# 碰到上下边缘
if ballrect.top < 0 or ballrect.bottom > height:
    speed[1] = -speed[1]

screen.fill(color)                         # 填充颜色
screen.blit(ball, ballrect)                # 将图片画到窗口上
pygame.display.flip()                      # 更新全部显示
```

至此，就完成了"跳跃的小球"游戏的制作。

小 结

本章主要讲解如何使用 Pygame 开发游戏。读者通过一个"跳跃的小球"游戏了解了 Pygame 的基本用法，然后在"上机指导"中将利用 Python 逐步开发一个更为复杂的游戏。通过本章的学习，读者可以掌握 Pygame 的基础知识，并使用 Python 面向对象的思维方式开发一个 Python 小游戏，进一步体会 Python 编程的乐趣。

上机指导

"Flappy Bird"是一款鸟类飞行游戏，在游戏中，玩家用一根手指来操控鸟飞行，并躲避障碍。本实例要求使用 Pygame 模块实现一款类似的游戏，程序运行结果如图 12-7 所示。

图 12-7　运行结果

开发步骤如下。

（1）先来创建鸟类和管道类这两个类，类中具体的方法可以先使用 pass 语句代替，然后创建一个绘制地图的函数 createMap( )，最后在主程序中绘制背景图片。关键代码如下。

```python
import pygame
import sys
import random
class Bird(object):
    """定义一个鸟类"""
    def __init__(self):
        """定义初始化方法"""
        pass
    def birdUpdate(self):
        pass
class Pipeline(object):
    """定义一个管道类"""
    def __init__(self):
        """定义初始化方法"""
        pass
    def updatePipeline(self):
        """水平移动"""
        pass
def createMap():
    """定义创建地图的方法"""
    screen.fill((255, 255, 255))              # 填充颜色
    screen.blit(background, (0, 0))           # 填入背景
    pygame.display.update()                   # 更新显示
if __name__ == '__main__':
    """主程序"""
    pygame.init()                             # 初始化Pygame
    size   = width, height = 400, 720         # 设置窗口
    screen = pygame.display.set_mode(size)    # 显示窗口
    clock  = pygame.time.Clock()              # 设置时钟
    Pipeline = Pipeline()                     # 实例化管道类
    Bird = Bird()                             # 实例化鸟类
    while True:
        clock.tick(60)                        # 每秒执行60次
        # 轮询事件
        for event in pygame.event.get():
            if event.type == pygame.QUIT:
                sys.exit()
        background = pygame.image.load("assets/background.png")  # 加载背景图片
        createMap()                           # 绘制地图
    pygame.quit()                             # 退出
```

（2）创建小鸟类。该类需要初始化很多参数，所以定义一个 __init__( )方法，用来初始化各种参数，包括鸟飞行的几种状态、飞行的速度、跳跃的高度等。然后定义 birdUpdate( )方法，该方法用于实现小鸟的跳跃和坠落。接下来，在主程序的轮询事件中添加键盘按下事件或鼠标单击事件，如鼠标单击使小鸟上升等。最后，在 createMap( )方法中，显示小鸟的图像。关键代码如下。

```python
import pygame
import sys
```

```python
import random
class Bird(object):
    """定义一个鸟类"""

    def __init__(self):
        """定义初始化方法"""
        self.birdRect = pygame.Rect(65, 50, 50, 50)  # 鸟的矩形
        # 定义鸟的3种状态列表
        self.birdStatus = [pygame.image.load("assets/1.png"),
                           pygame.image.load("assets/2.png"),
                           pygame.image.load("assets/dead.png")]
        self.status = 0          # 默认飞行状态
        self.birdX = 120         # 鸟所在x轴坐标
        self.birdY = 350         # 鸟所在y轴坐标
        self.jump = False        # 默认情况小鸟自动降落
        self.jumpSpeed = 10      # 跳跃高度
        self.gravity = 5         # 重力
        self.dead = False        # 默认小鸟生命状态为活着
    def birdUpdate(self):
        if self.jump:
            # 小鸟跳跃
            self.jumpSpeed -= 1                     # 速度递减，上升越来越慢
            self.birdY -= self.jumpSpeed            # 鸟y轴坐标减小，小鸟上升
        else:
            # 小鸟坠落
            self.gravity += 0.2                     # 重力递增，下降越来越快
            self.birdY += self.gravity              # 鸟y轴坐标增加，小鸟下降
        self.birdRect[1] = self.birdY               # 更改y轴位置
class Pipeline(object):
    """定义一个管道类"""
    def __init__(self):
        """定义初始化方法"""
        pass
    def updatePipeline(self):
        """水平移动"""
        pass
def createMap():
    """定义创建地图的方法"""
    screen.fill((255, 255, 255))                    # 填充颜色
    screen.blit(background, (0, 0))                  # 填入背景
    # 显示小鸟
    if Bird.dead:                                   # 撞管道状态
        Bird.status = 2
    elif Bird.jump:                                 # 起飞状态
        Bird.status = 1
    screen.blit(Bird.birdStatus[Bird.status], (Bird.birdX, Bird.birdY))# 设置小鸟的坐标
    Bird.birdUpdate()                               # 鸟移动
    pygame.display.update()                         # 更新显示
if __name__ == '__main__':
    """主程序"""
    pygame.init()                                   # 初始化Pygame
    size   = width, height = 400, 680               # 设置窗口
```

```
    screen = pygame.display.set_mode(size)      # 显示窗口
    clock  = pygame.time.Clock()                # 设置时钟
    Pipeline = Pipeline()                       # 实例化管道类
    Bird = Bird()                               # 实例化鸟类
    while True:
        clock.tick(60)                          # 每秒执行60次
        # 轮询事件
        for event in pygame.event.get():
            if event.type == pygame.QUIT:
                sys.exit()
            if (event.type == pygame.KEYDOWN or event.type == pygame.MOUSEBUTTONDOWN)
                              and not Bird.dead:
                    Bird.jump = True                # 跳跃
                    Bird.gravity = 5                # 重力
                    Bird.jumpSpeed = 10             # 跳跃速度
        background = pygame.image.load("assets/background.png") # 加载背景图片
        createMap()                             # 创建地图
    pygame.quit()
```

（3）创建管道类。同样，在__init__( )方法中初始化各种参数，包括设置管道的坐标、加载上下管道图片等。然后在 updatePipeline( )方法中，定义管道向左移动的速度，并且当管道移出屏幕时，重新绘制下一组管道。最后，在 createMap( )函数中显示管道。关键代码如下。

```
import pygame
import sys
import random
class Bird(object):
    # 省略部分代码
class Pipeline(object):
    """定义一个管道类"""
    def __init__(self):
        """定义初始化方法"""
        self.wallx    = 400;                                    # 管道所在x轴坐标
        self.pineUp   = pygame.image.load("assets/top.png")     # 加载上管道图片
        self.pineDown = pygame.image.load("assets/bottom.png")  # 加载下管道图片
    def updatePipeline(self):
        """管道移动方法"""
        self.wallx -= 5         # 管道x轴坐标递减，即管道向左移动
        # 当管道运行到一定位置，即小鸟飞越管道，分数加1，并且重置管道
        if self.wallx < -80:
            self.wallx = 400
def createMap():
    """定义创建地图的方法"""
    screen.fill((255, 255, 255))                # 填充颜色
    screen.blit(background, (0, 0))             # 填入背景
    # 显示管道
    screen.blit(Pipeline.pineUp,(Pipeline.wallx,-300));   # 上管道坐标位置
    screen.blit(Pipeline.pineDown,(Pipeline.wallx,500));  # 下管道坐标位置
    Pipeline.updatePipeline()                   # 管道移动
    # 显示小鸟
    if Bird.dead:                               # 撞管道状态
        Bird.status = 2
```

```
        elif Bird.jump:                                    # 起飞状态
            Bird.status = 1
        screen.blit(Bird.birdStatus[Bird.status], (Bird.birdX, Bird.birdY))#设置小鸟的坐标
        Bird.birdUpdate()                                  # 鸟移动
        pygame.display.update()                            # 更新显示
if __name__ == '__main__':
    #省略部分代码
    while True:
        clock.tick(60)   # 每秒执行60次
        # 轮询事件
        for event in pygame.event.get():
            if event.type == pygame.QUIT:
                sys.exit()
            if (event.type == pygame.KEYDOWN or event.type == pygame.MOUSEBUTTONDOWN)
                            and not Bird.dead:
                Bird.jump = True      # 跳跃
                Bird.gravity = 5      # 重力
                Bird.jumpSpeed = 10  # 跳跃速度
        background = pygame.image.load("assets/background.png") # 加载背景图片
        createMap() # 创建地图
    pygame.quit()
```

（4）计算得分。当小鸟飞过管道时，玩家得分加 1。这里对飞过管道的代码做了简化处理：当管道移动到窗口左侧一定位置时，默认小鸟飞过管道，使分数加 1，并显示在屏幕上。在 updatePipeline( )方法中已经实现该功能，关键代码如下。

```
import pygame
import sys
import random
class Bird(object):
    # 省略部分代码
class Pipeline(object):
    # 省略部分代码
    def updatePipeline(self):
        """管道移动方法"""
        self.wallx -= 5            # 管道x轴坐标递减，即管道向左移动
        # 当管道运行到一定位置，即小鸟飞越管道，分数加1，并且重置管道
        if self.wallx < -80:
            global score
            score += 1
            self.wallx = 400
def createMap():
    """定义创建地图的方法"""
    # 省略部分代码
    # 显示分数
    screen.blit(font.render(str(score),-1,(255, 255, 255)),(200, 50))#设置颜色及坐标位置
    pygame.display.update()        # 更新显示
if __name__ == '__main__':
    """主程序"""
    pygame.init()                  # 初始化Pygame
    pygame.font.init()             # 初始化字体
    font = pygame.font.SysFont(None, 50)     # 设置默认字体和大小
```

```
size    = width, height = 400, 680      # 设置窗口
screen = pygame.display.set_mode(size)  # 显示窗口
clock  = pygame.time.Clock()            # 设置时钟
Pipeline = Pipeline()   # 实例化管道类
Bird = Bird()           # 实例化鸟类
score = 0               # 初始化分数
while True:
    # 省略部分代码
```

（5）当小鸟与管道相撞时，小鸟的颜色变为灰色，游戏结束，并且显示总分数。在 checkDead( ) 函数中通过 pygame.Rect( ) 可以分别获取小鸟的矩形区域对象和管道的矩形区域对象，该对象有一个 colliderect( ) 方法可以判断两个矩形区域是否相撞。如果相撞，设置 Bird.dead 属性为 True。此外，当小鸟飞出窗口时，也设置 Bird.dead 属性为 True。最后，用两行文字显示总成绩。关键代码如下。

```
import pygame
import sys
import random
class Bird(object):
    # 省略部分代码
class Pipeline(object):
    # 省略部分代码
def createMap():
    # 省略部分代码
def checkDead():
    # 上方管子的矩形位置
    upRect = pygame.Rect(Pipeline.wallx,-300,
                    Pipeline.pineUp.get_width() - 10,
                    Pipeline.pineUp.get_height())
    # 下方管子的矩形位置
    downRect = pygame.Rect(Pipeline.wallx,500,
                        Pipeline.pineDown.get_width() - 10,
                        Pipeline.pineDown.get_height())
    # 检测小鸟与上下方管子是否碰撞
    if upRect.colliderect(Bird.birdRect) or downRect.colliderect(Bird.birdRect):
        Bird.dead = True
    # 检测小鸟是否飞出上下边界
    if not 0 < Bird.birdRect[1] < height:
        Bird.dead = True
        return True
    else :
        return False
def getResutl():
    final_text1 = "Game Over"
    final_text2 = "Your final score is:  " + str(score)
    ft1_font = pygame.font.SysFont("Arial", 70)         # 设置第一行文字字体
    ft1_surf = font.render(final_text1, 1, (242,3,36))  # 设置第一行文字颜色
    ft2_font = pygame.font.SysFont("Arial", 50)         # 设置第二行文字字体
    ft2_surf = font.render(final_text2, 1, (253, 177, 6))  # 设置第二行文字颜色
    # 设置第一行文字显示位置
    screen.blit(ft1_surf, [screen.get_width()/2 - ft1_surf.get_width()/2, 100])
    # 设置第二行文字显示位置
```

```
        screen.blit(ft2_surf, [screen.get_width()/2 - ft2_surf.get_width()/2, 200])
        pygame.display.flip()      # 更新整个待显示的Surface对象到屏幕上
if __name__ == '__main__':
    """主程序"""
    # 省略部分代码
    while True:
        # 省略部分代码
        background = pygame.image.load("assets/background.png") # 加载背景图片
        if checkDead() : # 检测小鸟生命状态
            getResutl()    # 如果小鸟死亡，显示游戏总分数
        else :
            createMap()    # 创建地图
    pygame.quit()
```

习 题

12-1 什么是 Pygame？

12-2 安装 Pygame 模块的命令是什么？

12-3 创建一个 Pygame 窗口应该使用 Pygame 的哪几个模块？

12-4 简述 Surface 对象的作用。

12-5 Pygame 的 display 模块的常用方法有哪些？

第13章

网络爬虫

本章要点

- 什么是网络爬虫
- 网络爬虫的分类
- 网络爬虫的基本原理
- 常用的网络爬虫技术
- 常用的网络爬虫框架
- Scrapy爬虫框架的使用

13.1 初识网络爬虫

初识网络爬虫

13.1.1 网络爬虫概述

网络爬虫（又被称作网络蜘蛛、网络机器人，在某网络社区中经常被称为网页追逐者）可以按照指定的规则（网络爬虫的算法）自动浏览或抓取网络中的信息。通过 Python 可以很轻松地编写爬虫程序或者脚本。

在生活中网络爬虫经常出现，搜索引擎就离不开网络爬虫。例如，百度搜索引擎的爬虫名字叫作百度蜘蛛（Baiduspider）。百度蜘蛛是百度搜索引擎的一个自动程序。它每天都会在海量的互联网信息中进行爬取，收集并整理互联网上的网页、图片和视频等信息。当用户在百度搜索引擎中输入关键词时，百度将从收集的网络信息中找出相关的内容，按照一定的顺序将信息展现给用户。百度搜索引擎会构建一个调度程序来调度百度蜘蛛的工作。调度程序都需要使用一定的算法来实现，采用不同的算法，爬虫的工作效率也会不同，爬取的结果也会有所差异。所以，在学习爬虫的时候不仅需要了解爬虫的实现过程，还需要了解一些常见的爬虫算法。在特定的情况下，开发者还要自己制定相应的算法。

13.1.2 网络爬虫的分类

网络爬虫按照实现的技术和结构可以分为以下几种类型：通用网络爬虫、聚焦网络爬虫、增量式网络爬虫、深层网络爬虫等。在实际应用中，通常需要使用这几类爬虫的组合体。

1. 通用网络爬虫

通用网络爬虫又叫作全网爬虫（Scalable Web Crawler），通用网络爬虫的爬行范围广、数量大，由于其爬取的数据是海量数据，所以对爬行速度和存储空间要求较高。通用网络爬虫对爬行页面的顺序要求相对较低，同时，由于待刷新的页面太多，通常采用并行工作方式，需要较长时间才可以刷新一次页面。这种网络爬虫主要应用于大型搜索引擎，有非常高的应用价值。通用网络爬虫主要由初始 URL 集合、URL 队列、页面爬行模块、页面分析模块、页面数据库、链接过滤模块等构成。

2. 聚焦网络爬虫

聚焦网络爬虫（Focused Crawler）也叫主题网络爬虫（Topical Crawler），是指按照预先定义好的主题，有选择地进行相关网页爬取的一种爬虫。和通用网络爬虫相比，它不会将目标资源定位在整个互联网中，而是只爬取与主题相关的页面。这极大地节省了硬件和网络资源，保存速度也由于页面数量少而更快了。聚焦网络爬虫主要应用于特定信息的爬取，为某一类特定的人群提供服务。

3. 增量式网络爬虫

所谓增量式，即增量式更新。增量式更新指的是在更新的时候只更新改变的地方，而未改变的地方则不更新。增量式网络爬虫（Incremental Web Crawler）只会在需要的时候爬取新产生或发生更新的页面，对没有发生变化的页面则不会爬取。这样可有效减少数据下载量，减小时间和空间的耗费，但是在爬行算法上增加了一些难度。

4. 深层网络爬虫

在互联网中，网络页面按存在方式可以分为表层网页（Surface Web）和深层网页（Deep Web）。表层网页指的是不需要提交表单、使用静态的超链接就可以直接访问的静态页面。深层网页指的是那些大部分内容不能通过静态链接获取的、隐藏在搜索表单后面的、需要用户提交一些关键词才能获得的网络页面。深层网页需要访问的信息数量是表层网页信息数量的几百倍，所以深层网页是主要的爬取对象。

深层网络爬虫主要由六个基本功能模块（爬行控制器、解析器、表单分析器、表单处理器、响应分析器、LVS 控制器）和两个爬虫内部数据结构（URL 列表、LVS）等部分构成。其中 LVS（Label Value Set）是标签/数值集合，用来表示填充表单的数据源。

13.1.3 网络爬虫的基本原理

通用的网络爬虫基本工作流程如图 13-1 所示。

图 13-1   通用的网络爬虫基本工作流程

网络爬虫的基本工作流程如下。

（1）获取初始的 URL，该 URL 是用户自己指定的初始爬取网页。

（2）爬取对应 URL 的网页时，获取新的 URL。

（3）将新的 URL 放入 URL 队列。

（4）从 URL 队列中读取新的 URL，然后依据新的 URL 爬取网页，同时从新的网页中获取新的 URL，重复上述爬取过程。

（5）设置停止条件。如果没有设置停止条件，爬虫会一直爬取下去，直到无法获取新的 URL 为止。设置了停止条件后，爬虫将会在满足停止条件时停止爬取。

13.2　网络爬虫的常用技术

Python 的网络请求

13.2.1　Python 的网络请求

上一节提到了获取 URL 与下载网页，这两项是网络爬虫必备而又关键的功能。说到这两个功能，离不开与 HTTP 打交道。本节将介绍在 Python 中实现 HTTP 网络请求常用的三个模块：urllib、urllib3 以及 requests。

1. urllib 模块

urllib 是 Python 自带模块，该模块提供了一个 urlopen()方法，通过该方法指定 URL 发送网络请求来获取数据。urllib 提供了多个子模块，具体的模块名称与含义如表 13-1 所示。

表 13-1　urllib 中的子模块

模块名称	描述
urllib.request	该模块定义了打开 URL（主要是 HTTP）的方法和类，如身份验证、重定向、cookie 等
urllib.error	该模块主要包含异常类，基本的异常类是 URLError

续表

模块名称	描述
urllib.parse	该模块定义的功能分为两大类，URL 解析和 URL 引用
urllib.robotparser	该模块用于解析 robots.txt 文件。

【例 13-1】 使用 urllib.request 模块发送 GET 请求。（实例位置：资源包\MR\源码\第 13 章\13-1）

通过 urllib.request 模块实现发送请求并读取网页内容的示例代码如下。

```
import urllib.request        # 导入模块
# 打开指定需要爬取的网页
response = urllib.request.urlopen('http://www.baidu.com')
html = response.read()        # 读取网页代码
print(html[:1252])            # 输出读取的部分内容
```

【例 13-2】 使用 urllib.request 模块发送 POST 请求。（实例位置：资源包\MR\源码\第 13 章\13-2）

使用 urllib.request 模块的 POST 请求实现获取网页内容，示例如下。

```
import urllib.parse
import urllib.request

# 将数据用urlencode处理后，再用encoding设置为UTF-8编码
data = bytes(urllib.parse.urlencode({'word': 'hello'}), encoding='utf8')
# 打开指定需要爬取的网页
response = urllib.request.urlopen('http://httpbin.org/post', data=data)
html = response.read()        # 读取网页代码
print(html)                   # 输出读取内容
```

 说明

这里通过网站进行演示，该网站可以作为练习 urllib 的一个站点使用，可以模拟各种请求操作。

2. urllib3 模块

urllib3 是一个功能强大、条理清晰、用于 HTTP 客户端的 Python 库，许多 Python 的原生系统已经开始使用 urllib3。urllib3 提供了很多 Python 标准库里没有的重要特性。

- ❑ 线程安全。
- ❑ 连接池。
- ❑ 客户端 SSL/TLS 验证。
- ❑ 使用多部分编码上传文件。
- ❑ Helpers 用于重试请求并处理 HTTP 重定向。
- ❑ 支持 gzip 和 deflate 编码。
- ❑ 支持 HTTP 和 SOCKS 代理。
- ❑ 100%的测试覆盖率。

【例 13-3】 使用 urllib3 模块发送 GET 请求。（实例位置：资源包\MR\源码\第 13 章\13-3）

通过 urllib3 模块实现发送网络请求的示例代码如下。

```
import urllib3
```

```
# 创建PoolManager对象，用于处理与线程池的连接以及线程安全的所有细节
http = urllib3.PoolManager()
# 对需要爬取的网页发送请求
response = http.request('GET','https://www.baidu.com/')
print(response.data)        #输出读取内容
```

【例 13-4】 使用 urllib3 模块发送 POST 请求。（实例位置：资源包\MR\源码\第 13 章\13-4）

POST 请求实现获取网页内容，关键代码如下。

```
# 对需要爬取的网页发送请求
response = http.request('POST',
                        'http://httpbin.org/post'
                        ,fields={'word': 'hello'})
```

 在使用 urllib3 模块前，需要在 Python 中通过 "pip install urllib3" 代码进行模块的安装。

3. requests 模块

requests 是 Python 中实现 HTTP 请求的一种方式，requests 是第三方模块，该模块在实现 HTTP 请求时要比 urllib 模块简单很多，操作更加人性化。在使用 requests 模块前需要通过执行 "pip install requests" 命令进行该模块的安装。requests 功能特性如下。

- ❑ Keep-Alive &连接池。
- ❑ Unicode 响应体。
- ❑ 国际化域名和 URL。
- ❑ HTTP(S)代理支持。
- ❑ 带持久 cookie 的会话。
- ❑ 文件分块上传。
- ❑ 浏览器式的 SSL 认证。
- ❑ 流下载。
- ❑ 自动内容解码。
- ❑ 连接超时。
- ❑ 基本/摘要式的身份认证。
- ❑ 分块请求。
- ❑ 简洁的 key/value cookie。
- ❑ 支持.netrc。
- ❑ 自动解压。

【例 13-5】 使用 requests 模块发送 GET 请求。（实例位置：资源包\MR\源码\第 13 章\13-5）

以 GET 请求方式为例，输出多种请求信息的示例代码如下。

```
import requests                     # 导入模块

response = requests.get('http://www.baidu.com')
print(response.status_code)    # 输出状态码
print(response.url)             # 输出请求URL
print(response.headers)         # 输出头部信息
print(response.cookies)         # 输出cookie信息
```

```
print(response.text)            # 以文本形式输出网页源码
print(response.content)         # 以字节流形式输出网页源码
```

【例 13-6】 使用 requests 模块发送 POST 请求。（实例位置：资源包\MR\源码\第 13 章\13-6）

以 POST 请求方式发送 HTTP 网络请求的示例代码如下。

```
import requests

data = {'word': 'hello'}  # 表单参数
# 对需要爬取的网页发送请求
response = requests.post('http://httpbin.org/post', data=data)
print(response.content)       # 以字节流形式输出网页源码
```

requests 模块不仅提供了以上两种常用的请求方式，还提供以下多种网络请求方式。各方式的示例代码如下。

```
requests.put('http://httpbin.org/put',data = {'key':'value'}) #PUT请求
requests.delete('http://httpbin.org/delete') #DELETE请求
requests.head('http://httpbin.org/get') #HEAD请求
requests.options('http://httpbin.org/get') #OPTIONS请求
```

如果发现请求的 URL 中参数在问号的后面，如 "httpbin.org/get?key=val"，requests 模块提供了传递参数的方法，允许使用 params 关键字参数，以一个字符串字典来提供这些参数。例如，想传递 "key1=value1" 和 "key2=value2" 到 "httpbin.org/get"，可以使用如下代码。

```
import requests

payload = {'key1': 'value1', 'key2': 'value2'}       # 传递的参数
# 对需要爬取的网页发送请求
response = requests.get("http://httpbin.org/get", params=payload)
print(response.content)                       # 以字节流形式输出网页源码
```

13.2.2 请求 headers 处理

请求 headers 处理

有时在请求一个网页内容时，无论采用 GET、POST 还是其他请求方式，都会出现 403 错误。这种现象多数为服务器拒绝访问，那是因为这些网页为了防止恶意采集信息使用了反爬虫设置。此时可以通过模拟浏览器的"头部信息"来进行访问，这样就能解决以上反爬虫设置的问题。下面以 requests 模块为例介绍请求 headers 处理，具体步骤如下。

（1）通过浏览器的网络监视器查看头部信息。首先通过火狐浏览器打开对应的网页，然后按快捷键<Ctrl + Shift + E>打开网络监视器，再刷新当前页面，网络监视器将显示图 13-2 所示的数据变化。

状态	方法	文件	域名	触发	类型	传输	大小	0 毫秒	640 毫秒
● 200	GET	/	www.baidu... document		html	31.20 KB	112.22 KB	→ 93 ms	
▲ 304	GET	bd_logo1.png	www.baidu... img		png	已缓存	7.69 KB	→ 66 ms	
▲ 304	GET	baidu_jgylogo3.gif	www.baidu... img		gif	已缓存	705 字节	→ 288 ms	
▲ 304	GET	jquery-1.10.2.min_65682a2.js	ss1.bdstatic... script		js	已缓存	0 字节	→ 89 ms	
▲ 304	GET	zbios_efde696.png	ss1.bdstatic... img		png	已缓存	3.28 KB	→ 50 ms	
▲ 304	GET	icons_5859e57.png	ss1.bdstatic... img		png	已缓存	14.05 KB	→ 57 ms	
▲ 304	GET	all_async_search_b8644da.js	ss1.bdstatic... script		js	已缓存	0 字节	→ 24 ms	
▲ 304	GET	every_cookie_4644b13.js	ss1.bdstatic... script		js	已缓存	0 字节	→ 26 ms	

图 13-2　网络监视器的数据变化

（2）选中第一条信息，右侧的"消息头"面板中将显示请求头部信息，然后复制该信息，如图 13-3 所示。

（3）实现代码。首先创建一个需要爬取的 URL，然后创建 headers 信息，再发送请求等待响应，最后输

出网页的代码信息。实现代码如下。

```
import requests
url = 'https://www.baidu.com/'        # 创建需要爬取网页的地址
# 创建头部信息
headers = {'User-Agent':'OW64; rv:59.0) Gecko/20100101 Firefox/59.0'}
response  = requests.get(url, headers=headers)      # 发送网络请求
print(response.content)                             # 以字节流形式输出网页源码
```

图 13-3　复制头部信息

13.2.3　网络超时

网络超时

在访问一个网页时，如果该网页长时间未响应，系统就会判断超时，无法打开网页。
下面通过代码来模拟一个网络超时的现象，代码如下。

```
import requests
# 循环发送请求50次
for a in range(0, 50):
    try:      # 捕获异常
        # 设置时间为0.5秒
        response = requests.get('https://www.baidu.com/', timeout=0.5)
        print(response.status_code)                    # 输出状态码
    except Exception as e:                             # 捕获异常
        print('异常'+str(e))                           # 输出异常信息
```

输出结果如图 13-4 所示。

```
200
200
200
异常HTTPSConnectionPool(host='www.baidu.com', port=443): Read timed out. (read timeout=1)
200
200
200
```

图 13-4　异常信息

> **说明**
> 上面的代码中，模拟进行了 50 次循环请求，并且设置时间为 0.5 秒，所以在 0.5 秒内服务器未做出响应将被视为超时，超时信息输出在控制台中。可以在不同的情况下设置不同的 timeout 值。

requests 模块同样提供了三种常见的网络异常类，下面将通过具体的实例演示。

【例 13-7】 使用 requests 模块处理网络异常。（实例位置：资源包\MR\源码\第 13 章\13-7）

```python
import requests
# 导入requests.exceptions模块中的三种异常类
from requests.exceptions import ReadTimeout,HTTPError,RequestException
# 循环发送请求50次
for a in range(0, 50):
    try:      # 捕获异常
        # 设置时间为0.5秒
        response = requests.get('https://www.baidu.com/', timeout=0.5)
        print(response.status_code)                                    # 输出状态码
    except ReadTimeout:                                                 # 超时异常
        print('连接超时')
    except HTTPError:                                                   # HTTP异常
        print('httperror')
    except RequestException:                                           # 请求异常
        print('reqerror')
```

运行上面的代码，显示效果如图 13-5 所示。

图 13-5　出现网络异常

13.2.4　代理服务

代理服务

在爬取网页的过程中，经常会出现不久前可以爬取的网页现在无法爬取的现象，这是因为 IP 地址被爬取网站的服务器屏蔽了。代理服务可以解决这一麻烦。设置代理时，首先需要找到代理地址，如 122.114.31.177，对应的端口号为 808，完整的格式为 122.114.31.177:808。示例代码如下。

```python
import requests

proxy = {'http': '122.114.31.177:808',
         'https': '122.114.31.177:8080'}   # 设置代理地址与对应的端口号
# 对需要爬取的网页发送请求
response = requests.get('http://www.mingrisoft.com/', proxies=proxy)
print(response.content)   # 以字节流形式输出网页源码
```

示例中的代理地址是免费的，超出可使用的时间范围该地址将失效。在地址失效时或者地址错误时，控制台将显示图 13-6 所示的错误信息。

```
Traceback (most recent call last):
  File "C:\Users\Administrator\AppData\Local\Programs\Python\Python36\lib\site-packages\urllib3\connection.py", line 141, in _new_conn
    (self.host, self.port), self.timeout, **extra_kw)
  File "C:\Users\Administrator\AppData\Local\Programs\Python\Python36\lib\site-packages\urllib3\util\connection.py", line 83, in create_connection
    raise err
  File "C:\Users\Administrator\AppData\Local\Programs\Python\Python36\lib\site-packages\urllib3\util\connection.py", line 73, in create_connection
    sock.connect(sa)
TimeoutError: [WinError 10060] 由于连接方在一段时间后没有正确答复或连接的主机没有反应，连接尝试失败。
```

图 13-6　代理地址失效或错误时所提示的信息

13.2.5　使用 BeautifulSoup 解析 HTML

使用 BeautifulSoup
解析 HTML

BeautifulSoup 是一个用于从 HTML 和 XML 文件中提取数据的 Python 库。BeautifulSoup 提供了一些简单的函数来实现导航、搜索、修改分析树等功能。BeautifulSoup 模块的查找提取功能非常强大，而且非常便捷，它通常可以节省开发者数小时或数天的工作时间。

BeautifulSoup 可以自动将输入文档转换为 Unicode 编码，输出文档转换为 UTF-8 编码，开发者不需要考虑编码方式。当文档没有指定编码方式时，BeautifulSoup 就不能自动识别了，这时只需要说明一下原始编码方式。

1. BeautifulSoup 的安装

BeautifulSoup 3 已经停止开发，目前推荐使用的是 BeautifulSoup 4，不过它已经被移植到 bs4 中了，所以在导入时需要执行"From bs4 import BeautifulSoup"。安装 BeautifulSoup 有以下三种方式。

- ❑ 如果您使用的是最新版本的 Debian 或 Ubuntu Linux 操作系统，则可以使用系统软件包管理器安装 BeautifulSoup，安装命令为"apt-get install python-bs4"。
- ❑ BeautifulSoup 4 是通过 PyPi 发布的，可以通过 easy_install 或 pip 来安装它。包名是 beautifulsoup4，它可以兼容 Python 2 和 Python 3。安装命令为"easy_install beautifulsoup4"或"pip install beautifulsoup4"。

在使用 BeautifulSoup 4 之前需要先通过命令"pip install bs4"进行 bs4 库的安装。

- ❑ 如果当前的 BeautifulSoup 不是您想要的版本，可以通过下载源码的方式进行安装。在控制台中打开源码的指定路径，输入命令"python setup.py install"即可，如图 13-7 所示。

```
命令提示符                                                    —  □  ×
Microsoft Windows [版本 10.0.17134.223]
(c) 2018 Microsoft Corporation. 保留所有权利。

C:\Users\Administrator>cd C:\Users\Administrator\Downloads\beautifulsoup4-4.6.3

C:\Users\Administrator\Downloads\beautifulsoup4-4.6.3>python setup.py install
C:\Python\Python37\lib\distutils\dist.py:274: UserWarning: Unknown distribution option: 'long_description_content_type'
  warnings.warn(msg)
running install
running bdist_egg
running egg_info
writing beautifulsoup4.egg-info\PKG-INFO
writing dependency_links to beautifulsoup4.egg-info\dependency_links.txt
writing requirements to beautifulsoup4.egg-info\requires.txt
writing top-level names to beautifulsoup4.egg-info\top_level.txt
reading manifest file 'beautifulsoup4.egg-info\SOURCES.txt'
reading manifest template 'MANIFEST.in'
writing manifest file 'beautifulsoup4.egg-info\SOURCES.txt'
```

图 13-7　通过源码安装 BeautifulSoup

BeautifulSoup 支持 Python 标准库包含的 HTML 解析器，同时也支持许多第三方 Python 解析器，其中包含 lxml 解析器。根据不同的操作系统，您可以使用以下命令之一安装 lxml。

❑ apt-get install python-lxml。

❑ easy_install lxml。

❑ pip install lxml。

另一个解析器是 html5lib，它是一个用于解析 HTML 的 Python 库，按照 Web 浏览器的方式解析 HTML。您可以使用以下命令之一安装 html5lib。

❑ apt-get install python-html5lib。

❑ easy_install html5lib。

❑ pip install html5lib。

表 13-2 总结了每个解析器的优缺点。

表 13-2　解析器的比较

解析器	用法	优点	缺点
Python 标准库中的 HTML 解析器	BeautifulSoup(markup, "html.parser")	Python 标准库，执行速度适中	（在 Python 2.7.3 或 3.2.2 之前的版本中）文档容错能力差
lxml 的 HTML 解析器	BeautifulSoup(markup, "lxml")	速度快，文档容错能力强	需要安装 C 语言库
lxml 的 XML 解析器	BeautifulSoup(markup, "lxml-xml") BeautifulSoup(markup, "xml")	速度快，唯一支持 XML 的解析器	需要安装 C 语言库
html5lib	BeautifulSoup(markup, "html5lib")	最好的容错性，以浏览器的方式解析文档，生成 HTML5 格式的文档	速度慢，不依赖外部扩展

2. BeautifulSoup 的使用

下面将通过一个实例介绍如何通过 BeautifulSoup 库进行 HTML 的解析工作。

【例 13-8】 通过 BeautifulSoup 库进行 HTML 的解析，具体步骤如下。（实例位置：资源包\MR\源码\第 13 章\13-8）

（1）导入 bs4 库，然后创建一个模拟 HTML 代码的字符串，代码如下。

```
from bs4 import BeautifulSoup  # 导入BeautifulSoup库

# 创建模拟HTML代码的字符串
html_doc = """
<html><head><title>The Dormouse's story</title></head>
<body>
<p class="title"><b>The Dormouse's story</b></p>

<p class="story">Once upon a time there were three little sisters; and their names were
<a href="http://example.com/elsie" class="sister" id="link1">Elsie</a>,
<a href="http://example.com/lacie" class="sister" id="link2">Lacie</a> and
<a href="http://example.com/tillie" class="sister" id="link3">Tillie</a>;
and they lived at the bottom of a well.</p>
```

```
<p class="story">...</p>
"""
```

（2）创建 BeautifulSoup 对象，并指定解析器为 lxml，最后通过输出的方式将解析的 HTML 代码显示在控制台中，代码如下。

```
# 创建一个BeautifulSoup对象，获取页面正文
soup = BeautifulSoup(html_doc, features="lxml")
print(soup)                    # 输出解析的HTML代码
```

运行结果如图 13-8 所示。

```
<html><head><title>The Dormouse's story</title></head>
<body>
<p class="title"><b>The Dormouse's story</b></p>
<p class="story">Once upon a time there were three little sisters; and their names were
<a class="sister" href="http://example.com/elsie" id="link1">Elsie</a>,
<a class="sister" href="http://example.com/lacie" id="link2">Lacie</a> and
<a class="sister" href="http://example.com/tillie" id="link3">Tillie</a>;
and they lived at the bottom of a well.</p>
<p class="story">...</p>
</body></html>
```

图 13-8　显示解析后的 HTML 代码

 说明　如果将 html_doc 字符串中的代码保存在 index.html 文件中，可以通过打开 HTML 文件的方式进行代码的解析，并且可以通过 prettify( )方法进行代码的格式化处理，代码如下。

```
# 创建BeautifulSoup对象打开需要解析的HTML文件
soup = BeautifulSoup(open('index.html'),'lxml')
print(soup.prettify())          # 输出格式化后的代码
```

13.3　网络爬虫的常用开发框架

网络爬虫的常用
开发框架

　　爬虫框架就是一些爬虫项目的半成品，将常用的功能写好，然后留下一些接口。不同的爬虫项目可调用适合自己的接口，再编写少量的代码实现自己需要的功能。因为已经实现了爬虫常用的功能，所以爬虫框架为开发人员节省了很多精力与时间。

13.3.1　Scrapy 爬虫框架

　　Scrapy 是一套比较成熟的 Python 爬虫框架，简单轻巧，使用方便，可以高效率地爬取网络页面并从页面中提取结构化的数据。Scrapy 是一套开源的框架，所以在使用时不需要担心收取费用的问题。Scrapy 的官网页面如图 13-9 所示。

 说明　Scrapy 开源框架为开发者提供了非常贴心的开发文档，文档中详细地介绍了开源框架的安装以及 Scrapy 的使用教程。

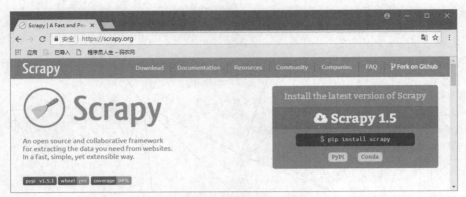

图 13-9　Scrapy 的官网页面

13.3.2　Crawley 爬虫框架

Crawley 也是 Python 开发出的爬虫框架，该框架致力于改变人们从互联网中提取数据的方式。Crawley 的具体特性如下。

❑　基于 Eventlet 构建的高速网络爬虫框架。

❑　可以将数据存储在关系数据库中，如 PostgreSQL，MySQL，Oracle，SQLite 等。

❑　可以将爬取的数据导为 JSON、XML 格式。

❑　支持非关系数据库，如 MongoDB 和 CouchDB。

❑　支持命令提示符工具。

❑　可以使用您喜欢的工具进行数据的提取，如 XPath 或 PyQuery 工具。

❑　支持使用 cookie 登录或访问那些登录后才可以访问的网页。

❑　简单易学（可以参照示例）。

Crawley 的官网页面如图 13-10 所示。

图 13-10　Crawley 的官网页面

13.3.3　PySpider 爬虫框架

相对于 Scrapy 而言，PySpider 是一枝新秀。该爬虫框架采用 Python 编写，具有分布式架构，支持多种数据库后端，拥有强大的 WebUI 支持脚本编辑器、任务监视器、项目管理器以及结果查看器。PySpider 的具体特性如下。

- ❑ Python 脚本控制，可以用任何 HTML 解析包（内置 pyquery）。
- ❑ Web 界面编写调试脚本、起停脚本，监控执行状态，查看活动历史及获取结果产出。
- ❑ 支持 MySQL、MongoDB、Redis、SQLite、Elasticsearch、PostgreSQL 与 SQLAlchemy。
- ❑ 支持 RabbitMQ、Beanstalk、Redis 和 Kombu 作为消息队列。
- ❑ 支持抓取 JavaScript 页面。
- ❑ 强大的调度控制，支持超时重爬及优先级设置。
- ❑ 组件可替换，支持单机/分布式部署，支持 Docker 部署。

13.4 Scrapy 爬虫框架的使用

搭建 Scrapy
爬虫框架

13.4.1 搭建 Scrapy 爬虫框架

Scrapy 爬虫框架依赖的库比较多，尤其是在 Windows 操作系统下，必须依赖的库有 Twisted、lxml、pyOpenSSL 以及 pywin32。搭建 Scrapy 爬虫框架的具体步骤如下。

1. 安装 Twisted 模块

（1）前往 Python 扩展包的非官方 Windows 二进制文件的下载地址，按快捷键<Ctrl+F>搜索"twisted"模块，然后单击对应的索引，如图 13-11 所示。

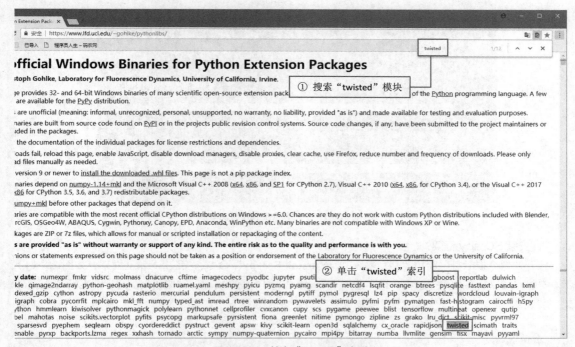

图 13-11 单击"twisted"索引

（2）单击"twisted"索引以后，网页将自动定位到下载"twisted"扩展包二进制文件的位置，读者可根据自己使用的 Python 版本进行下载。笔者使用的是 Python 3.7.0，所以这里单击"Twisted-18.7.0-cp37-cp37m-win_amd64.whl"进行下载，其中"cp37"代表对应 Python 3.7，"win32"与"win_amd64"分别对应 Windows 32 位与 Windows 64 位操作系统，如图 13-12 所示。

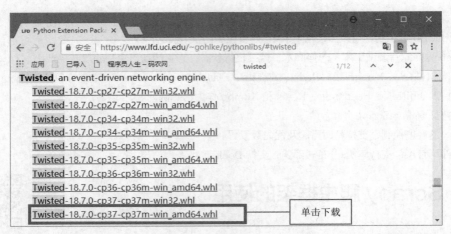

图 13-12　下载 "Twisted-18.7.0-cp37-cp37m-win_amd64.whl" 二进制文件

（3）"Twisted-18.7.0-cp37-cp37m-win_amd64.whl" 二进制文件下载完成后，以管理员身份运行命令提示符，然后使用 "cd" 命令打开 "Twisted-18.7.0-cp37-cp37m-win_amd64.whl" 二进制文件所在的路径，最后在窗口中输入 "pip install Twisted-18.7.0-cp37-cp37m-win_amd64.whl"，安装 Twisted 模块，如图 13-13 所示。

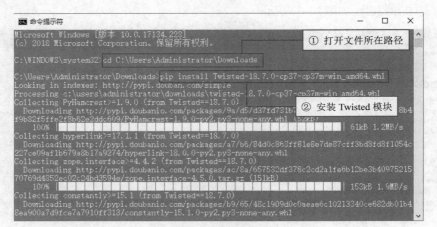

图 13-13　安装 Twisted 模块

2. 安装 Scrapy 框架

打开 "命令提示符" 窗口，然后输入 "pip install Scrapy" 命令，安装 Scrapy 框架，如图 13-14 所示。安装完成以后在命令提示符窗口中输入 "scrapy"，如果没有出现异常或错误信息，则表示 Scrapy 框架安装成功。

说明　在安装 Scrapy 框架的过程中，同时会将 lxml 与 pyOpenSSL 模块也安装在 Python 环境中。

3. 安装 pywin32

打开命令提示符窗口，然后输入 "pip install pywin32" 命令，安装 pywin32 模块。安装完成以后，在 Python 命令行下输入 "import pywin32_system32"，如果没有提示错误信息，则表示安装成功。

图 13-14　安装 Scrapy 框架

13.4.2　创建 Scrapy 项目

在任意路径下创建一个保存项目的文件夹，例如，在"F:\PycharmProjects"文件夹内打开命令提示符窗口，然后输入"scrapy startproject scrapyDemo"，即可创建一个名称为"scrapyDemo"的项目，如图 13-15 所示。

创建 Scrapy 项目

图 13-15　创建 Scrapy 项目

为了提高开发效率，笔者使用 PyCharm 第三方开发工具打开刚刚创建的 scrapyDemo 项目，项目打开后，在左侧项目的目录结构中可以看到图 13-16 所示的内容。

图 13-16　scrapyDemo 项目的目录结构

13.4.3 创建爬虫

在创建爬虫时，首先需要创建一个爬虫模块文件，该文件需要放置在 spiders 文件夹中。爬虫模块是用于从一个网站或多个网站中爬取数据的类，它需要继承 scrapy.Spider 类。

【例 13-9】 爬取网页代码保存到本地。（实例位置：资源包\MR\源码\第 13 章\13-9）

在项目的 spiders 文件夹中创建 crawl.py 文件，实现爬取网页后将网页的代码以 HTML 文件保存至项目文件夹中，代码如下。

```python
import scrapy  # 导入框架
class QuotesSpider(scrapy.Spider):
    name = "quotes"  # 定义爬虫名称

    def start_requests(self):
        # 设置爬取目标的地址
        urls = [
            'http://quotes.toscrape.com/page/1/',
            'http://quotes.toscrape.com/page/2/',
        ]
        # 获取所有地址，有几个地址发送几次请求
        for url in urls:
            # 发送网络请求
            yield scrapy.Request(url=url, callback=self.parse)
    def parse(self, response):
        # 获取页数
        page = response.url.split("/")[-2]
        # 根据页数设置文件名称
        filename = 'quotes-%s.html' % page
        # 写入文件的模式打开文件，如果没有该文件将创建该文件
        with open(filename, 'wb') as f:
            # 向文件中写入获取的HTML代码
            f.write(response.body)
        # 输出保存文件的名称
        self.log('Saved file %s' % filename)
```

在运行 Scrapy 所创建的爬虫项目时，需要在命令提示符窗口中输入 "scrapy crawl quotes"，其中 "quotes" 是自定义的爬虫名称。笔者使用了 PyCharm 第三方开发工具，所以需要在底部的 Terminal 窗口中输入运行爬虫程序的命令行，运行完成以后将显示图 13-17 所示的信息。

```
Terminal
+  2018-06-07 10:19:03 [scrapy.core.engine] INFO: Spider opened
×  2018-06-07 10:19:03 [scrapy.extensions.logstats] INFO: Crawled 0 pages (at 0 pages/min), scraped 0 items (at 0 items/min)
   2018-06-07 10:19:03 [scrapy.extensions.telnet] DEBUG: Telnet console listening on 127.0.0.1:6023
   2018-06-07 10:19:04 [scrapy.core.engine] DEBUG: Crawled (404) <GET http://quotes.toscrape.com/robots.txt> (referer: None)
   2018-06-07 10:19:04 [scrapy.core.engine] DEBUG: Crawled (200) <GET http://quotes.toscrape.com/page/1/> (referer: None)
   2018-06-07 10:19:04 [quotes] DEBUG: Saved file quotes-1.html
   2018-06-07 10:19:04 [scrapy.core.engine] DEBUG: Crawled (200) <GET http://quotes.toscrape.com/page/2/> (referer: None)
   2018-06-07 10:19:04 [quotes] DEBUG: Saved file quotes-2.html
   2018-06-07 10:19:04 [scrapy.core.engine] INFO: Closing spider (finished)
6: TODO      Python Console      Terminal
```

图 13-17 显示启动爬虫程序后的信息

除了在命令提示符窗口中输入命令 "scrapy crawl quotes" 以外，Scrapy 还提供了在程序中启动爬虫的 API，也就是 CrawlerProcess 类。首先需要在 CrawlerProcess 初始化时传入项目设置信息，然后在 crawl() 方法中传入爬虫的名称，最后通过 start() 方法启动爬虫。代码如下。

```python
# 导入CrawlerProcess类
from scrapy.crawler import CrawlerProcess
# 导入获取项目设置信息
from scrapy.utils.project import get_project_settings


# 程序入口
if __name__=='__main__':
    # 创建CrawlerProcess类对象并传入项目设置信息参数
    process = CrawlerProcess(get_project_settings())
    # 设置需要启动的爬虫名称
    process.crawl('quotes')
    # 启动爬虫
    process.start()
```

如果在运行 Scrapy 所创建的爬虫项目时，出现 "SyntaxError:invalid syntax" 错误信息，如图 13-18 所示，说明当前版本的 Python 将 "async" 识别成了关键字。要解决此类错误，需要打开 Python37\Lib\site-packages\twisted\conch\manhole.py 文件，然后将该文件中的所有 "async" 修改成与关键字无关的标识符，如 "async_"。

```
File "<frozen importlib._bootstrap>", line 1006, in _gcd_import
File "<frozen importlib._bootstrap>", line 983, in _find_and_load
File "<frozen importlib._bootstrap>", line 967, in _find_and_load_unlocked
File "<frozen importlib._bootstrap>", line 677, in _load_unlocked
File "<frozen importlib._bootstrap_external>", line 728, in exec_module
File "<frozen importlib._bootstrap>", line 219, in _call_with_frames_removed
File "G:\Python\Python37\lib\site-packages\scrapy\extensions\telnet.py", line 12, in <module>
    from twisted.conch import manhole, telnet
File "G:\Python\Python37\lib\site-packages\twisted\conch\manhole.py", line 154
    def write(self, data, async=False):

SyntaxError: invalid syntax

Process finished with exit code 1
```

图 13-18　Scrapy 框架常见错误信息

13.4.4　获取数据

获取数据

Scrapy 爬虫框架可以通过特定的 CSS 或者 XPath 表达式来选择 HTML 文件中的某一处，并且提取相应的数据。CSS（Cascading Style Sheets，层叠样式表）用于控制 HTML 页面布局、字体、颜色、背景以及其他效果。XPath 是一门可以在 XML 文档中根据元素和属性查找信息的语言。

1. CSS 提取数据

使用 CSS 提取 HTML 文件中的某一处数据时，可以指定 HTML 文件中的标签名称，例如，要获取【例 13-9】中网页的 title 标签，可以使用如下代码。

```python
response.css('title').extract()
```

获取结果如图 13-19 所示。

```
2018-06-07 11:22:09 [scrapy.core.engine] DEBUG: Crawled (200) <GET http://quotes.toscrape.com/page/1/> (referer: None)
['<title>Quotes to Scrape</title>']
2018-06-07 11:22:09 [scrapy.core.engine] DEBUG: Crawled (200) <GET http://quotes.toscrape.com/page/2/> (referer: None)
['<title>Quotes to Scrape</title>']
```

图 13-19　使用 CSS 提取 title 标签

 说明

返回的内容为 CSS 表达式所对应节点的 list 列表，所以在提取标签中的数据时，可以使用以下代码。

```
response.css('title::text').extract_first()
```

或

```
response.css('title::text')[0].extract()
```

2. XPath 提取数据

使用 XPath 表达式提取 HTML 文件中的某一处数据时，需要根据 XPath 表达式的语法规定来获取指定的数据信息，例如，同样是获取 title 标签内的信息，可以使用如下代码。

```
response.xpath('//title/text()').extract_first()
```

【例 13-10】　实现使用 XPath 表达式获取多条信息。（实例位置：资源包\MR\源码\第 13 章\13-10）

在【例 13-9】的基础上实现使用 XPath 表达式获取多条信息，修改 parse()函数的代码为以下代码。

```python
# 响应信息
def parse(self, response):
    # 获取所有信息
    for quote in response.xpath(".//*[@class='quote']"):
        # 获取名人名言文字信息
        text = quote.xpath(".//*[@class='text']/text()").extract_first()
        # 获取作者
        author = quote.xpath(".//*[@class='author']/text()").extract_first()
        # 获取标签
        tags = quote.xpath(".//*[@class='tag']/text()").extract()
        # 以字典形式输出信息
        print(dict(text=text, author=author, tags=tags))
```

3. 翻页提取数据

前面已经实现了获取网页中的数据，如果需要获取整个网站的所有信息，就要使用翻页功能。例如，获取整个网站的作者名称，可以使用以下代码。

```python
# 响应信息
def parse(self, response):
    # div.quote
    # 获取所有信息
    for quote in response.xpath(".//*[@class='quote']"):
        # 获取作者
        author = quote.xpath(".//*[@class='author']/text()").extract_first()
        print(author)  # 输出作者名称

    # 实现翻页
```

```
for href in response.css('li.next a::attr(href)'):
        yield response.follow(href, self.parse)
```

4. 创建 Items

爬取网页数据的过程就是从非结构性的数据源中提取结构性数据的过程。例如，在 QuotesSpider 类的 parse() 方法中已经获取 text、author 以及 tags 等信息，如果需要将这些数据包装成结构化数据，就要用到 Scrapy 所提供的 Item 类。Item 对象是一个简单的容器，用于保存爬取到的数据信息，它提供了一个类似于字典的 API，用于声明其可用字段的便捷语法。Item 使用简单的类定义语法和 Field 对象来声明。在创建 scrapyDemo 项目时，项目的目录结构中就已经自动创建了一个 items.py 文件，用来定义存储数据信息的 Item 类，它需要继承 scrapy.Item。示例代码如下。

```
import scrapy
class ScrapydemoItem(scrapy.Item):
    # define the fields for your item here like:
    # 定义获取名人名言文字信息
    text = scrapy.Field()
    # 定义获取的作者
    author =scrapy.Field()
    # 定义获取的标签
    tags = scrapy.Field()
    pass
```

Item 类创建完成以后，回到自己编写的爬虫代码中，在 parse() 方法中创建 Item 对象，然后输出信息，代码如下。

```
# 响应信息
def parse(self, response):
    # 获取所有信息
    for quote in response.xpath(".//*[@class='quote']"):
        # 获取名人名言文字信息
        text = quote.xpath(".//*[@class='text']/text()").extract_first()
        # 获取作者
        author = quote.xpath(".//*[@class='author']/text()").extract_first()
        # 获取标签
        tags = quote.xpath(".//*[@class='tag']/text()").extract()
        # 创建Item对象
        item = ScrapydemoItem(text=text, author=author, tags=tags)
        yield item # 输出信息
```

 由于 Scrapy 爬虫框架相关内容较多，这里仅简单介绍了该爬虫框架的安装、创建爬虫以及数据的提取，详细的使用教程可以登录 Scrapy 官方网站进行查询。

小 结

本章首先介绍了什么是网络爬虫、网络爬虫的分类与基本原理；然后介绍了网络爬虫的常用技术，如网络请求、headers 处理、网络超时、代理服务以及解析 HTML 的常用模块等。在编写网络爬虫程序时，可以使用第三方开源的爬虫框架，通过框架中原有的接口实现自己需要的功能。通过学习本章内容，读者可以对 Python 网络爬虫有一定的了解，初步学会使用网络爬虫，为今后网络爬虫的项目开发打下良好的基础。

上机指导

有些网页中的信息是动态加载的，例如，图 13-20 所示的某网页中，商品价格就不是加载页面时直接加载的。如果使用爬虫技术爬取这样的信息，是需要单独发送请求获取的。本实例要求使用爬虫技术抓取网页中动态加载的可用数据，程序运行结果如图 13-21 所示。

图 13-20　某网页商品价格

```
当前售价为： 72.40
定价为： 99.80
会员价为： 63.40
```

图 13-21　获取动态加载的商品价格

开发步骤如下。

（1）在浏览器的网络监视器中根据动态加载的技术选择网络请求的类型。首先在浏览器中按快捷键〈F12〉打开"开发者工具"，然后选择"Network"（网络监视器）并在网络类型中选择"JS"，再按快捷键〈F5〉刷新，如图 13-22 所示。

图 13-22　刷新网络监视器

（2）通过逐个筛选的方式查询预览信息中的关键数据。首先在请求信息的列表中，依次单击每个请求信息，然后在对应的"Preview"（请求结果预览）中核对其是否为需要获取的动态加载数据，如图 13-23 所示。

（3）动态加载的数据信息核对完成后，单击"Headers"查看当前的请求地址以及请求参数，如图 13-24 所示。

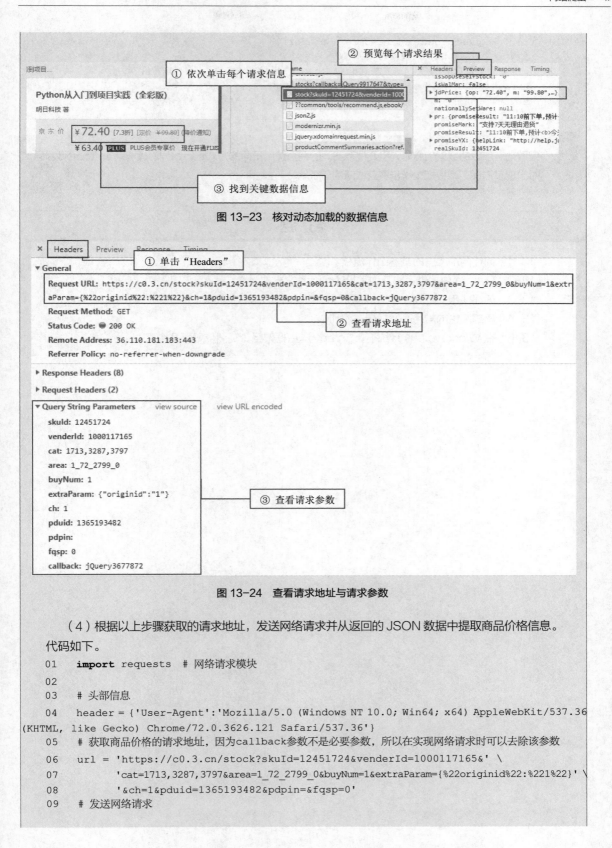

图 13-23　核对动态加载的数据信息

图 13-24　查看请求地址与请求参数

（4）根据以上步骤获取的请求地址，发送网络请求并从返回的 JSON 数据中提取商品价格信息。
代码如下。

```
01    import requests  # 网络请求模块
02
03    # 头部信息
04    header = {'User-Agent':'Mozilla/5.0 (Windows NT 10.0; Win64; x64) AppleWebKit/537.36
(KHTML, like Gecko) Chrome/72.0.3626.121 Safari/537.36'}
05    # 获取商品价格的请求地址，因为callback参数不是必要参数，所以在实现网络请求时可以去除该参数
06    url = 'https://c0.3.cn/stock?skuId=12451724&venderId=1000117165&' \
07          'cat=1713,3287,3797&area=1_72_2799_0&buyNum=1&extraParam={%22originid%22:%221%22}' \
08          '&ch=1&pduid=1365193482&pdpin=&fqsp=0'
09    # 发送网络请求
```

223

```
10    re = requests.get(url,headers = header)
11    json = re.json()    # 解析JSON数据
12    print('当前售价为: ',json['stock']['jdPrice']['op'])    # 当前售价
13    print('定价为: ',json['stock']['jdPrice']['m'])    # 定价
14    print('会员价为: ',json['stock']['jdPrice']['tpp'])    # 会员价
```

 说明

爬取动态加载的数据信息时，需要根据不同的网页使用不同的方式进行数据的提取。如果在运行源码时出现了错误，请根据操作步骤获取新的请求地址。

习 题

13-1 简述网络爬虫的基本工作流程。

13-2 Python 中提供了哪几种常见的网络请求方式？

13-3 简述使用 BeautifulSoup 解析 HTML 文档的基本步骤。

13-4 网络爬虫的常用开发框架有哪几个？

13-5 在 Windows 操作系统下，Scrapy 爬虫框架至少需要依赖哪几个库？

第14章

综合开发实例——学生信息管理系统

本章要点

- 软件的开发流程
- 主函数和主菜单的编写
- 使用文本文件保存学生信息
- 从文件中查找数据
- 将程序打包为.exe可执行文件

在科技日益发展的今天，学生成为国家关注和培养的重点，衡量一个学生在校状态的重要指标就是学生的成绩。如今学生多，信息更新快，手工记录学生信息已经跟不上时代的发展。手工作业容易出错，不能及时反映学生成绩的更新，不便于了解学生最近的状态，导致指导工作相对滞后。而智能化、信息化的学生信息管理系统可以更方便快捷地统计学生的信息，记录学生的信息，及时更新学生的信息，使教师实时了解学生的动态，更好地管理学生，更准确地指引学生的学习方向。

本章使用 Python 开发一个学生信息管理系统。该系统可以帮助教师快速录入学生的信息，对学生的信息进行基本的增、删、改、查操作；还可以对学生成绩进行排序，使教师随时掌握学生近期的学习状态；并且能够实时地将学生的信息保存到磁盘文件中，方便查看。

14.1 需求分析

需求分析

为了顺应互联网时代用户获取数据的需求，学生信息管理系统应该具备以下功能。

- ❑ 添加学生及成绩信息。
- ❑ 将学生信息保存到文件中。
- ❑ 修改和删除学生信息。
- ❑ 查询学生信息。
- ❑ 根据学生成绩进行排序。
- ❑ 统计学生的分数。

14.2 系统设计

系统设计

14.2.1 系统功能结构

学生信息管理系统的功能结构如图 14-1 所示。

图 14-1 系统功能结构

14.2.2　系统业务流程

在开发学生信息管理系统前，需要先了解软件的业务流程。根据学生信息管理系统的需求分析及功能结构，设计出图 14-2 所示的系统业务流程。

图 14-2　系统业务流程

14.2.3　系统预览

学生信息管理系统是一款在 IDLE 中运行的程序。在程序开始时，首先进入的是系统主界面，该界面显示可选择的功能菜单，如图 14-3 所示。

在主界面输入 1 或者按键盘上的↑或↓方向键，选择"1 录入学生信息"菜单项，将进入录入学生信息界面，在该界面中，可以批量输入学生信息，如图 14-4 所示。

图 14-3　系统主界面

图 14-4　录入学生信息

在主界面输入 2 或者选择"查找学生信息"菜单项，将进入查找学生信息界面，在该界面中，可以根据学生 ID 或者学生姓名查询学生成绩信息，如图 14-5 所示。

在主界面输入 4 或者选择"修改学生信息"菜单项，将进入修改学生成绩信息界面，在该界面中，可以根据学生 ID 修改学生成绩信息，如图 14-6 所示。

在主界面输入 5 或者选择"排序"菜单项，将进入对学生成绩进行排序的界面，在该界面中，可以对学生成绩进行升序或降序排列，如图 14-7 所示。

图 14-5　查找学生信息

图 14-6　修改学生信息

图 14-7　排序

14.3　系统开发必备

14.3.1　系统开发环境

本系统的软件开发及运行环境如下。

❑　操作系统：Windows 7 或 Windows 10。

❑　Python 版本：Python 3.7.0。

❑　开发工具：Python IDLE。

❑　Python 内置模块：os、re。

14.3.2　文件夹组织结构

学生信息管理系统的文件夹组织结构比较简单，只包括一个 Python 文件。在运行程序时，会在项目的根目录下自动创建一个名称为 students.txt 的文件，用于保存学生信息，其详细结构如图 14-8 所示。

图 14-8　文件夹组织结构

14.4 主函数设计

14.4.1 功能概述

学生信息管理系统的主函数 main()主要用于实现系统的主界面。主函数 main()主要是调用 menu()函数生成功能菜单,并应用 if 语句控制各个子函数的调用,从而实现对学生信息的录入、查询、显示、保存、排序和统计等功能。系统主界面如图 14-9 所示。

图 14-9 系统主界面

14.4.2 主函数的业务流程

在设计学生信息管理系统的主函数前,先要梳理出它的业务流程和实现技术。根据学生信息管理系统主函数要实现的功能,可以画出图 14-10 所示的业务流程。

图 14-10 主函数的业务流程

14.4.3 实现主函数

运行学生信息管理系统,首先将进入功能菜单的选择界面(主界面),用户可以根据需要输入功能对应的数字编号或者按键盘上的↑或↓方向键选择功能。在 menu()函数中主要使用 print()函数在控制台输出文字和特殊字符组成的功能菜单。当用户输入功能编号或选择相应的功能后,程序会根据用户输入的功能编号(如果是通过↑或↓方向键选择的功能,程序会自动提取对应的数字)调用不同的函数。具体数字表示的功能如表 14-1 所示。

表 14-1　菜单中的数字所表示的功能

编号	功能
0	退出系统
1	录入学生信息，调用 insert()函数
2	查找学生信息，调用 search()函数
3	删除学生信息，调用 delete()函数
4	修改学生信息，调用 modify()函数
5	对学生成绩排序，调用 sort()函数
6	统计学生总人数，调用 total()函数
7	显示所有学生信息，调用 show()函数

主函数 main()的实现代码如下。

```
def main():
    ctrl = True                              # 标记是否退出系统
    while (ctrl):
        menu()                               # 显示菜单
        option = input("请选择: ")            # 选择菜单项
        option_str = re.sub("\D", "", option) # 提取数字
        if option_str in ['0', '1', '2', '3', '4', '5', '6', '7']:
            option_int = int(option_str)
            if option_int == 0:              # 退出系统
                print('您已退出学生信息管理系统! ')
                ctrl = False
            elif option_int == 1:            # 录入学生信息
                insert()
            elif option_int == 2:            # 查找学生信息
                search()
            elif option_int == 3:            # 删除学生信息
                delete()
            elif option_int == 4:            # 修改学生信息
                modify()
            elif option_int == 5:            # 排序
                sort()
            elif option_int == 6:            # 统计学生总人数
                total()
            elif option_int == 7:            # 显示所有学生信息
                show()
```

 main()函数分别调用了 insert( )、search( )、delete( )、modify( )、sort( )、total( )、show( )等函数，这些函数实现的功能将在下面进行详细介绍。

创建程序入口，然后调用主函数，代码如下。

```
if __name__ == "__main__":
    main()
```

14.4.4　显示主菜单

在主函数 main()中，首先调用了 menu()函数。函数 menu()用于显示功能菜单。它的具体代码如下。

```python
def menu():
    # 输出菜单
    print('''
                   ┌───────────学生信息管理系统───────────┐
                   │                                      │
                   │   ============ 功能菜单 ============ │
                   │                                      │
                   │      1 录入学生信息                  │
                   │      2 查找学生信息                  │
                   │      3 删除学生信息                  │
                   │      4 修改学生信息                  │
                   │      5 排序                          │
                   │      6 统计学生总人数                │
                   │      7 显示所有学生信息              │
                   │      0 退出系统                      │
                   │   ================================== │
                   │   说明：通过数字或↑↓方向键选择菜单  │
                   └──────────────────────────────────────┘
    ''')
```

14.5 学生信息维护模块设计

学生信息维护
模块概述

14.5.1 学生信息维护模块概述

学生信息管理系统的学生信息维护模块用于维护学生信息，主要包括录入学生信息、修改学生信息和删除学生信息。学生信息会被保存到磁盘文件。用户在主界面输入数字"1"或者使用↑或↓方向键选择"1 录入学生信息"菜单项，即可进入录入学生信息界面。在这里可以批量录入学生信息，并保存到磁盘文件中，如图 14-11 所示。

图 14-11 录入学生信息

用户在主界面输入数字"3"或者使用↑或↓方向键选择"3 删除学生信息"菜单项，即可进入删除学生信息界面。在这里可以根据学生 ID 从磁盘文件中删除指定的学生信息，如图 14-12 所示。

图 14-12　删除学生信息

用户在主界面输入数字"4"或者使用↑或↓方向键选择"4 修改学生信息"菜单项，即可进入修改学生信息界面。在这里可以根据学生 ID 修改指定的学生信息，如图 14-13 所示。

图 14-13　修改学生信息

14.5.2　实现录入学生信息功能

1. 功能概述

录入学生信息功能主要是获取用户在控制台上输入的学生信息，并且把它们保存到磁盘文件中，从而达到永久保存的目的。在主界面输入 1，并且按<Enter>键，系统将分别提示输入学生 ID、名字、英语成绩、Python 成绩和 C 语言成绩。输入正确的信息后，系统会询问是否继续添加，如图 14-14 所示。输入"y"，系统将会再次提示用户输入学生信息；输入"n"，

实现录入学生
信息功能

系统将录入的学生信息保存到磁盘文件中。

图 14-14 录入一条学生信息

2. 业务流程

在实现录入学生信息功能前，先要梳理出它的业务流程和实现技术。根据要实现的功能，可以画出图 14-15 所示的业务流程。

图 14-15 录入学生信息的业务流程

3. 具体实现

（1）编写一个向文件写入指定内容的函数，将其命名为 save()，该函数有一个列表类型的参数，用于指定要写入的内容。save()函数的具体代码如下。

```python
# 将学生信息保存到文件
def save(student):
    try:
        students_txt = open(filename, "a")      # 以追加模式打开
    except Exception as e:
        students_txt = open(filename, "w")      # 文件不存在，创建文件并打开
    for info in student:
        students_txt.write(str(info) + "\n")    # 按行存储，添加换行符
    students_txt.close()                        # 关闭文件
```

说明

上面的代码将以追加模式打开一个文件，并且应用 try…except 语句捕获异常。如果出现异常，则说明要打开的文件不存在，这时以写模式创建并打开文件。接下来再通过 for 语句将列表中的元素一行一行地写入文件，每行结束添加换行符。

（2）编写主函数中调用的录入学生信息的函数 insert()。在该函数中，先定义一个保存学生信息的空列表，

然后设置一个 while 循环，在该循环中通过 input()函数要求用户输入学生信息（包括 ID、名字、英语成绩、Python 成绩和 C 语言成绩），如果这些内容都符合要求，则将它们保存到字典中，再将该字典添加到列表中，并且询问是否继续添加，如果不再添加，则结束 while 循环，并调用 save()函数，将录入的学生信息保存到文件中。insert()函数的具体代码如下。

```python
def insert():
    stdentList = []                              # 保存学生信息的列表
    mark = True                                  # 是否继续添加
    while mark:
        id = input("请输入ID（如 1001）: ")
        if not id:                               # ID为空，跳出循环
            break
        name = input("请输入名字: ")
        if not name:                             # 名字为空，跳出循环
            break
        try:
            english = int(input("请输入英语成绩: "))
            python = int(input("请输入Python成绩: "))
            c = int(input("请输入C语言成绩: "))
        except:
            print("输入无效，不是整型数值……重新录入信息")
            continue
        # 将输入的学生信息保存到字典
        stdent = {"id": id, "name": name, "english": english, "python": python, "c":c}
        stdentList.append(stdent)                # 将学生字典添加到列表中
        inputMark = input("是否继续添加？（y/n）:")
        if inputMark == "y":                     # 继续添加
            mark = True
        else:                                    # 不继续添加
            mark = False
    save(stdentList)                             # 将学生信息保存到文件
    print("学生信息录入完毕!!! ")
```

 上面的代码中设置了一个标记变量 mark，用于控制是否退出循环。

（3）执行录入学生信息后，将在项目的根目录中创建一个名称为 students.txt 的文件，该文件中保存着学生信息。例如，输入 2 条信息后，students.txt 文件的内容如图 14-16 所示。

图 14-16　students.txt 文件的内容

14.5.3　实现删除学生信息功能

1．功能概述

删除学生信息功能主要是根据用户在控制台上输入的学生 ID,到磁盘文件中找到对

实现删除学生
信息功能

应的学生信息，并将其删除。在主界面输入 3，并且按<Enter>键，系统将提示输入要删除的学生 ID，输入相应的学生 ID 后，系统会直接从文件中删除该学生信息，并且提示是否继续删除，如图 14-17 所示。输入"y"，系统将会再次提示用户输入要删除的学生 ID；输入"n"，则退出删除功能。

图 14-17　删除一条学生信息

2. 业务流程

在实现删除学生信息功能前，先要梳理出它的业务流程和实现技术。根据要实现的功能，可以画出图 14-18 所示的业务流程。

图 14-18　删除学生信息的业务流程

3. 具体实现

编写主函数中调用的删除学生信息的函数 delete()。在该函数中，设置一个 while 循环，在该循环中，首先通过 input()函数要求用户输入要删除的学生 ID，然后以只读模式打开保存学生信息的文件，并且读取其内容，保存到一个列表中，再以写模式打开保存学生信息的文件，并且遍历保存学生信息的列表，将每个元素转换为字典，从而便于根据输入的学生 ID 判断是否为要删除的信息，如果不是要删除的信息，则将其重新写入文件。delete()函数的具体代码如下。

```python
def delete():
    mark = True                                    # 标记是否循环
    while mark:
        studentId = input("请输入要删除的学生ID: ")
        if studentId is not "":                    # 判断是否输入了要删除的学生
            if os.path.exists(filename):           # 判断文件是否存在
                with open(filename, 'r') as rfile: # 打开文件
                    student_old = rfile.readlines() # 读取全部内容
            else:
                student_old = []
            ifdel = False                          # 标记是否删除
            if student_old:                        # 如果存在学生信息
                with open(filename, 'w') as wfile: # 以写方式打开文件
                    d = {}                         # 定义空字典
```

```
            for list in student_old:
                d = dict(eval(list))                # 字符串转字典
                if d['id'] != studentId:
                    wfile.write(str(d) + "\n")       # 将一条学生信息写入文件
                else:
                    ifdel = True                     # 标记已经删除
            if ifdel:
                print("ID为 %s 的学生信息已经被删除……" % studentId)
            else:
                print("没有找到ID为 %s 的学生信息……" % studentId)
        else:                                        # 不存在学生信息
            print("无学生信息……")
            break                                    # 退出循环
        show()                                       # 显示全部学生信息
        inputMark = input("是否继续删除？（y/n）:")
        if inputMark == "y":
            mark = True                              # 继续删除
        else:
            mark = False                             # 退出删除学生信息功能
```

说明 上面的代码调用了 show( )函数显示学生信息，该函数将在 14.6.4 节中进行介绍。

14.5.4 实现修改学生信息功能

实现修改学生
信息功能

1. 功能概述

修改学生信息功能主要是根据用户在控制台上输入的学生 ID，到磁盘文件中找到对应的学生信息，再对其进行修改。在主界面输入 4，并且按<Enter>键，系统首先显示全部学生信息列表，再提示输入要修改的学生 ID，输入相应的学生 ID 后，系统会在文件中查找该学生信息，如果找到，则提示修改相应的信息，否则不修改，最后提示是否继续修改，如图 14-19 所示。输入"y"，系统将会再次提示用户输入要修改的学生 ID；输入"n"，则退出修改功能。

```
*Python 3.7.0 Shell*                                                    —  □  ×
File  Edit  Shell  Debug  Options  Window  Help
请选择：4
  ID        名字           英语成绩      Python成绩      C语言成绩       总成绩
 1001        无语            100           99            89            288
请输入要修改的学生ID：1001
找到了这名学生，可以修改他的信息！
请输入姓名：无语
请输入英语成绩：99
请输入Python成绩：100
请输入C语言成绩：98
修改成功！
是否继续修改其他学生信息？（y/n）:
                                                              Ln: 80  Col: 24
```

图 14-19　修改学生信息

2. 业务流程

在实现修改学生信息功能前，先要梳理出它的业务流程和实现技术。根据要实现的功能，可以画出图 14-20 所示的业务流程。

图14-20 修改学生信息的业务流程

3. 具体实现

编写主函数中调用的修改学生信息的函数 modify()。在该函数中，调用 show()函数显示全部学生信息，之后判断保存学生信息的文件是否存在，如果存在，以只读模式打开文件，并读取全部学生信息保存到列表中，否则返回。接下来提示用户输入要修改的学生 ID，并且以写模式打开文件。打开文件后，遍历保存学生信息的列表，将每个元素转换为字典，再根据输入的学生 ID 判断是否为要修改的信息，如果是要修改的信息，则提示用户输入新的信息，并保存到文件，否则直接将其写入文件。modify()函数的具体代码如下。

```python
def modify():
    show()                                          # 显示全部学生信息
    if os.path.exists(filename):                    # 判断文件是否存在
        with open(filename, 'r') as rfile:          # 打开文件
            student_old = rfile.readlines()         # 读取全部内容
    else:
        return
    studentid = input("请输入要修改的学生ID: ")
    with open(filename, "w") as wfile:              # 以写模式打开文件
        for student in student_old:
            d = dict(eval(student))                 # 字符串转字典
            if d["id"] == studentid:                # 是否为要修改的学生
                print("找到了这名学生，可以修改他的信息！")
                while True:                         # 输入要修改的信息
                    try:
                        d["name"] = input("请输入姓名：")
                        d["english"] = int(input("请输入英语成绩："))
                        d["python"] = int(input("请输入Python成绩："))
                        d["c"] = int(input("请输入C语言成绩："))
                    except:
                        print("您的输入有误，请重新输入。")
                    else:
                        break                        # 跳出循环
                student = str(d)                     # 将字典转换为字符串
                wfile.write(student + "\n")          # 将修改的信息写入文件
                print("修改成功！")
            else:
                wfile.write(student)                 # 将未修改的信息写入文件
```

```
mark = input("是否继续修改其他学生信息？（y/n）：")
if mark == "y":
    modify()                                    # 重新执行修改操作
```

> **说明**
>
> 上面的代码调用了 eval( )函数，用于执行一个字符串表达式，并返回表达式的值。例如，下面的代码执行后，将抛出图 14-21 所示的异常。
>
> ```
> print(dict("{'name':'无语'}"))
> ```
>
> ```
> Traceback (most recent call last):
>   File "C:\python\Python37\demo.py", line 7, in <module>
>     print(dict("{'name':'无语'}"))
> ValueError: dictionary update sequence element #0 has length 1; 2 is required
> >>>
> ```
>
> 图 14-21　抛出异常
>
> 使用 eval( )函数转换后，再执行就不会抛出异常，字符串被正常转换为字典。修改后的代码如下。
>
> ```
> print(dict(eval("{'name':'无语'}")))
> ```
>
> 执行结果如下：
>
> ```
> {'name': '无语'}
> ```

14.6　查询/统计模块设计

14.6.1　查询/统计模块概述

查询/统计模块概述

在学生信息管理系统中，查询/统计模块用于查询和统计学生信息，主要包括根据学生 ID 或姓名查找学生信息、统计学生总人数和显示所有学生信息。在显示获取到的学生信息时，会自动计算该学生的总成绩。

用户在主界面中输入数字"2"或者使用↑或↓方向键选择"2 查找学生信息"菜单项，即可进入查找学生信息界面。在这里可以根据学生 ID 或姓名查找学生信息，如图 14-22 所示。

图 14-22　查找学生信息

用户在主界面中输入数字"6"或者使用↑或↓方向键选择"6 统计学生总人数"菜单项,即可进入统计学生总人数界面。在这里可以统计并显示一共有多少名学生,如图14-23所示。

图14-23　统计学生总人数

用户在主界面中输入数字"7"或者使用↑或↓方向键选择"7 显示所有学生信息"菜单项,即可进入显示所有学生信息界面。在这里可以显示全部学生信息(包括学生的总成绩),如图14-24所示。

图14-24　显示所有学生信息

14.6.2　实现查找学生信息功能

1. 功能概述

实现查找学生
信息功能

查找学生信息功能主要是根据用户在控制台上输入的学生ID或姓名,到磁盘文件中找到对应的学生信息。在主界面输入2,并且按<Enter>键,系统将要求用户选择是按学生ID查询还是按学生姓名查询;如果用户输入1,则要求用户输入想要查询的学生ID。系统查找该学生信息,如果找到则显示,如图14-25所示;否则显示"(o@.@o) 无数据信息 (o@.@o)",如图14-26所示。最后提示是否继续查询。输入"y",系统将再次提示用户选择查找方式;输入"n",则退出查找学生信息功能。

图 14-25 通过学生 ID 查找学生信息

图 14-26 未找到符合条件的学生信息

2. 业务流程

在实现查找学生信息功能前，先要梳理出它的业务流程和实现技术。根据要实现的功能，可以画出图 14-27 所示的业务流程。

图 14-27 查找学生信息的业务流程

3. 具体实现

编写主函数中调用的查找学生信息的函数 search()。在该函数中，设置一个循环，该循环先判断保存学生信息的文件是否存在，如果不存在，则给出提示并返回，否则提示用户选择查询方式，之后再根据选择的方式，在保存学生信息的文件中查找对应的学生信息，并且调用 show_student() 函数显示查询结果。search() 函数的具体代码如下。

```python
def search():
    mark = True
    student_query = []                      # 保存查询结果的学生列表
    while mark:
        id = ""
        name = ""
        if os.path.exists(filename):        # 判断文件是否存在
            mode = input("按ID查输入1；按姓名查输入2: ")
            if mode == "1":                 # 按学生ID查询
```

```
                        id = input("请输入学生ID: ")
            elif mode == "2":                    # 按学生姓名查询
                name = input("请输入学生姓名: ")
            else:
                print("您的输入有误, 请重新输入! ")
                search()                         # 重新查询
            with open(filename, 'r') as file:    # 打开文件
                student = file.readlines()       # 读取全部内容
                for list in student:
                    d = dict(eval(list))         # 字符串转字典
                    if id is not "":             # 判断是否按ID查询
                        if d['id'] == id:
                            student_query.append(d)   # 将找到的学生信息保存到列表中
                    elif name is not "":         # 判断是否按姓名查询
                        if d['name'] == name:
                            student_query.append(d)   # 将找到的学生信息保存到列表中
                show_student(student_query)      # 显示查询结果
                student_query.clear()            # 清空列表
                inputMark = input("是否继续查询? (y/n):")
                if inputMark == "y":
                    mark = True
                else:
                    mark = False
        else:
            print("暂未保存数据信息……")
            return
```

上面的代码调用了函数 show_student()，用于将获取的列表按指定格式显示出来。show_student()函数的具体代码如下。

```
# 将保存在列表中的学生信息显示出来
def show_student(studentList):
    if not studentList:                      # 如果没有要显示的数据
        print("(o@.@o) 无数据信息 (o@.@o) \n")
        return
    # 定义标题显示格式
    format_title = "{:^6}{:^12}\t{:^8}\t{:^10}\t{:^10}\t{:^10}"
    print(format_title.format("ID", "名字", "英语成绩", "Python成绩",
        "C语言成绩", "总成绩"))     # 按指定格式显示标题
    # 定义具体内容显示格式
    format_data = "{:^6}{:^12}\t{:^12}\t{:^12}\t{:^12}\t{:^12}"
    for info in studentList:                  # 通过for循环将列表中的数据全部显示出来
        print(format_data.format(info.get("id"),
            info.get("name"), str(info.get("english")), str(info.get("python")),
            str(info.get("c")),
            str(info.get("english") + info.get("python") +
            info.get("c")).center(12)))
```

上面的代码使用了字符串的 format( )方法对其进行格式化。在指定字符串的显示格式时，数字表示所占宽度；符号 "^" 表示居中显示；"\t"表示添加一个制表符。

14.6.3 实现统计学生总人数功能

实现统计学生
总人数功能

1. 功能概述

统计学生总人数功能主要是统计学生信息文件中保存的学生信息个数。在主界面选择"6 统计学生总人数"菜单项，并且按<Enter>键，系统将自动统计出学生总人数并显示，如图 14-28 所示。

图 14-28　统计学生总人数

2. 业务流程

在实现统计学生总人数功能前，先要梳理出它的业务流程和实现技术。根据要实现的功能，可以画出图 14-29 所示的业务流程。

图 14-29　统计学生总人数的业务流程

3. 具体实现

编写主函数中调用的统计学生总人数的函数 total()。在该函数中，添加一个 if 语句，用于判断保存学生信息的文件是否存在，如果存在，则以只读模式打开该文件，并读取该文件的全部内容保存到一个列表中，然后再应用 len()函数统计该列表的元素个数，即可得到学生的总人数。total()函数的具体代码如下。

```python
def total():
    if os.path.exists(filename):                      # 判断文件是否存在
        with open(filename, 'r') as rfile:            # 打开文件
            student_old = rfile.readlines()           # 读取全部内容
            if student_old:
                print("一共有 %d 名学生! " % len(student_old)) # 统计学生人数
            else:
                print("还没有录入学生信息! ")
    else:
        print("暂未保存数据信息……")
```

14.6.4 实现显示所有学生信息功能

实现显示所有
学生信息功能

1. 功能概述

显示所有学生信息功能主要是获取学生信息文件中保存的全部学生信息并显示。在主界面选择"7 显示所有学生信息"菜单项，并且按<Enter>键，系统将获取并显示全

部学生信息，如图 14-30 所示。

图 14-30　显示所有学生信息

2. 业务流程

在实现显示所有学生信息功能前，先要梳理出它的业务流程和实现技术。根据要实现的功能，可以画出图 14-31 所示的业务流程。

图 14-31　显示所有学生信息的业务流程

3. 具体实现

编写主函数中调用的统计学生总人数的函数 show()。在该函数中，添加一个 if 语句，用于判断保存学生信息的文件是否存在，如果存在，则以只读模式打开该文件，并读取该文件的全部内容到一个列表中，然后再遍历该列表，并将其元素转换为字典，再添加到一个新列表中，最后调用 show_student()函数显示新列表中的信息。show()函数的具体代码如下。

```python
def show():
    student_new = []
    if os.path.exists(filename):              # 判断文件是否存在
        with open(filename, 'r') as rfile:    # 打开文件
            student_old = rfile.readlines()   # 读取全部内容
        for list in student_old:
            student_new.append(eval(list))    # 将找到的学生信息保存到列表中
        if student_new:
            show_student(student_new)
    else:
        print("暂未保存数据信息……")
```

说明　上面的代码调用了 show_student( )函数将列表中的学生信息显示到控制台。show_student( )函数已经在 14.6.2 节创建。

14.7　排序模块设计

14.7.1　排序模块概述

在学生信息管理系统中，排序模块用于对学生信息按成绩进行排序，主要包括按英语成绩、Python 成绩、C 语言成绩和总成绩升序或降序排列。用户在主界面中输入数字"5"或者使用↑或↓方向键选择"5 排序"菜单项，即可进入排序界面。在这里，系统先按录入顺序显示学生信息（不排序），然后要求用户选择排序方式，再根据选择的方式进行排序显示，如图 14-32 所示。

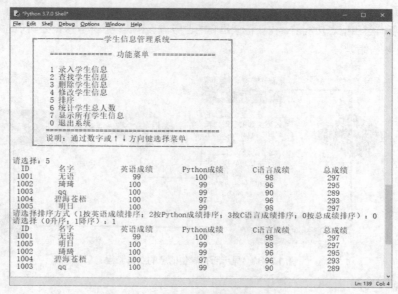

图 14-32　按总成绩降序排列

14.7.2　实现按学生成绩排序

1. 功能概述

按学生成绩排序功能主要是将学生信息按英语成绩、Python 成绩、C 语言成绩或总成绩升序或降序排列。输入 5，并且按〈Enter〉键，系统将先显示不排序的全部学生信息，然后提示选择排序方式，假设输入 2，再选择降序排列，系统将学生信息按 Python 成绩降序排列并显示，如图 14-33 所示。

图 14-33　按 Python 成绩降序排列

2. 业务流程

在实现按学生成绩排序功能前，先要梳理出它的业务流程和实现技术。根据要实现的功能，可以画出图 14-34 所示的业务流程。

图 14-34　按学生成绩排序的业务流程

3. 具体实现

编写主函数中调用的排序的函数 sort()。在该函数中，首先判断保存学生信息的文件是否存在，如果存在，则打开该文件读取全部学生信息，并将每一名学生的信息转换为字典保存到一个新的列表中，然后获取用户输入的排序方式，再根据选择结果进行相应的排序，最后调用 show_student() 函数显示排序结果。sort() 函数的具体代码如下。

```python
def sort():
    show()                                      # 显示全部学生信息
    if os.path.exists(filename):                # 判断文件是否存在
        with open(filename, 'r') as file:       # 打开文件
            student_old = file.readlines()      # 读取全部内容
            student_new = []
            for list in student_old:
                d = dict(eval(list))            # 字符串转字典
                student_new.append(d)           # 将转换后的字典添加到列表中
    else:
        return
    ascORdesc = input("请选择（0升序；1降序）: ")
    if ascORdesc == "0":                        # 按升序排序
        ascORdescBool = False
    elif ascORdesc == "1":                      # 按降序排序
        ascORdescBool = True
    else:
        print("您的输入有误，请重新输入！")
        sort()
    mode = input("请选择排序方式（1按英语成绩排序；2按Python成绩排序；3按C语言成绩排序；0按总成绩排序）: ")
    if mode == "1":                             # 按英语成绩排序
        student_new.sort(key=lambda x: x["english"] , reverse=ascORdescBool)
    elif mode == "2":                           # 按Python成绩排序
        student_new.sort(key=lambda x: x["python"] , reverse=ascORdescBool)
    elif mode == "3":                           # 按C语言成绩排序
        student_new.sort(key=lambda x: x["c"] , reverse=ascORdescBool)
    elif mode == "0":                           # 按总成绩排序
```

```
            student_new.sort(key=lambda x: x["english"] + x["python"] + x["c"] , reverse=
ascORdescBool)
        else:
            print("您的输入有误，请重新输入！")
            sort()
    show_student(student_new)                              # 显示排序结果
```

上面的代码调用列表的 sort( )方法实现排序，在进行排序时，通过 lambda 表达式指定了排序规则。例如，第 22 行代码中的"key=lambda x: x["english"]"表示按字典的 english 键进行排序；"reverse=ascORdescBool"表示是否为降序排列，如果标记变量 ascORdescBool 的值为 True，则为降序排列。

14.8 打包为 .exe 可执行文件

打包为.exe 可执行文件

Python 项目编写完成后，可以将其打包成.exe 可执行文件，这样就可以在其他计算机上运行该项目了。其他计算机上没有搭建 Python 开发环境也一样可以运行该文件。

打包.exe 可执行文件时，需要使用 PyInstaller 模块，该模块为第三方模块，所以需要单独安装。PyInstaller 模块支持多种操作系统，如 Windows、Linux、macOS 等，但是该模块并不支持跨平台。在 Windows 操作系统下打包的.exe 可执行文件只能在 Windows 环境下运行，其他操作系统也是如此。

这里以 Windows 操作系统为例，介绍 PyInstaller 模块的安装。安装 PyInstaller 模块最简单的方式就是在命令提示符窗口中输入"pip install pyinstaller"命令，如图 14-35 所示。升级或者更新可以使用"pip install --upgrade pyinstaller"命令。

图 14-35 安装 PyInstaller 模块

在 Windows 操作系统中，使用"pip"或"easy_install"命令安装 PyInstaller 模块时，会自动安装 PyWin32。

PyInstaller 模块安装完成以后，可以在命令提示符窗口中输入"pyinstaller --version"命令，通过查询 PyInstaller 模块版本的方式检测安装是否成功。

PyInstaller 模块安装完成以后，就可以打包.py 文件为.exe 文件了。具体方法如下。

（1）通过 cmd 命令打开命令提示符窗口，在当前光标位置输入命令"pyinstaller + -F+要打包的.py 文件的绝对路径"。例如，该文件保存在"E:\tmp\studentsystem"目录中，则可以使用下面的代码对其打包。

```
pyinstaller -F E:\tmp\studentsystem\studentsystem.py
```

 说明 在上面的代码中，参数-F 表示只生成一个扩展名为.exe 的可执行文件。

（2）输入上面的代码并按〈Enter〉键，将自动生成.exe 可执行文件，具体过程如图 14-36 所示。

图 14-36　生成.exe 可执行文件的过程

（3）在图 14-36 所示的位置找到.exe 文件的保存路径，并在该路径下找到生成的.exe 可执行文件，双击该文件即可运行本项目，如图 14-37 所示。

 说明 在使用本节介绍的 PyInstaller 模块打包程序时，并不能把项目中应用的图片、文本文件、音频、视频等资源打包到可执行文件中。因此，在打包后还需要把这些资源复制到可执行文件所在的目录中。

图 14-37　通过可执行文件运行项目

小　结

　　本章主要使用 Python 的基本语法开发了一个学生信息管理系统，项目的核心是对文件、列表和字典进行操作。其中，对文件进行操作是为了永久保存学生信息；而将学生信息以字典的形式保存在列表中，是为了方便对学生信息进行查找、修改和删除等操作。通过本章的学习，读者首先应该熟练掌握对文件进行创建、打开和修改等操作的方法，其次还应该掌握对字典和列表进行操作的方法，尤其是对列表进行自定义排序，这是本项目的难点，需要读者仔细体会，并做到融会贯通。

第15章

课程设计——玛丽冒险游戏

本章要点

- 使用Pygame开发游戏的过程
- 游戏窗体的编写
- 加载游戏地图
- 为游戏添加音效
- 游戏逻辑的开发

小时候有很多经典的游戏，《超级马里奥兄弟》就是其中之一。Python 在游戏开发方面也是比较强大的，本课程设计就使用 Python 通过模拟实现一个名为"玛丽冒险"的小游戏。

15.1　课程设计的目的

本课程设计将制作一个小游戏——玛丽冒险。通过该游戏的设计制作，读者能够熟悉使用 Python 开发游戏的基本流程，并在开发过程中熟练掌握 Pygame 模块的基本用法，包括绘制游戏窗体、加载地图、添加音效、对键盘按键的控制等。

课程设计的目的

15.2　功能概述

模拟实现的玛丽冒险游戏具备以下功能。

- ☐　场景不断变化，并且随机生成管道与导弹障碍。
- ☐　播放与停止背景音乐。
- ☐　自动积分并且显示分数。
- ☐　跳跃躲避障碍。
- ☐　检测碰撞障碍。
- ☐　游戏音效。

游戏的主界面如图 15-1 所示。

功能概述

图 15-1　玛丽冒险游戏的主界面

15.3　设计思路

在开发游戏前，需要先梳理开发流程。开发玛丽冒险游戏主要有绘制游戏主窗体、实现随机出现障碍、实现躲避障碍及碰撞检测、实现累加分数等步骤，具体的设计思路如图 15-2 所示。

设计思路

图 15-2　设计思路

15.4　设计过程

搭建开发环境和
准备资源

15.4.1　搭建开发环境

本课程设计开发及运行环境如下。

❑　操作系统：Windows 7、Windows 8 或 Windows 10。

❑　开发工具：PyCharm。

❑　Python 内置模块：itertools、random。

❑　第三方模块：Pygame。

15.4.2　准备资源

在实现本游戏前，需要先设计项目文件结构，并准备游戏所需的图片、音频文件等资源文件。在玛丽冒险游戏中，audio 文件夹用于保存音频文件，image 文件夹用于保存图片。项目文件结构如图 15-3 所示。

```
∨  ▬ marie_adventure ———————— 项目包
   >  ▬ audio  ———————————————— 保存音效文件
   >  ▬ image  ———————————————— 保存图片
      ▬ marie.py  ——————————————— 游戏文件
```

图 15-3　项目文件结构

15.4.3　实现代码

1. 游戏窗体的实现

实现代码

首先定义窗体的宽度与高度；然后通过 Pygame 模块中的 init()方法，实现初始化功能；接下来创建循环，在循环中通过 update()函数不断更新窗体；最后判断用户是否单击了关闭窗体的按钮，如果单击了该按钮，则关闭窗体，否则继续循环显示窗体。

玛丽冒险游戏主窗体的业务流程如图 15-4 所示。

注：带 🚩 的为重点或难点

图 15-4　玛丽冒险游戏主窗体的业务流程

通过 Pygame 模块实现玛丽冒险游戏主窗体的具体步骤如下。

（1）创建名称为"marie_adventure"的项目文件夹，然后在该文件夹中分别创建两个文件夹，一个命名为"audio"，用于保存游戏中的音频文件，另一个命名为"image"，用于保存游戏中所使用的图片。最后在项目文件夹内创建 marie.py 文件，在该文件中保存实现玛丽冒险游戏的代码。

（2）导入 Pygame 库与 Pygame 库中的常量，然后定义窗体的宽度与高度，代码如下。

```
import pygame          # 将Pygame库导入Python程序
from pygame.locals import *   # 导入Pygame中的常量
import sys                    # 导入系统模块

SCREENWIDTH = 822   # 窗口宽度
SCREENHEIGHT = 199  # 窗口高度
FPS = 30  # 更新画面的时间
```

（3）创建 mainGame()方法，在该方法中首先进行 Pygame 的初始化工作，然后创建时间对象用于更新窗体中的画面，再创建窗体实例并设置窗体的标题文字，最后通过循环实现窗体的显示与刷新。代码如下。

```python
def mainGame():
    score = 0  # 得分
    over = False  # 游戏结束标记
    global SCREEN, FPSCLOCK
    pygame.init()  # 经过初始化以后我们就可以尽情地使用Pygame了
    # 先创建Clock对象的一个实例
    # 控制每个循环多长时间运行一次
    FPSCLOCK = pygame.time.Clock()
    # 通常来说我们需要先创建一个窗体，方便我们与程序的交互
    SCREEN = pygame.display.set_mode((SCREENWIDTH, SCREENHEIGHT))
    pygame.display.set_caption('玛丽冒险')  # 设置窗体标题
    while True:
        # 获取单击事件
        for event in pygame.event.get():
            # 如果单击了关闭窗体的按钮，就将窗体关闭
            if event.type == QUIT:
                pygame.quit()  # 退出窗口
                sys.exit()  # 关闭窗口


        pygame.display.update()  # 更新整个窗体
        FPSCLOCK.tick(FPS)  # 循环应该多长时间运行一次


if __name__ == '__main__':
    mainGame()
```

运行效果如图 15-5 所示。

图 15-5　运行效果

2. 地图的加载

在实现一个循环移动的地图时，首先需要渲染两张地图背景图片，然后将地图 1 展示在窗体中，而地图 2 在

窗体的外面进行准备，如图 15-6 所示。

接下来两张地图背景图片同时以相同的速度向左移动，窗体外的地图 2 跟随地图 1 进入窗体，如图 15-7 所示。

图 15-6　移动地图的准备工作

图 15-7　地图 2 进入窗体

当地图 1 完全离开窗体时，将该图片的坐标设置为准备状态的坐标，如图 15-8 所示。
地图加载与移动效果的业务流程如图 15-9 所示。

图 15-8　地图 1 离开窗体后的位置

图 15-9　地图加载与移动效果的业务流程

通过不断平移并切换两张图片，用户眼前就出现了一张不断移动的地图。通过代码实现移动地图的具体步骤如下。

（1）创建一个名称为 MyMap 的移动地图类，然后在该类的初始化方法中加载背景图片，并定义 x 坐标与 y 坐标，代码如下。

```python
# 定义一个移动地图类
class MyMap():

    def __init__(self, x, y):
        # 加载背景图片
        self.bg = pygame.image.load("image/bg.png").convert_alpha()
        self.x = x
        self.y = y
```

（2）在 MyMap 类中创建 map_rolling()方法，在该方法中根据地图背景图片的 x 坐标判断其是否移出窗体，如果移出就给图片设置一个新的坐标，否则以每次 5 个像素的速度向左移动，代码如下。

```python
def map_rolling(self):
    if self.x < -790:    # 小于-790说明地图已经移动完毕
        self.x = 800     # 给地图一个新的坐标
    else:
        self.x -= 5      # 向左移动5个像素
```

（3）在 MyMap 类中创建 map_update() 方法，在该方法中实现地图不断移动的效果，代码如下。

```
# 更新地图
def map_update(self):
    SCREEN.blit(self.bg, (self.x, self.y))
```

（4）在 mainGame() 方法中设置窗体标题的代码下面创建两个地图对象，代码如下。

```
# 创建地图对象
bg1 = MyMap(0, 0)
bg2 = MyMap(800, 0)
```

（5）在 mainGame() 方法的循环中，实现循环移动的地图，代码如下。

```
if over == False:
    # 绘制地图起到更新地图的作用
    bg1.map_update()
    # 地图移动
    bg1.map_rolling()
    bg2.map_update()
    bg2.map_rolling()
```

运行效果如图 15-10 所示。

图 15-10　运行效果

3. 玛丽的跳跃功能

首先制定玛丽的固定坐标，也就是默认显示在地图上的固定位置，然后判断用户是否按了〈Space〉键，如果按了就开启玛丽的跳跃开关，让玛丽向上移动 5 个像素。当玛丽到达窗体顶部的边缘时，再让玛丽向下移动 5 个像素，然后关闭跳跃开关。

玛丽跳跃功能的业务流程如图 15-11 所示。

图 15-11　玛丽跳跃功能的业务流程

玛丽跳跃功能的具体实现步骤如下。

（1）导入迭代工具，创建一个名称为 Marie 的玛丽类，在该类的初始化方法中首先定义玛丽跳跃时所需要的变量，然后加载玛丽跑动的三张图片，最后加载玛丽跳跃时的音效并设置玛丽的固定坐标，代码如下。

```
from itertools import cycle  # 导入迭代工具
```

```
# 玛丽类
class Marie():
    def __init__(self):
        # 初始化玛丽矩形
        self.rect = pygame.Rect(0, 0, 0, 0)
        self.jumpState = False   # 跳跃的状态
        self.jumpHeight = 130   # 跳跃的高度
        self.lowest_y = 140   # 最低坐标
        self.jumpValue = 0   # 跳跃增变量
        # 玛丽动图索引
        self.marieIndex = 0
        self.marieIndexGen = cycle([0, 1, 2])
        # 加载玛丽图片
        self.adventure_img = (
            pygame.image.load("image/adventure1.png").convert_alpha(),
            pygame.image.load("image/adventure2.png").convert_alpha(),
            pygame.image.load("image/adventure3.png").convert_alpha(),
        )
        self.jump_audio = pygame.mixer.Sound('audio/jump.wav')   # 跳跃时的音效
        self.rect.size = self.adventure_img[0].get_size()
        self.x = 50;   # 绘制玛丽的x坐标
        self.y = self.lowest_y;   # 绘制玛丽的y坐标
        self.rect.topleft = (self.x, self.y)
```

（2）在 Marie 类中创建 jump()方法，通过该方法实现开启跳跃开关，代码如下。

```
# 跳跃状态
def jump(self):
    self.jumpState = True
```

（3）在 Marie 类中创建 move()方法，在该方法中判断玛丽的跳跃开关是否开启，再判断玛丽是否在地面上（固定坐标），如果满足这两个条件，玛丽就向上移动 5 个像素。玛丽到达窗体顶部时向下移动 5 个像素，玛丽回到地面后关闭跳跃开关，代码如下。

```
# 玛丽移动
def move(self):
    if self.jumpState:   # 起跳的时候
        if self.rect.y >= self.lowest_y:   # 如果站在地上
            self.jumpValue = -5   # 向上移动5个像素
        if self.rect.y <= self.lowest_y - self.jumpHeight:   # 玛丽到达顶部回落
            self.jumpValue = 5   # 向下移动5个像素
        self.rect.y += self.jumpValue   # 通过循环改变玛丽的y坐标
        if self.rect.y >= self.lowest_y:   # 如果玛丽回到地面
            self.jumpState = False   # 关闭跳跃状态
```

（4）在 Marie 类中创建 draw_marie()方法，在该方法中首先匹配玛丽跑步的动图，然后进行玛丽的绘制，代码如下。

```
# 绘制玛丽
def draw_marie(self):
    # 匹配玛丽动图
    marieIndex = next(self.marieIndexGen)
    # 绘制玛丽
    SCREEN.blit(self.adventure_img[marieIndex],
                (self.x, self.rect.y))
```

（5）在 mainGame()方法中创建地图对象的代码下面添加代码，创建玛丽对象，代码如下。

```
# 创建玛丽对象
marie = Marie()
```

（6）在 mainGame()方法的 while 循环中判断关闭窗体的代码下面添加代码，判断是否按了〈Space〉键，如果按了就开启玛丽跳跃开关并播放跳跃音效，代码如下。

```
# 单击键盘空格键，开启跳跃状态
if event.type == KEYDOWN and event.key == K_SPACE:
    if marie.rect.y >= marie.lowest_y:    # 如果玛丽在地面上
        marie.jump_audio.play()    # 播放玛丽跳跃音效
        marie.jump()    # 玛丽跳跃
```

（7）在 mainGame()方法中绘制地图的代码下面添加代码，实现玛丽的移动与绘制功能，代码如下。

```
# 玛丽移动
marie.move()
# 绘制玛丽
marie.draw_marie()
```

按〈Space〉键，运行效果如图 15-12 所示。

图 15-12　跳跃的玛丽

4．随机出现的障碍

在实现随机出现的障碍时，首先需要考虑到障碍物的大小不能相同，如果每次出现的障碍物都是相同的，该游戏将失去趣味性。所以需要加载两个大小不同的障碍物的图片，然后随机抽选并显示，还需要通过计算来设置多久出现一个障碍，并将障碍物显示在窗体中。

随机出现的障碍的业务流程如图 15-13 所示。

图 15-13　随机出现的障碍的业务流程

随机出现障碍的具体实现步骤如下。

（1）导入随机数，创建一个名称为 Obstacle 的障碍物类，在该类中定义一个分数，然后在初始化方法中加载障碍物图片、分数图片以及加分音效。创建 0 至 1 的随机数字，根据该数字抽选障碍物是管道还是导弹，最后根据图片的宽高创建障碍物矩形的大小并设置障碍物的绘制坐标，代码如下。

```python
import random  # 随机数
# 障碍物类
class Obstacle():
    score = 1  # 分数
    move = .5   # 移动距离
    obstacle_y = 150  # 障碍物y坐标
    def __init__(self):
        # 初始化障碍物矩形
        self.rect = pygame.Rect(0, 0, 0, 0)
        # 加载障碍物图片
        self.missile = pygame.image.load("image/missile.png").convert_alpha()
        self.pipe = pygame.image.load("image/pipe.png").convert_alpha()
        # 加载分数图片
        self.numbers = (pygame.image.load('image/0.png').convert_alpha(),
                        pygame.image.load('image/1.png').convert_alpha(),
                        pygame.image.load('image/2.png').convert_alpha(),
                        pygame.image.load('image/3.png').convert_alpha(),
                        pygame.image.load('image/4.png').convert_alpha(),
                        pygame.image.load('image/5.png').convert_alpha(),
                        pygame.image.load('image/6.png').convert_alpha(),
                        pygame.image.load('image/7.png').convert_alpha(),
                        pygame.image.load('image/8.png').convert_alpha(),
                        pygame.image.load('image/9.png').convert_alpha())
        # 加载加分音效
        self.score_audio = pygame.mixer.Sound('audio/score.wav')  # 加分
        # 0和1随机数
        r = random.randint(0, 1)
        if r == 0:  # 如果随机数为0显示导弹障碍物
            self.image = self.missile    # 显示导弹障碍物
            self.move = 15               # 移动速度加快
            self.obstacle_y = 100        # 导弹坐标在天上
        else:
            self.image = self.pipe       # 显示管道障碍物
        # 根据障碍物位图的宽高来设置矩形
        self.rect.size = self.image.get_size()
        # 获取位图宽高
        self.width, self.height = self.rect.size
        # 障碍物绘制坐标
        self.x = 800
        self.y = self.obstacle_y
        self.rect.center = (self.x, self.y)
```

（2）在 Obstacle 类中首先创建 obstacle_move() 方法用于实现障碍物的移动，然后创建 draw_obstacle() 方法用于实现绘制障碍物，代码如下。

```python
# 障碍物移动
def obstacle_move(self):
    self.rect.x -= self.move
```

```
# 绘制障碍物
def draw_obstacle(self):
    SCREEN.blit(self.image, (self.rect.x, self.rect.y))
```

（3）在 mainGame()方法中创建玛丽对象的代码下面定义添加障碍物的时间与障碍物对象列表，代码如下。

```
addObstacleTimer = 0   # 添加障碍物的时间
list = []   # 障碍物对象列表
```

（4）在 mainGame()方法中绘制玛丽的代码下面添加代码，计算障碍物出现的间隔时间，代码如下。

```
# 计算障碍物出现的间隔时间
if addObstacleTimer >= 1300:
    r = random.randint(0, 100)
    if r > 40:
        # 创建障碍物对象
        obstacle = Obstacle()
        # 将障碍物对象添加到列表中
        list.append(obstacle)
    # 重置添加障碍物时间
    addObstacleTimer = 0
```

（5）在 mainGame()方法中计算障碍物间隔时间的代码下面添加代码，循环遍历障碍物并进行障碍物的绘制，代码如下。

```
# 循环遍历障碍物
for i in range(len(list)):
    # 障碍物移动
    list[i].obstacle_move()
    # 绘制障碍物
    list[i].draw_obstacle()
```

（6）在 mainGame()方法中更新整个窗体的代码上面添加代码，增加添加障碍物时间，代码如下。

```
addObstacleTimer += 20   # 增加添加障碍物时间
```

运行效果如图 15-14 所示。

图 15-14　随机出现的障碍

5. 背景音乐的播放与停止

在实现背景音乐的播放与停止时，需要在窗体中设置一个按钮，单击按钮控制背景音乐的播放与停止。

背景音乐播放与停止的业务流程如图 15-15 所示。

背景音乐播放与停止的具体实现步骤如下。

（1）创建 Music_Button 类，在该类中首先初始化背景音乐的音效文件与按钮图片，然后创建 is_select() 方法用于判断鼠标指针是否在按钮范围内。代码如下。

```
# 背景音乐按钮
class Music_Button():
    is_open = True   # 背景音乐的标记
```

```
def __init__(self):
    self.open_img = pygame.image.load('image/btn_open.png').convert_alpha()
    self.close_img = pygame.image.load('image/btn_close.png').convert_alpha()
    self.bg_music = pygame.mixer.Sound('audio/bg_music.wav')  # 加载背景音乐
# 判断鼠标指针是否在按钮的范围内
def is_select(self):
    # 获取鼠标指针的坐标
    point_x, point_y = pygame.mouse.get_pos()
    w, h = self.open_img.get_size()                    # 获取按钮图片的大小
    # 判断鼠标指针是否在按钮范围内
    in_x = point_x > 20 and point_x < 20 + w
    in_y = point_y > 20 and point_y < 20 + h
    return in_x and in_y
```

注：带 🚩 的为重点或难点

图 15-15　背景音乐播放与停止的业务流程

（2）在 mainGame()方法中的障碍物对象列表代码下面添加代码，创建背景音乐按钮对象，然后设置按钮默认图片，最后循环播放背景音乐。代码如下。

```
music_button = Music_Button()          # 创建背景音乐按钮对象
btn_img  = music_button.open_img       # 设置背景音乐按钮的默认图片
music_button.bg_music.play(-1)         # 循环播放背景音乐
```

（3）在 mainGame()方法中 while 循环的获取单击事件的代码下面添加代码，实现单击按钮控制背景音乐的播放与停止功能。代码如下。

```
if event.type == pygame.MOUSEBUTTONUP:     # 判断鼠标指针事件
    if music_button.is_select():           # 判断鼠标指针是否在按钮范围内
        if music_button.is_open:           # 判断背景音乐状态
            btn_img = music_button.close_img # 单击后显示关闭状态的图片
            music_button.is_open = False    # 关闭背景音乐状态
            music_button.bg_music.stop()    # 停止背景音乐的播放
        else:
            btn_img = music_button.open_img
            music_button.is_open = True
            music_button.bg_music.play(-1)
```

（4）在 mainGame()方法中添加障碍物时间的代码下面添加代码，绘制背景音乐按钮。代码如下。

```
SCREEN.blit(btn_img, (20, 20))  # 绘制背景音乐按钮
```

背景音乐播放时，运行效果如图 15-16 所示。背景音乐停止时，运行效果如图 15-17 所示。

图 15-16　播放背景音乐

图 15-17　背景音乐停止

6. 碰撞和积分

在实现碰撞与积分时，首先需要判断玛丽与障碍物的两个矩形图片是否发生了碰撞。如果发生了碰撞，游戏结束；否则判断玛丽是否跃过了障碍物，确认跃过后进行加分操作，并将分数显示在窗体顶部右侧的位置。

碰撞和积分的业务流程如图 15-18 所示。

图 15-18　碰撞和积分的业务流程

实现碰撞和积分功能的具体步骤如下。

（1）在 Obstacle 类中 draw_obstacle()方法的下面创建 getScore()方法，用于获取分数并播放加分音效，然后创建 showScore()方法用于在窗体顶部右侧的位置显示分数，代码如下。

```python
# 获取分数
def getScore(self):
    self.score
    tmp = self.score;
    if tmp == 1:
        self.score_audio.play()   # 播放加分音效
    self.score = 0;
    return tmp;


# 显示分数
def showScore(self, score):
```

```
# 获取得分数字
self.scoreDigits = [int(x) for x in list(str(score))]
totalWidth = 0    # 要显示的所有数字的总宽度
for digit in self.scoreDigits:
    # 获取积分图片的宽度
    totalWidth += self.numbers[digit].get_width()
# 分数横向位置
Xoffset = (SCREENWIDTH - (totalWidth+30))
for digit in self.scoreDigits:
    # 绘制分数
    SCREEN.blit(self.numbers[digit], (Xoffset, SCREENHEIGHT * 0.1))
    # 随着数字增加改变位置
    Xoffset += self.numbers[digit].get_width()
```

（2）在 mainGame()方法的最外层创建 game_over()方法，在该方法中首先加载与播放撞击音效，然后获取窗体的宽度与高度，最后加载游戏结束的图片并将该图片显示在窗体的中间位置，代码如下。

```
# 游戏结束的方法
def game_over():
    bump_audio = pygame.mixer.Sound('audio/bump.wav')   # 撞击
    bump_audio.play()    # 播放撞击音效
    # 获取窗体宽、高
    screen_w = pygame.display.Info().current_w
    screen_h = pygame.display.Info().current_h
    # 加载游戏结束的图片
    over_img = pygame.image.load('image/gameover.png').convert_alpha()
    # 将游戏结束的图片绘制在窗体的中间位置
    SCREEN.blit(over_img, ((screen_w - over_img.get_width()) / 2,
                            (screen_h - over_img.get_height()) / 2))
```

（3）在 mainGame()方法中绘制障碍物的代码下面添加代码，判断玛丽与障碍物是否发生碰撞，如果发生了碰撞，就开启游戏结束的开关，并调用游戏结束的方法显示游戏结束的图片，否则判断玛丽是否跃过了障碍物，跃过就加分并显示当前分数。代码如下。

```
# 判断玛丽与障碍物是否碰撞
if pygame.sprite.collide_rect(marie, list[i]):
    over = True    # 碰撞后开启结束开关
    game_over()    # 调用游戏结束的方法
    music_button.bg_music.stop()
else:
    # 判断玛丽是否跃过了障碍物
    if (list[i].rect.x + list[i].rect.width) < marie.rect.x:
        # 加分
        score += list[i].getScore()
# 显示分数
list[i].showScore(score)
```

（4）为了实现游戏结束后再次按〈Space〉键时重新启动游戏，需要在 mainGame()方法中开启玛丽跳跃状态的代码下面添加代码，判断游戏结束的开关是否开启，如果开启将重新调用 mainGame()方法启动游戏，代码如下。

```
if over == True:    # 判断游戏结束的开关是否开启
    mainGame()      # 如果开启将调用mainGame()方法重新启动游戏
```

运行效果如图 15-19 所示。

图 15-19　碰撞和积分

小　结

只有把理论知识同具体实际相结合，才能正确回答实践提出的问题，扎实提升读者的理论水平与实战能力。本课程设计主要使用 Python 的 Pygame 模块开发了一个玛丽冒险游戏。Pygame 模块为该项目的核心模块，另外还使用了 itertools 模块实现玛丽动态图片的迭代功能，使用了 random 模块产生随机数字，实现障碍物的随机出现。在开发中，玛丽的跳跃、障碍物的移动以及玛丽与障碍物的碰撞是重点与难点，读者应认真查看源码中的计算方式，找到规律。